水性皮革涂饰材料的设计与合成

马建中 等 著

科学出版社

北京

内 容 简 介

本书在简介皮革涂饰材料的作用、性能要求和组分特点的基础上,重点介绍了水性聚丙烯酸酯类和酪素类涂饰材料设计与合成方面的最新进展,论述了核壳乳液聚合法、无皂乳液聚合法、单原位乳液聚合法、双原位乳液聚合法、Pickering 乳液聚合法、细乳液聚合法及其他合成方法制备皮革涂饰材料,并对皮革涂饰材料的发展方向与趋势进行了介绍。

本书由作者对近二十年的研究结果进行归纳、总结和提炼,并结合国内外水性涂饰材料的研究进展编写而成。内容丰富而翔实,充分体现了技术创新对高性能、功能型皮革化工产品开发具有举足轻重的作用;旨在为从事皮革及相关行业的学者、研究及技术人员提供思路和借鉴,起到抛砖引玉的作用。

图书在版编目(CIP)数据

水性皮革涂饰材料的设计与合成 / 马建中等著. —北京:科学出版社,2019.3
ISBN 978-7-03-060632-7

Ⅰ. ①水… Ⅱ. ①马… Ⅲ. ①皮革涂饰–涂饰剂–研究 Ⅳ. ①TS529.5

中国版本图书馆 CIP 数据核字(2019)第 036517 号

责任编辑:霍志国 / 责任校对:张小霞
责任印制:肖 兴 / 封面设计:东方人华

科学出版社 出版
北京东黄城根北街 16 号
邮政编码:100717
http://www.sciencep.com

北京通州皇家印刷厂 印刷
科学出版社发行 各地新华书店经销
*
2019 年 3 月第 一 版 开本:720×1000 1/6
2019 年 3 月第一次印刷 印张:17 插页:1
字数:326 000
定价:98.00 元
(如有印装质量问题,我社负责调换)

序

　　皮革行业是由制革、制鞋、皮衣、皮件、毛皮及其制品等为主体行业,以皮革化工、皮革五金、皮革机械、辅料等为配套行业组成的一个完整产业链。当今,我国的皮革制品产量和消费量已位居世界第一,取得举世瞩目的成就,但与世界皮革强国相比尚有差距,较大短板在于对皮革制造起着决定性作用的皮革化工产品。长期以来,国内市场高档皮化产品缺乏,关键制造技术主要依赖进口,限制了优质的皮革、毛皮资源加工成高档成品革及制品,严重制约了我国皮革工业走向高端、精品和品牌化的步伐。

　　在这种形势下,必须突破传统思维和理论、创新化工产品合成技术和方法,借助高科技的力量,开发高端皮革化工产品,打破国际技术壁垒。同时,也必须大力提倡清洁制革、实现环保要求,推动我国皮革工业快速、高效、持续发展。

　　皮革涂饰材料作为一类重要的皮革化工产品,是应用于皮革表面修饰的处理剂。它由主体材料成膜物质、着色材料、溶剂以及助剂等按一定的比例组成。涂饰材料的使用一方面能增加皮革表面的美观和耐用性能,提高档次;另一方面可增加革制品的花色品种,赋予皮革各种手感,扩大其使用范围,因此涂饰工序也被称为"画龙点睛"之笔。

　　鉴于环保压力和行业的发展需求,性能优异的水性皮革涂饰材料合成技术发展日新月异。多年来,马建中教授带领团队不断探索、创新,围绕高性能、功能型水性皮革涂饰材料开展了系统而深入的研究。例如,结合微胶囊技术,采用细乳液聚合法制备了结构与性能可控的聚丙烯酸酯基纳米复合皮革涂饰材料,显著提高了涂层的强度、韧性,赋予皮革产品良好的透气性和透水汽性能,在很大程度上提高了产品的附加值。其所取得的研究成果获得了行业的高度认可,并得到了国际同行的一致肯定与好评。

　　作者结合多年的教学和科研实践,重点围绕自身在水性皮革涂饰材料合成技术与原理方面的研究经历、体会和经验,编写了《水性皮革涂饰材料的设计与合成》一书。该书在简介皮革涂饰材料的作用、性能要求和组分特点的基础上,重点介绍了水性聚丙烯酸酯类和酪素类涂饰材料设计与合成方面的最新进展,论述了核壳乳液聚合法、无皂乳液聚合法、单原位乳液聚合法、双原位乳液聚合法、Pickering乳液聚合法、细乳液聚合法及其他合成方法制备皮革涂饰材料,并对皮革涂饰材料的发展方向与趋势作了一定的介绍。内容丰富而翔实,充分体现了技术创新对高性能、功能型皮革化工产品开发具有举足轻重的作用。相信该书的出版将有助于帮助读者理解和掌握水性皮革涂饰材料的设计原理与合成技术,启迪读者不断创新,同时也对我国传统皮革行业的提质增效和转型升级具有重要的理论与实践指导意义。

中国工程院院士　石碧

2018 年 10 月

前　　言

目前,我国是世界上最大的皮革生产国,但不是皮革强国。在由皮革大国向皮革强国迈进的进程中,加强理论基础研究,突破传统制造技术,研究、开发具有我国自主知识产权的高品质、高档次的绿色皮革化工产品已成为当务之急,这也是决定我国皮革工业能否持续、快速发展的关键因素。

皮革涂饰又称皮革整饰。轻革如全粒面革及修面革等在加工后期均需经涂饰才能作为成革。涂饰使革面形成各种颜色、光泽和风格的外表,并使皮革获得一定的防水性及易保养性,赋予其各种功能特性,进而提升皮革制品的附加值。皮革的种类和用途不同,涂饰的材料和方法也相应千变万化。近年来,全球环保压力日益增大,这为皮革化工工业带来了发展机遇和市场前景。在此形势下,水性涂饰正在成为皮革涂饰市场的主导方向,水性皮革涂饰材料的合成技术也因此得到迅速发展。加之随着人们生活水平的提高,市场对皮革制品的功能化和舒适化需求也逐年提升。因此,开发绿色、环保、高品质、功能型水性皮革涂饰材料,成为实现皮革工业环保、清洁、高效的重要途径之一。

本书作者在国家高技术研究发展计划(863 计划)、国家重点基础研究发展计划(973 计划)前期研究专项、国家重点研发计划课题、国家自然科学基金重点项目、国家国际科技合作专项项目、国家自然科学基金等项目的资助下,从事水性皮革涂饰材料的研究已有近二十年的历史,特别是在涂饰材料的合成方法与途径、结构与性能、应用机理等方面进行了系统而深入的研究。相关研究成果分别获得国家技术发明奖二等奖、国家科学技术进步奖二等奖、何梁何利基金科学与技术创新奖、陕西省科学技术奖一等奖、中国轻工业联合会科技进步奖一等奖等多项奖励。截至目前,作者在水性皮革涂饰材料研究领域发表学术论文 160 余篇,其中被 SCI 收录 80 余篇,申请发明专利 40 余项,已授权 20 余项。基于此,作者对近二十年的研究结果进行归纳、总结和提炼,并结合国内外水性皮革涂饰材料的研究进展撰写了本书。本书主要内容包括核壳乳液聚合法制备皮革涂饰材料的研究、无皂乳液聚合法制备皮革涂饰材料的研究、单原位乳液聚合法制备皮革涂饰材料的研究、双原位乳液聚合法制备皮革涂饰材料的研究、Pickering 乳液聚合法制备皮革涂饰材料的研究、细乳液聚合法制备皮革涂饰材料的研究、其他合成方法制备皮革涂饰材料的研究、皮革涂饰材料的发展趋势等,旨在为从事皮革及相关行业的学者、研究及技术人员提供思路和借鉴,起到抛砖引玉的作用。

全书的策划、结构编排、目标确定及主要负责人为马建中教授。全书共分 9 章。第 1 章由马建中、徐群娜撰写,第 2 章由马建中、鲍艳、刘俊莉撰写,第 3 章由马建中、刘超、徐群娜撰写,第4、5章由马建中、鲍艳、徐群娜撰写,第6、7章由马建中、高党鸽撰写,第8章由马建中、张文博撰写,第9章由马建中、鲍艳撰写。全书由马建中统稿。在成书过程中,田振华、石佳博、马忠雷、卫林峰、安文、姬占有、范倩倩协助完成校对工作,吕斌全程参与书稿讨论。应该指出:书中内容凝聚了马建中教授团队多年来的研究成果,尤其是围绕绿色化、高性能、功能型水性皮革涂饰材料的设计与合成研究,团队所指导、培养的数届多名博士和硕士研究生进行了大量的实验工作,在此重点感谢刘凌云、张志杰、鲍艳、高党鸽、胡静、王华金、徐群娜、刘俊莉、张文博、吴喜元、张帆、刘易弘、赵燕茹、王雅楠、梁志扬、冯军芳、段羲颖等在课题研究过程中的努力与付出,以及为本书所提供的宝贵原始数据和重要素材。

本书是一部具有技术导向性的读物。读者对象主要是在皮革化工及相关领域从事科研、设计、生产、教学和管理的技术人员,同时,对在校学习的本科生、硕士生和博士生进行创新性的学习和研究也具有参考价值和借鉴意义。

四川大学石碧院士在百忙之中对本书进行了审阅并撰写序。与此同时,本书的相关研究得到了国家及省部级多项研究项目的资助(详见后记),本书的出版得到了国家重点研发计划课题(项目编号:2017YFB0308602)、国家自然科学基金重点项目(项目编号:21838007)等的资助及科学出版社的支持,在此一并表示衷心的感谢。

皮革涂饰材料的设计与合成所涉及的学科与知识面非常广,材料的合成与表征技术也在不断发展,作为专业性较强的研究性著作,由于时间仓促,可能有部分参考文献未能列入;另外,全书在结构及内容上都融入了作者的理解及观点,加之作者水平有限,疏漏之处在所难免,敬请读者不吝指正。

马建中

于陕西科技大学

2019年2月

目　　录

彩图

第1章 绪 论

制革,即利用畜产品进行加工,其主要加工原料为动物生皮。我国是畜牧业养殖大国,猪、牛、羊存栏量均居世界前列,其副产品生皮经过制革过程成为皮革,使资源得到有效再利用,附加值大幅提升。这不但增加了养殖业的收入,而且避免了因其腐烂变质而造成的环境污染。因此,制革本身是一个畜牧业副产品再利用、化腐朽为神奇的过程,符合循环经济的理念,同时制革行业也是技术密集型的行业。

20 世纪 80 年代以前,世界制革工业主要集中在以欧洲为中心的发达国家。随着劳动力等成本的增加,以及皮革市场的转移,制革工业逐渐从欧洲向亚洲、南美洲以及非洲转移。改革开放以来,我国皮革工业发展迅速。如图 1-1 所示,1978 年皮革年产量为 2659 万标张牛皮,1988 年产量达 5203 万标张牛皮,1998 年达到 1.13 亿标张牛皮,进入 2000 年以后仍然维持逐年递增,到 2010 年达到最高 7.5 亿 m²,2013 年以后受国际大环境影响,产量有所下滑,但皮革产量仍维持在 6 亿 m² 左右。

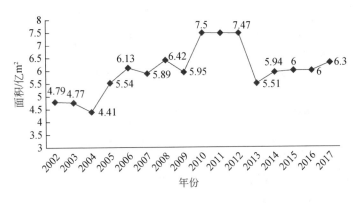

图 1-1　近年来我国制革产量变化情况

随着我国制革技术水平不断进步,成品皮革质量大幅提升并获得国际市场的广泛认可。目前,中国已成为世界上最大的皮革生产、消费和出口国,也是世界公认的制革大国,产量约占世界皮革总产量 25%,出口创汇一直居于轻工行业首位。

经过制革加工制造出的皮革,再经过设计、加工等工序成为皮革制品。琳琅满目的皮带、皮鞋、皮衣、皮沙发、皮坐垫等皮革制品正逐渐充斥并改变着人们的生活(图 1-2)。迄今,皮革及其制品已被广泛应用到汽车、家装、军工面料、航空航天设备、电子电气皮具、户外用品、医疗用品等诸多领域。可以说,皮革与人类的生活息息相关。

图 1-2　从"动物生皮"到琳琅满目的"皮革制品"（见彩图）

　　随着科学技术的日新月异和皮革工业的快速发展,市场对皮革产品的质量和性能要求越来越高,高档皮革比重逐年上升。尤其是随着消费者对"回归大自然"和"舒适"理念的追求越来越高,皮革及其制品正逐步向"轻、薄、软、丝绸感、真皮感、防水、防污、可洗、耐光"等功能性方向发展。制革加工中使用多达上百种皮革化学品,它们决定着皮革及其制品的品质、功能及附加值。因此,绿色化、高性能、功能型皮革化学品的研制开发是提升我国皮革工业核心竞争力的关键所在。

　　皮革涂饰被称为制革加工过程中的"点睛术"。作为制革加工的最后一道工序,涂饰主要是在皮革表面形成一层薄膜,即形成一层具有修饰作用的涂饰层(图 1-3),从而赋予皮革形形色色的外观、手感及风格,并使皮革具有防水性、易保养性等各种功能特性,进而提升皮革制品的附加值。涂饰工序使用的化学品被称为皮革涂饰材料,涂饰材料的质量直接决定皮革制品的档次。然而,传统涂饰材料多为溶剂型材料,且往往存在性能不突出、功能性不足等问题,严重制约了皮革及其制品的价值提升。针对该问题,国内外部分学者进行了相关研究,作者多年来也坚持致力于功能型水性皮革涂饰材料的研究与开发工作,并取得了系列阶段性成果。为了帮助读者更好地了解该领域的研究现状与趋势,本章首先围绕皮革涂饰材料的作用、组成、结构与制备方法进行论述。

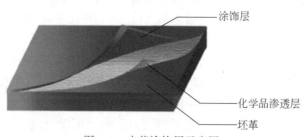

图 1-3　皮革涂饰层示意图

1.1 皮革涂饰材料的作用

如上所述,生皮经过准备工段和鞣制工段后,须经整饰工段,方可真正成为满足市场需求的皮革。皮革风格的变化主要通过整饰工段中的涂饰工序完成。在涂饰工序中,皮革涂饰材料扮演着非常重要的角色,主要作用在于:赋予皮革高度的美感,更加均匀的外观,满足客户对于颜色、手感和光泽等的不同要求;改进成品革的物理性能,如耐磨性、抗水性、耐溶剂性、防雾化性和防火性等,使其更耐用,更容易清洗与保养;保持真皮感和透气性、透水汽性等卫生性能,体现天然皮革的价值;遮盖皮革表面伤残,改进皮革表面特性,提高经济效益;满足人们的审美要求,制造各种特殊的时尚效应,如打光效应、擦色效应、变色效应、仿古效应等,从而使其具有更高的商用价值,如图1-4展示了涂饰可赋予皮革不同风格的效果。

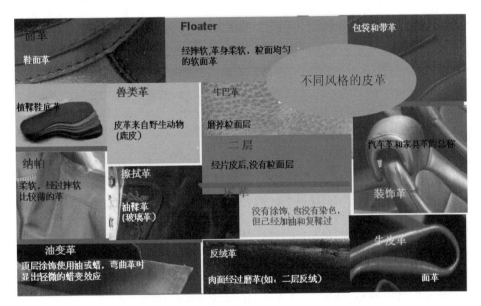

图1-4 涂饰可赋予不同风格的皮革(见彩图)

1.2 皮革涂饰材料的性能要求

按照涂饰先后顺序及功能的不同,皮革涂饰一般可分为底层涂饰、中层涂饰和顶层涂饰。底层涂饰是整个涂层的基础,主要作用是黏合着色剂在皮革表面涂膜并封底。中层涂饰的作用是使涂层颜色均匀一致,弥补或改善底层着色的不足,该层最终确定成革的色泽;中层涂饰往往也能使皮革产生各种各样引人注目的效应并大大提高涂层的强度。顶层涂饰的基本作用是保护涂饰层,赋予皮革表面良好的光泽和手感。不同涂饰层对涂饰材料的性能要求有明显差异。

1.2.1　底涂性能要求

(1)底层涂饰材料黏着力要强,能适当渗入革内,以使涂层与革面牢固结合,并能牢固黏结着色材料,以免产生掉浆、不耐干、湿擦等质量缺陷。

(2)底层涂饰材料要有较强的遮盖能力、对坯革的缺陷能给予遮盖,并使坯革着色均匀一致,色泽鲜艳、明亮、饱满。

(3)底层涂饰材料成膜性要好,薄膜应有较好的柔软性和延伸性,对革的天然粒纹影响小,并能将革面与中、顶层涂饰材料分开,使中、顶层涂饰材料及其他助剂如增塑剂不会渗入革内。

(4)底层涂饰材料浓度较大,固含量在 10% ~20%,底层涂饰厚度占整个涂层厚度的 65% ~70%。

1.2.2　中涂性能要求

(1)中层涂饰材料所形成的涂层要求硬度大、耐摩擦、手感好、色泽鲜艳。中层着色剂的分散度要大,若为效应层则着色材料常是透明的。

(2)中层涂饰材料的浓度较低,固含量约为 10% 或更低,中层涂饰厚度约为整个涂层厚度的 20% ~25%。

1.2.3　顶涂性能要求

(1)顶层涂饰材料所形成的涂层要求硬度大、不发黏、光泽好、耐摩擦、手感滑爽,能抗水和一般有机溶剂、且可承受各种机械作用。

(2)顶层涂饰材料的浓度更低,固含量仅为 2% ~5%,厚度也最薄。

1.3　皮革涂饰材料的组分

1.3.1　基本组成

皮革涂饰材料主要包括成膜材料、着色材料、助剂和分散介质四大部分(表 1-1)。成膜材料是涂饰材料的基础,可单独涂膜,主要功能是使皮革表面得到修饰和保护,并赋予其美观特性。着色材料的功能是使膜在皮革表面呈现颜色并具有遮盖力,在一定程度上还可以提高涂层的力学强度、耐久性等,或者显现特殊的涂饰效应。助剂指用量少但作用显著的一类辅助性材料,其品种和功能的针对性和专用配套性非常强。分散介质主要是有机溶剂和水,其作用包括改善成膜材料的流平性,调整涂料黏度、改善涂饰材料的加工性能等。

表 1-1 皮革涂饰材料的组成

成膜材料	丙烯酸树脂及其改性品种(包括丁二烯树脂等)
	蛋白质类(酪素、明胶、毛蛋白等的改性产物)
	纤维素衍生物类(硝化纤维、醋酸丁酸纤维素等)
	聚氨酯及其改性品种
着色材料	颜料膏
	液体金属络合染料
助剂	表面填充剂(填料)
	手感剂(蜡乳液、滑爽剂、油润剂等)
	消光/补伤剂/光亮剂(或增光剂)
	防水/防油剂
	交联剂(或固定剂)
	渗透剂、增稠剂、流平剂等
分散介质	有机溶剂
	水

1.3.2 成膜材料主要种类及性能要求

1.3.2.1 主要种类

成膜材料又称为成膜物质、成膜剂、黏合剂,是涂饰材料的主要成分。成膜物质一般为天然或合成的高分子物质,主要包括蛋白质类、丙烯酸树脂类、聚氨酯类及硝化纤维等几大类。

1. 蛋白质类成膜物质

包括乳酪素、改性乳酪素、乳酪素代用品——毛蛋白、蚕蛋白及以胶原降解产物为基础的成膜物质。

(1)乳酪素

又称干酪素、酪素、酪肮,是一种含磷结合蛋白质。其分子式大致为 $C_{170}H_{268}N_{42}SPO_{51}$,平均分子质量取决于制备方法,一般在 7.5 万~35 万 Da 之间。乳酪素普遍存在于动物乳,在牛奶中酪素以钙盐形式存在,其含量为 4%~5%,是乳酪素的主要来源。

纯酪素为白色或淡黄色的无气味的硬颗粒或粉末,其水解产物中含有较多的谷氨酸和天冬氨酸,等电点为 4.6。酪素不溶解于酒精或其他中性有机溶剂,也不溶于水,但可在水中膨胀,膨胀后的酪素容易在酸、碱溶液中溶解。其水解程度与温度、浓度、细菌的存在等密切相关。在酸、碱、酶存在时会加速水解。

在皮革涂饰中常用工业氨水、硼砂来溶解酪素。酪素溶液一般配成 10%(质量分数)的浓度。酪素溶液的 pH 一般控制在 7.5~8。酪素溶液应随配随用。

酪素成膜性能特点包括以下几点：卫生性能良好、耐温性好,可以熨烫,易于打光、抗有机溶剂、浸蚀能力优良。以水为溶剂,无毒、无污染、不易燃,但硬脆、耐水性差,且不耐微生物腐蚀。

（2）改性乳酪素

为解决纯酪素薄膜脆性,一般是添加增塑剂,如甘油、乙二醇、聚乙二醇、油酸三乙醇胺、硬脂酸三乙醇胺等进行物理改性,以削弱酪素分子间的作用力。酪素分子的极性基团使其膜有较强的亲水性,吸水性强的增塑剂的加入更加剧了这种缺陷。为此,含有酪素的涂饰配方,过去常采用甲醛固定,可使酪素薄膜在水中的膨胀性减小,也较难溶于酸碱,从而提高了涂层的抗水性、耐湿擦性。但甲醛对人体黏膜有强烈的刺激作用,毒性也较大,对环境有污染,因此需要对酪素进行改性。

对酪素化学改性主要有己内酰胺共聚改性,乙烯基类单体、环氧树脂接枝改性等,以上改性均能够较大程度地改善酪素涂膜的缺陷,进一步扩大其应用范围。其中,己内酰胺改性酪素的原理示意图见图 1-5。在一定反应条件下,己内酰胺开环生成氨基己酸,氨基己酸再通过与酪素侧链上的羧基或氨基反应而接枝于酪素分子侧链上,并且有可能进一步发生己内酰胺之间的开环聚合,从而使酪素获得改性。具体的,干酪素属于蛋白质,其在弱碱性的水介质中会进行溶胀分散,此时,酪素大分子呈阴离子性,己内酰胺与酪素大分子可以发生亲核化学反应,二者的第一步缩合体可以与己内酰胺再次进行缩合反应,这样的反应逐步进行,最终在酪素大分子侧链接枝上聚己内酰胺结构的长分子链,使接枝混合物具有蛋白质与聚酰胺的综合性能。

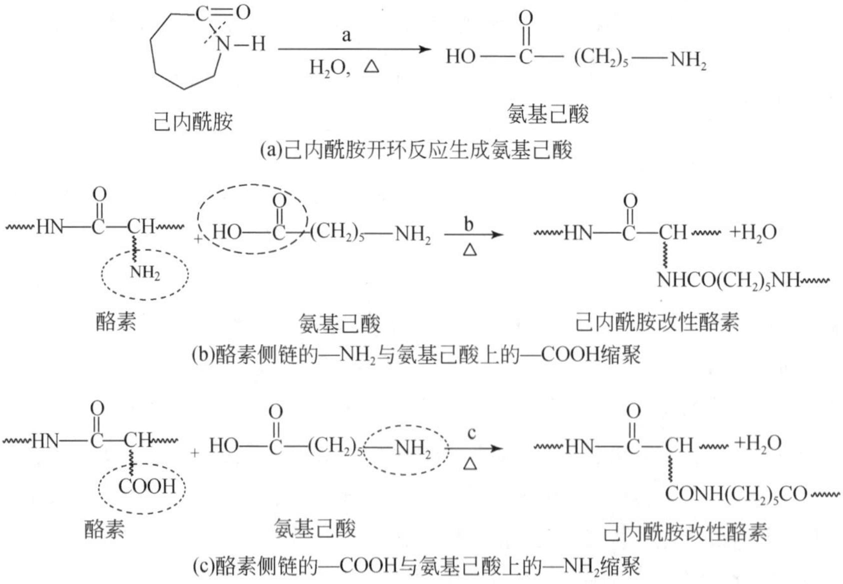

(a)己内酰胺开环反应生成氨基己酸

(b)酪素侧链的—NH$_2$与氨基己酸上的—COOH缩聚

(c)酪素侧链的—COOH与氨基己酸上的—NH$_2$缩聚

图 1-5　己内酰胺改性酪素原理示意图

以丙烯酸酯类单体为例,乙烯基类单体对酪素的接枝改性原理如图1-6～图1-9所示。在引发剂(以 APS 为例)作用下,酪素和丙烯酸酯类单体的反应主要是自由基接枝共聚反应。丙烯酸酯类单体进攻酪素链段上的位置一般有 4 种情况:①在酪素肽键 α-C 原子上接枝;②在酪素肽键 N 原子上接枝;③在酪素侧链 N 原子上接枝;④在酪素侧链连有羟基的 C 原子上接枝。

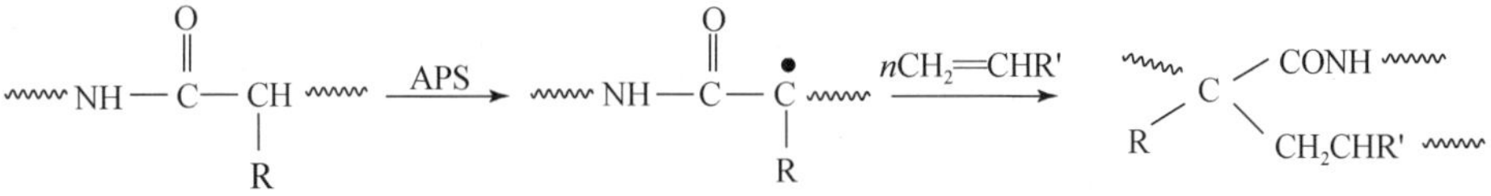

图 1-6　乙烯基类单体从酪素肽键 α-C 原子上接枝的自由基反应

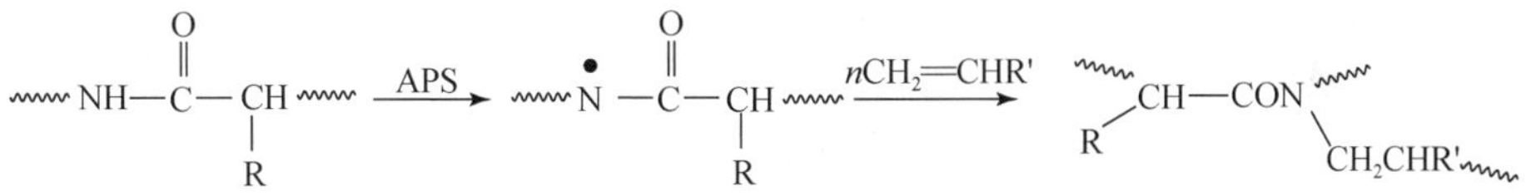

图 1-7　乙烯基类单体从酪素肽键 N 原子上接枝的自由基反应

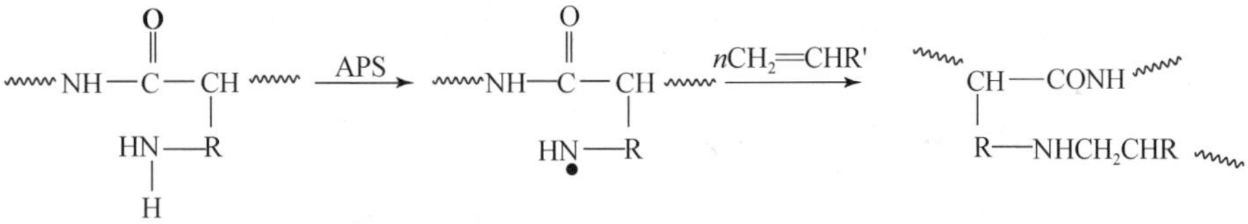

图 1-8　乙烯基类单体从酪素侧链 N 原子上接枝的自由基反应

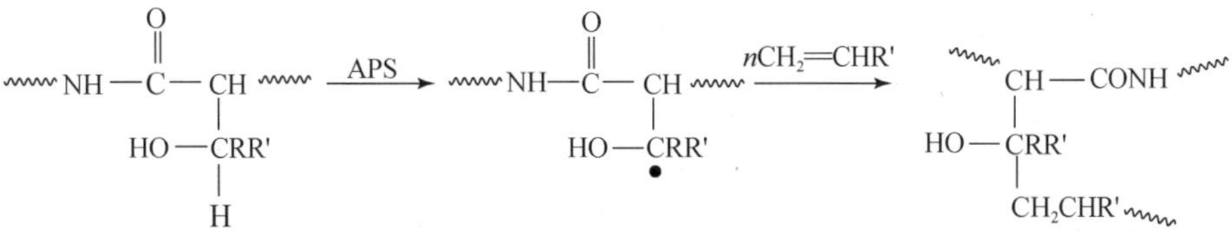

图 1-9　乙烯基类单体从酪素侧链连有羟基 C 原子上接枝的自由基反应

(3)其他蛋白类成膜剂

①毛蛋白

又称毛酪素,系由(猪)毛经氢氧化钠溶解、过滤再用丙烯腈改性,然后加酸中和、洗涤、干燥、粉粹而制得的淡黄色至黄灰色粉剂。类似的产品还有羽毛、蚕蛹蛋白等的改性物。

②工业明胶

将工业明胶用分散剂分散得到常温下稳定的分散液,通过丙烯酸类单体接枝和互穿网络双重改性,使得改性产品具有很好的抗冻融稳定性和成膜性能,能打光、抛光,完全可以替代酪素。

2. 乙烯基类成膜物质

乙烯基类成膜物质是指以乙烯基类单体等为原料,通过乳液聚合或溶液聚合等聚合反应得到的一类高分子化合物,包括(改性)丙烯酸树脂、聚丁二烯树脂、聚氯乙烯树脂等。

(1)(改性)丙烯酸树脂类

丙烯酸树脂一般是以丙烯酸酯类单体 $CH_2\!=\!CHCOOR$ 和(或)甲基丙烯酸酯类单体 $CH_2\!=\!C(CH_3)COOR$ 为原料,通过乳液聚合或溶液聚合等聚合反应得到的一类高分子化合物。

作为成膜材料,该类材料的优点在于:能很好地黏结着色材料(颜料),具有良好的成膜性能,形成的薄膜透明、柔韧有弹性,涂层耐光、耐老化、耐干湿擦性能优于酪素涂饰材料。

为克服传统线性丙烯酸树脂热黏冷脆、耐候性差、不耐有机溶剂的缺点,一般可通过共混、共聚、交联、互穿聚合物网络(interpenetrating polymer network,IPN)技术以及无皂乳液聚合等方法对其进行改性。例如,共聚法改性主要是选择不同性质的单体,调整比例,进行多元共聚;或在丙烯酸树脂分子链上进行接枝共聚。各种单体与丙烯酸酯共聚时对产品性能的影响见表1-2。

表1-2　各种单体与丙烯酸酯共聚时对产品性能的影响

要求性能	选用单体
改善抗张和撕裂强度	氯乙烯、丁二烯、偏氯乙烯
增强增韧性	丙烯腈、氯乙烯
改善黏着性	丁二烯、偏氯乙烯、苯乙烯、醋酸乙烯
改善耐磨性	丁二烯
增强耐寒性	丁二烯、丙烯酸、2-乙基己酯
改善防水性	丙烯腈、氯乙烯、苯乙烯
提高乳液稳定性	丙烯酸、甲基丙烯酸、丙烯酰胺
提高抗溶剂性	氯乙烯、偏氯乙烯、丙烯、二乙烯苯酸

(2)其他乙烯基聚合物类成膜物质

①丁二烯树脂

以丁二烯类单体为主要原料的聚合物或以丁二烯类单体为主,与其他乙烯基类或丙烯酸酯类单体共聚得到的高聚物,如丁苯胶乳、丁腈胶乳等。

②聚氯乙烯

聚氯乙烯是以氯乙烯为主要单体的聚合物。它作为皮革涂饰成膜剂的主要特点是黏着性能好,涂膜能力强。

3. 硝化纤维类成膜物质

又称为硝基纤维、硝化棉、火棉,是一种形似棉花、在紫外光下会逐渐变色分解的白色纤维状物。在水中不膨胀、不溶解,易溶于酮或酯类有机溶剂。一般经纤维素与硝酸经酯化反应得到。纤维素每个单体有 3 个羟基,选择不同的配料比例及工艺条件可得到一硝酸酯、二硝酸酯、三硝酸酯,其含氮量分别为 6.76%、11.11% 和 14.14%,表 1-3 所列为 4 种不同含氮量的硝化纤维。

表 1-3　4 种不同含氮量的硝化纤维

含氮量/%	溶解介质	不溶于	用途
10.7 ~ 11.2	乙醇	脂肪烃	塑料、油漆
11.2 ~ 11.7	甲醇、醋酸乙酯、丙酮、乙醇+乙醚	脂肪烃	摄影底片、油漆
11.8 ~ 12.3	醋酸戊酯或丁酯、丙酮、乙醇+乙醚	乙醇、脂肪烃	油漆、假皮、皮革
12.3 ~ 13.9	丙酮		无烟火药、烈性炸药

皮革涂饰用的硝化纤维含氮量范围为 11.8% ~ 12.3%,黏度范围为 0.5 ~ 40 Pa·s。

硝化纤维成膜剂优点是光亮、美观、耐酸、耐油、耐水及耐干/湿擦;缺点是不耐老化、耐寒性差、易燃,膜透气性差,溶剂易燃有毒。

该类成膜材料又可分为两类:溶剂型硝化纤维(硝化纤维清漆)和乳液型硝化纤维(硝化纤维乳液)。前者由硝化纤维、增塑剂、溶剂及稀释剂组成。其优点是流动性较好,干燥时间较短,薄膜的坚牢度、抗水性特别是耐干/湿擦性能好;缺点是易燃易爆。后者除主要组分与溶剂型产品相同外,还有乳化剂和水。薄膜的卫生性能较好,但光泽较差,乳液长期存放不稳定。

4. 聚氨酯类成膜物质

聚氨基甲酸酯是分子结构中重复含有氨基甲酸酯基(—NHCOO—)的高分子材料的总称,简称聚氨酯(PU),是由多羟基化合物与多元异氰酸酯反应形成预聚体,再用二元醇或二元胺类扩链剂扩链后经过不同的后处理得到的。反应原理如图 1-10 所示(以水性阴离子 PU 为例)。

根据化学结构的不同,PU 可分为聚酯型和聚醚型、脂肪族与芳香族;根据分散介质可分为溶剂型和水分散型;依聚氨酯的发展可分为第一代聚氨酯、第二代聚氨酯和第三代聚氨酯;依乳化方法分为外乳化型(阳离子型、阴离子型、非离子型以及两性型)、内乳化型(即自乳化型)或水乳化型、水分散型和水溶型。

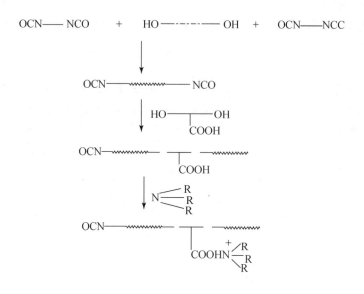

图 1-10　水性阴离子 PU 制备机理

　　经 PU 乳液涂饰后的皮革,具有光泽度高、手感好、耐磨耗、不易断裂、弹性好、耐低温性能和耐挠曲性能优良等特点,克服了丙烯酸类树脂涂饰材料"热黏冷脆"的缺陷。随着环保压力的剧增,无溶剂 PU 发展迅速。该类 PU 由于生产原料中不添加任何有机溶剂,生产过程中不产生废水、废气,实现零排放,使得生产出来的产品无毒、高效。

　　5. 其他成膜物质

　　(1)干性油

　　干性油是碘值大于 130,含高度不饱和脂肪酸的甘油酯,如桐油、亚麻仁油等。

　　(2)羧甲基纤维素

　　羧甲基纤维素(CMC)是纤维素的醚类衍生物,由纤维素经碱处理,使纤维素膨胀生成纤维素碱,再与氯乙酸钠进行醚化反应得到,其结构为 $[C_6H_7O_2(OH)_2CH_2COONa]_n$。

　　(3)聚酰胺

　　聚酰胺是由 α-氨基酸缩合聚合得到的分子量较低的聚合物,溶于水后呈透明黏稠状,不腐败,耐电解质能力强。用于皮革涂饰,其膜有较好的力学性能和卫生性能,在耐挠曲和耐湿擦方面优于酪素。用于皮革涂饰封底,能防止增塑剂及染料的迁移。

　　(4)有机硅树脂

　　有机硅树脂具有优良的光亮性、滑爽性、手感,卫生性能和防水性能特别优异。但有机硅不单独作为成膜物质,除了价格昂贵外,还有涂层力学强度较差,不耐有机溶剂的缺点。有机硅通常作为柔软剂、滑爽剂、防水剂等助剂用于皮革的整饰。另外,将具有良好表面性能的有机硅用于其他成膜剂如丙烯酸树脂和聚氨酯等的改性。

(5)阳离子成膜剂

阳离子涂饰技术发展较迟且缓慢(20 世纪 90 年代才开发出阳离子型聚氨酯),因皮革涂饰所用材料绝大多数材料属阴离子型,阳离子材料与这些材料的相容性较差。

阳离子涂饰有以下特点:阳离子电荷对于铬鞣、植鞣和合成革均有较好的亲和力;涂饰材料溶液的 pH 接近皮革的等电点,因此涂饰材料溶液靠渗透压而被革吸收,不必借助渗透剂或溶剂就能达到良好的渗透性和黏着性;所有的阳离子产品均具有微粒细的特点,有很好的渗透性和黏着性,比阴离子同类产品柔软,涂膜极薄且自然;可以改进纤维强度和拉力,同时又能填充皮革并使之丰满柔软,阳离子涂层还兼具防霉杀菌和抗静电作用。

1.3.2.2 性能要求

成膜物质能够在底物(如皮革)表面形成均匀透明的薄膜,实际上是一种黏合剂。皮革涂饰材料中的成膜物质应具有以下性质:黏着力强;薄膜的弹性、柔软性及延伸性应与皮革一致;薄膜应具有容纳力;薄膜光泽好;薄膜具有良好的卫生性能和坚牢度;薄膜作为保护性涂层,必须具有一定的耐酸碱、耐干/湿擦、耐水洗、耐干洗、耐洗涤、耐汗、耐光、耐热、耐寒、耐挠曲、耐磨、耐刮、耐老化、防水、防火、防雾化、抗有机溶剂等性能,对皮革成品起到很好的保护作用。

1.3.2.3 代表性配方举例

以涂饰材料在铬鞣黄牛正面革涂饰中的应用(黑色)为例,涂饰工艺流程大致为:待涂饰坯革→净面→喷底浆→烘干→喷底浆→烘干→伸展→熨平→喷底浆→烘干→喷底浆→烘干→喷光亮剂→烘干→喷固定剂→烘干→熨平→打光→分级→量尺→入库。另附一个典型水性涂饰配方案例,见表 1-4。

表 1-4 代表性水性涂饰配方案例

配方	预涂	中涂	顶涂	手感层
FORMULAS	Sol. 1	Sol. 2	Sol. 3	Sol. 4
126-URC 阳离子聚氨酯	100			
086-FLC 阳离子油	30			
228-PBC 阳离子酪素	50			
248-FLC 阳离子蜡	60			
925-PG 阳离子黑膏	10			
水	250		120	300

续表

配方	预涂	中涂	顶涂	手感层
119-UR 阴离子聚氨酯		70		
159-AC 阴离子丙烯酸		130		
242-FL 阴离子抛光蜡		30		
253-FL 阴离子手感蜡		40		
227-PB 阴离子酪素		50		
725-PG 阴离子黑膏		50		
069-PT 渗透剂		20		
361-LW 硝化棉光油			100	
327-FM 手感剂			5	10
326-FM 手感剂		5	3	5
涂饰过程	①预涂/底涂:喷 2 次,烘干,静置 4 h,烫平 110℃/60 kg ②中涂:喷 2 次,烘干,烫平 100℃/60 kg,喷 2 次 ③顶涂:喷 1 次,烘干,摔软 5 h ④效应层/手感层:喷 1 次,烘干,烫平 120℃/60 kg			

1.4　皮革涂饰材料面临的机遇和挑战

随着全球环境保护意识的增强,皮革涂饰系统已经向水性化迈进了很大的步伐,这也是皮革工业可持续发展的自身要求。但就目前的技术而言,要完全不采用有机溶剂还有一定的困难,特别是在顶层涂饰上,溶剂型品种在流平性、光泽度、抗水性、光滑性等方面具有不可比拟的优点。与此同时,随着人们生活水平的不断提高,对皮革制品的高端化和时尚化要求越来越迫切。在这种形势下,开发高性能、功能型水性皮革涂饰材料就显得尤为必要,甚至逐步向多功能与专一性发展。所谓多功能是在某种功能已经具备的前提下,再赋予其他的功能,这是为了工艺的简化和生产效率的提高;而专一性是在对其他功能不产生负面影响的前提下,突出某一种独特的功能。达成此目标的本质在于实现材料的结构和性能调控。这就要求该领域工作者要充分吸收高分子科学的新技术、新工艺、新材料等,也就是说要将高新技术与新材料融入皮革涂饰材料的设计与合成中,如利用可控聚合等技术对涂饰材料的合成工艺及参数进行合理设计,开发具有特种高性能的涂饰材料,不断突破传统皮革涂饰材料的性能,并赋予材料新的特性,从而实现革制品较高的附加值,提升我国皮革行业的竞争力。

1.5 本书的主要内容

本书主要总结作者多年来采用系列合成方法制备高性能、功能型水性皮革涂饰材料的研究结果,并展开相关论述。具体包括:

(1)核壳乳液聚合法制备皮革涂饰材料的研究:主要介绍了核壳乳液聚合的概念、特点以及影响聚合的因素。重点总结了作者采用核壳乳液聚合法制备聚丙烯酸酯皮革涂饰材料的研究结果。

(2)无皂乳液聚合法制备皮革涂饰材料的研究:主要介绍了无皂乳液聚合的概念与特点。重点总结了作者采用无皂乳液聚合法分别制备聚丙烯酸酯和酪素皮革涂饰材料的研究结果(图 1-11 为采用无皂乳液聚合法制备聚丙烯酸酯改性酪素中空微球乳胶粒的思路示意图)。

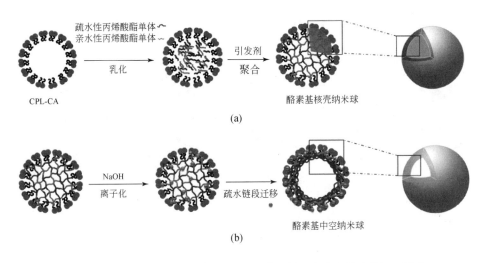

图 1-11 无皂乳液聚合法制备聚丙烯酸酯改性酪素中空微球的机理示意
(a)乳液聚合,(b)碱溶胀

(3)单原位乳液聚合法制备皮革涂饰材料的研究:主要介绍了单原位乳液聚合的概念与特点。重点总结了作者采用单原位乳液聚合法分别制备聚丙烯酸酯和酪素皮革涂饰材料的研究结果(图 1-12 为采用单原位乳液聚合法制备的聚丙烯酸酯基纳米 ZnO 复合乳胶膜的抗菌机理示意图)。

(4)双原位乳液聚合法制备皮革涂饰材料的研究:主要介绍了双原位乳液聚合的概念与特点。重点总结了作者采用双原位乳液聚合法分别制备聚丙烯酸酯和酪素皮革涂饰材料的研究结果(图 1-13 为采用双原位乳液聚合法制备酪素基 SiO_2 复合乳胶粒的机理示意图)。

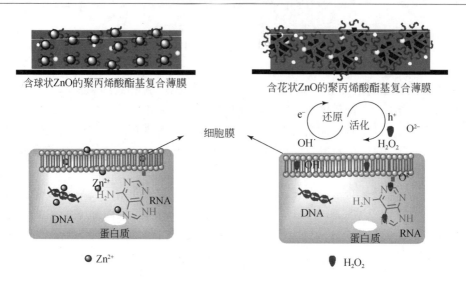

图 1-12　单原位乳液聚合法制备的聚丙烯酸酯基纳米 ZnO 复合乳胶膜的抗菌机理(见彩图)

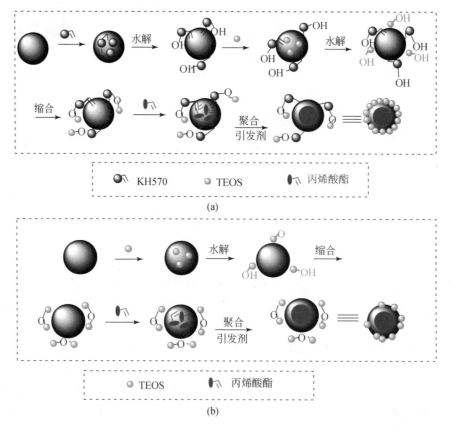

图 1-13　双原位乳液聚合法制备酪素基 SiO₂ 复合乳胶粒的机理示意

（5）Pickering 乳液聚合法制备皮革涂饰材料的研究：主要介绍了 Pickering 乳状液的概念与特点。重点总结了作者分别以纳米 SiO_2 和纳米 ZnO 为稳定剂采用 Pickering 乳液聚合法制备聚丙烯酸酯皮革涂饰材料的研究结果（图 1-14 为采用 Pickering 乳液聚合法制备以纳米 SiO_2 为稳定剂的聚丙烯酸酯乳液的机理示意图）。

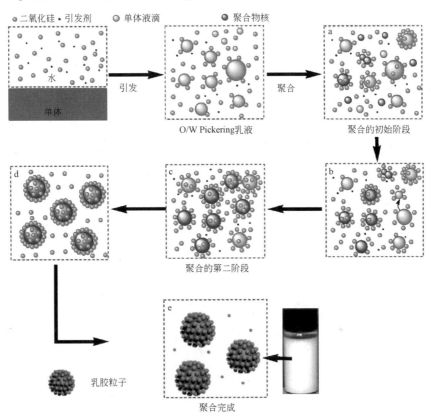

图 1-14　Pickering 乳液聚合法制备以纳米 SiO_2 为稳定剂的
聚丙烯酸酯乳液的机理示意

（6）细乳液聚合法制备皮革涂饰材料的研究：主要介绍了细乳液聚合的概念与特点。重点总结了作者采用细乳液聚合法制备高固含量、封装型及包覆型聚丙烯酸酯皮革涂饰材料的研究结果（图 1-15 为采用细乳液聚合法制备包覆型聚丙烯酸酯基 SiO_2 复合乳液的设计思路图）。

（7）其他合成方法制备皮革涂饰材料的研究：主要介绍了光聚合法、无溶剂聚合法、互穿聚合物网络聚合法、转相乳化法、外乳化法等合成方法制备皮革涂饰材料的研究进展，重点结合作者研究经历，论述了聚合方法对皮革涂饰材料性能的影响结果。

（8）皮革涂饰材料的发展趋势：主要结合作者研究经历与国内外研究现状，介绍

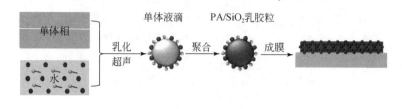

图 1-15　细乳液聚合法制备包覆型聚丙烯酸酯基 SiO_2 复合乳液的设计思路

了皮革涂饰材料的绿色化、功能化及高物性发展趋势。重点论述了皮革涂饰材料在疏水防污、抗菌防霉、阻燃、电磁屏蔽、保温隔热、耐黄变、耐磨、力学性能和耐水性能方面的研究进展与发展趋势,并提出展望。

第2章 核壳乳液聚合法制备皮革涂饰材料的研究

2.1 核壳乳液聚合的概念

随着工业的发展与科学技术的进步,乳液聚合过程被提出了更高的要求,不仅要求其不断提高乳液聚合物的产量,而且要求能够生产出具有多种功能和优良性能的乳液聚合物,以适应不同的需要。核壳结构聚合物乳液的合成是近些年在种子乳液聚合基础之上发展起来的新技术。所谓的核壳乳液聚合是指在乳胶粒的中心先形成一个富聚合物的"核",核中聚合物含量大,而单体含量小,聚合物被单体所溶胀,形成"核"后,再补加一部分单体,在核的外围形成一层富单体的"壳",其中聚合物被单体溶解,在壳表面上,吸附乳化剂分子形成一个单分子层,以使该乳胶粒稳定地悬浮在水相中。

在相同共聚物组成的情况下,核壳结构的乳液聚合物要比均相结构的乳液聚合物具有更优异的性能,乳胶粒的核壳化可以在不增加成本的前提下显著地提高乳液聚合物的耐磨、耐水、耐寒、抗污、防辐射、加工性、透明性、抗冲强度、抗张强度及黏结强度等性能,并可显著地降低最低涂膜温度。

2.2 核壳乳液聚合的特点

2.2.1 核壳结构

以两种单体聚合为例,使用常规均相乳液聚合方法得到的聚合物粒子单体分布是均匀的,即均相结构,而使用核壳乳液聚合得到的聚合物粒子单体分布是不均匀的,即非均相结构。实际上核壳乳液聚合得到的聚合物粒子是由两种不同的聚合物复合而成,因此在性能表现上与均相粒子有很大的差异。核壳乳液聚合的另一个特点就是聚合物粒子的可设计性,通过改变单体的添加方式和添加步骤可以控制粒子中"核"层与"壳"层单体的分布,从而控制聚合物乳液的性能。常见的核壳结构粒子类型如图2-1所示。

2.2.2 影响核壳乳液聚合的因素

1. 加料方式的影响

壳层单体加料方式的不同将造成壳层单体在种子乳胶粒的表面及内部的浓度分布有所不同。采用饥饿态半连续加料时,种子乳胶粒表面及内部的壳层单体浓度

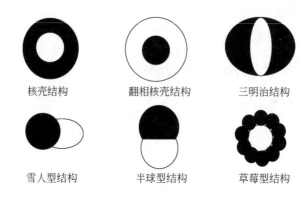

核壳结构　　　　翻相核壳结构　　　　三明治结构

雪人型结构　　　　半球型结构　　　　草莓型结构

图 2-1　常见核壳结构的粒子类型

均很低;如果将壳层单体一次全部加入,则在种子乳胶粒的表面壳层单体的浓度很高;而采用预溶胀方法加料,不但种子乳胶粒的表面壳层单体浓度很高,而且壳层单体有充分的时间向种子乳胶粒内部渗透,所以种子乳胶粒内部也富含壳层单体。因此,采用预溶胀法或间歇加料方式所形成的乳胶粒,在核、壳之间有可能发生接枝或相互贯穿,从而改善核层与壳层聚合物的相容性。

2. 单体亲水性的影响

单体的亲水性对乳胶粒的结构形态也有较大的影响。亲水性大的单体更倾向于靠近水相进行反应,而疏水性的单体则倾向于远离水相进行反应,故如果以疏水性单体为核层单体,以亲水性单体为壳层单体进行种子乳液聚合,通常能形成正常核壳结构的乳胶粒;反之以亲水性单体为核层单体,以疏水性单体为壳层单体的种子乳液聚合,在聚合过程中,壳层疏水聚合物可能向种子乳胶粒内部迁移,从而有可能形成非正常的结构形态,如草莓型、雪人型、海岛型、翻相型乳胶粒。

3. 单体组成的影响

单体组成不同其亲水性不同,也会导致不同形态的核壳结构。若核层聚合物不溶于壳层单体,则可能形成正常乳胶粒,且核、壳层间界限明显;若核层和壳层聚合物相溶则可能生成正常乳胶粒,但核、壳层相互渗透,两者之间界限不明显;若壳层单体可溶胀核层聚合物,但两种聚合物不相溶,则可能发生相分离,生成异形结构的乳胶粒;若核层聚合物交联,与壳层聚合物不相溶,则壳层聚合物可能穿透核层聚合物生成富含壳层聚合物的外壳。

4. 引发剂的影响

聚合过程中,引发剂对乳胶粒结构形态的影响更为复杂,采用水溶性或油溶性不同的引发剂对乳胶粒形态的影响也不同。例如,以甲基丙烯酸甲酯为核单体,以苯乙烯为壳单体进行乳液聚合,采用油溶性引发剂如偶氮二异丁腈时,会如预期那样得到"翻转"的核壳乳胶粒,但当以水溶性引发剂如过硫酸钾引发反应时,由于大分子链上带有亲水性离子基团,增大了壳层聚苯乙烯分子链的亲水性。引发剂浓度越大,聚苯乙烯分子链离子基团就越多,壳层亲水性就越大,所得乳胶粒就可能不发生“翻转”。

此外,引发剂的量对核壳乳液的厚度也有很大的影响,壳层厚度随引发剂的增加先减小,后增加,再减小,总体呈下降趋势。直接将引发剂加入种子乳液中引发聚合,效果不好,而将引发剂溶于水中,与壳层单体分别由滴液漏斗加入时,乳液稳定性较好。

5. 乳化剂的影响

在核壳结构乳液聚合中,形成“核”时需加一定量的乳化剂,以形成一定数目的胶束,进而形成一定数目的乳胶粒。当所加的乳化剂量小时,制得的乳胶粒粒径大。随着乳胶粒的逐渐长大,其表面积增大,需要从水相中吸附更多的乳化剂分子,覆盖在新生成的乳胶粒表面上,致使在水中的乳化剂浓度低于临界胶束浓度,甚至还会出现部分乳胶粒表面积不能被乳化剂分子完全覆盖的现象,这样就会使乳液稳定性下降,甚至破乳。

2.3　核壳乳液聚合法制备聚丙烯酸酯皮革涂饰材料

2.3.1　合成思路

目前,市场上聚丙烯酸酯类皮革涂饰材料普遍存在成膜硬度和最低成膜温度之间的矛盾,从而导致涂膜的耐水性和耐碱性差、耐沾污性不足,直接制约了其进一步推广使用。针对以上现象,作者采用“粒子设计”思路,合成出“硬核软壳”的核壳型聚丙烯酸酯皮革涂饰材料以提高聚合物的性能和乳胶膜的耐沾污能力。

2.3.2　合成方法

首先对单体进行预乳化,核层和壳层的单体预乳化工艺相同,具体为:将核层(或壳层)复合乳化剂用去离子水溶解均匀,再将其加入到预先混合均匀的核层(或壳层)单体混合液中,然后在乳化机上先低速乳化一段时间,待混合液变为均匀乳白色以后,再高速乳化 10 min,即制得核层(或壳层)单体预乳液。

在水浴加热且装有数显搅拌器、冷凝管以及恒压滴液漏斗的三口烧瓶中加入缓冲溶剂、复合乳化剂、单体混合液以及去离子水,在 40℃下搅拌一段时间使其混合均匀,再加入部分引发剂水溶液,升温至 75℃,待乳液泛蓝光后保温 1 h,制得种子乳液。在种子乳液基础上,同时滴加核层单体预乳液及引发剂水溶液,滴加完毕后升温至 80℃,保温 1 h,制得核层乳液。在核层乳液基础上,再同时滴加壳层单体预乳液及引发剂水溶液,滴加完毕后保温 1 h,然后升温至 85℃,继续保温 1 h,最后冷却至室温,调节 pH 至 7.5 左右,出料。

以复合乳液及薄膜性能为指标,考察核壳比、内核玻璃化转变温度、有机硅种类及用量对复合乳液及薄膜性能的影响。

2.3.3　结构与性能

合成的乳胶粒为"核壳"型结构,即乳胶粒的内核和外壳聚合物的玻璃化转变温度(T_g)不同。聚合物的T_g较高会使涂膜的耐水性、耐洗刷及耐沾污性能得到大幅度提高,但存在乳液成膜能力下降的情况。核壳比的不同决定了高T_g的聚合物在整个乳胶粒中所占的质量分数或体积分数,故影响乳液的整体性能。因此,首先考察了核壳比对乳液性能的影响。

1. 核壳比的影响

核壳比会直接影响不同T_g的聚合物在乳胶粒中所占的质量分数,进而决定乳液的成膜能力。图 2-2 为不同核壳比对乳液成膜能力的影响。由图 2-2 可以看出,随着核层聚合单体用量的减少,所合成乳液的成膜能力逐渐提高。对于聚丙烯酸酯来说,树脂的T_g越高,分子间的相对滑移能力越差,也同时降低了软性树脂分子链的滑移伸展能力,即分子链的自由体积减少从而使得成膜能力变差。乳胶粒中T_g低的聚丙烯酸酯组分所占比重加大,乳液在成膜过程中一方面能够完全覆盖分子链没有全部展开的高T_g聚丙烯酸酯粒子,另一方面能够填充硬粒子之间的空隙从而形成完整的涂膜。

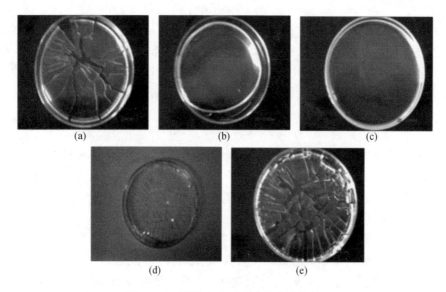

图 2-2　不同核壳比时乳液的成膜性能
(a)60/40,(b)55/45,(c)50/50,(d)45/55,(e)40/60

涂膜的耐水性与其应用效果直接相关。涂膜耐水性主要是指涂膜中树脂分子抵抗水分子对其进行增塑的能力,一方面与树脂分子中亲水基团的种类和数量有关,另一方面与树脂分子自由体积的大小有关。一般来讲,亲水基团的数量少,涂膜耐水性强;树脂分子的自由体积小,涂膜耐水性强。乳胶粒中核壳比反映了涂膜中"硬性"组分和"软性"组分所占体积分数或质量分数的情况,因而会影响涂膜的耐水性。图 2-3 为不同核壳比对涂膜耐水性的影响,从图 2-3 可以看出,随着核壳比的增加,涂膜的耐水性逐渐提高,且随着时间的延长,涂膜耐水性逐渐提高的规律越明显。这是因为随着乳胶粒中核壳比的增加,涂膜中"硬性"组分增加,"硬性"树脂分子因与"软性"树脂分子具有一定结构相容性使得"软性"树脂分子的自由体积减少,同时自身的自由体积不变,从而使整个涂膜内树脂分子的自由体积得到减少;另一方面抵抗水对树脂分子增塑作用的能力也得到提高;故而涂膜耐水性得到提高。

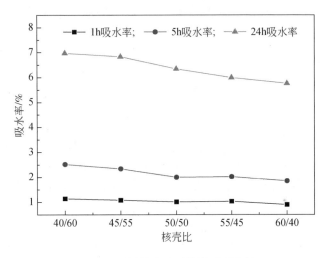

图 2-3　不同核壳比时的涂膜耐水性

2. 内核 T_g 的影响

玻璃化转变温度 T_g 越高,分子链的自由体积就越小,分子链间的相互滑移和伸展能力下降,从而导致乳液成膜能力下降。因此,本研究中固定壳层聚合物的 T_g 不变,改变内核聚合物的 T_g,以研究内核 T_g 对乳液成膜能力的影响规律。图 2-4 为内核 T_g 对乳液成膜能力的影响。从图 2-4 可以看出,随着内核聚合物 T_g 的提高,乳液的成膜能力下降。一方面是因为内核聚合物 T_g 提高,内核聚合物分子的自由体积减少,分子链进行滑移和伸展的可能性降低,成膜更加困难;另一方面是由于内核和外壳都为聚丙烯酸酯,内外层聚合物分子链的结构相容性比较高,内核 T_g 的增加会使得内核聚合物分子链作为支点连接壳层聚合物分子链而减少其自由体积的能力得到提高,从而进一步限制了壳层聚合物分子链的滑动和伸展,综合以上两方面使得最终所合成乳液的成膜能力下降。

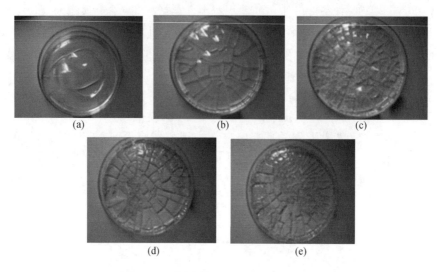

图 2-4　不同内核 T_g 时的乳液成膜能力

(a)30℃,(b)55/45,(c)50/50,(d)45/55,(e)40/60

　　图 2-5 为内核 T_g 对乳液涂膜耐水性的影响。由图 2-5 可以看出,随着核层聚合物玻璃化转变温度的增大,涂膜的耐水性提高。这是因为核层聚合物玻璃化转变温度提高,核层聚合物分子链的自由体积减少同时使得壳层聚合物的玻璃化转变温度增高,分子链的自由体积减少,故而使得涂膜抵抗水增塑作用的能力提高,涂膜的耐水性得到提高。

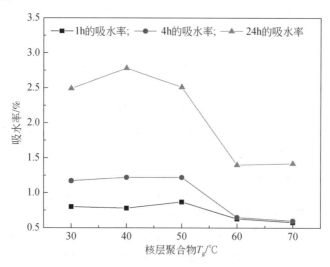

图 2-5　不同核层聚合物 T_g 时涂膜的耐水性

3. 有机硅种类及用量的影响

图 2-6 为不同种类及用量的有机硅对乳液聚合凝胶率的影响。由图 2-6 可知,随着有机硅用量的增加,乳液聚合凝胶率均有所增大,但有机硅种类不同,乳液聚合凝胶率随有机硅用量增加而增加的幅度不同。对于研究中所使用的硅烷偶联剂(A-151、A-171、A-172、AC-76、KH-570)来说,在乳液聚合过程中,硅烷偶联剂除了通过分子中的双键与丙烯酸酯类单体共聚外,其分子中的烷氧基也会逐渐水解生成硅羟基,硅羟基之间进而发生脱水缩合生成 Si—O—Si 键,因此硅烷偶联剂在乳液聚合过程中具有一定的交联作用,这种交联作用不仅发生在同一乳胶粒内部,还发生在乳胶粒与乳胶粒之间。随着硅烷偶联剂用量的增加,乳胶粒上的硅羟基密度逐渐增大,乳胶粒与乳胶粒间的交联程度逐渐增加,因此乳液聚合凝胶率随着硅烷偶联剂用量的增加逐渐增大。但由于不同硅烷偶联剂分子中的烷氧基大小不同,其水解生成硅羟基的难易程度也不相同,烷氧基越大,空间位阻越大,硅烷偶联剂越难水解。研究中有机硅随壳层单体预乳液一起加入到聚合体系中,硅烷偶联剂由于烷氧基较大水解速率较慢,当壳层预乳液滴加完后,聚合体系升温,未水解的硅烷偶联剂会加速水解产生大量的硅羟基,乳胶粒之间的交联作用加剧,乳液聚合的凝胶量随之增大。由于考察的硅烷偶联剂中,A-172 的烷氧基空间位阻最大,因此在相同条件下,A-172 参与聚合时产生的凝胶率也最高,并且随着 A-172 用量的增加,凝胶率上升得也最明显。与硅烷偶联剂分子不同,有机硅 V4 和端乙烯基硅油 DY-V401 因每个分子中均含有两个或两个以上的乙烯基,它们在聚合时本身就是一种交联剂,因此随着 V4 及 DY-V401 用量的增加,乳液聚合的凝胶率也逐渐增大。

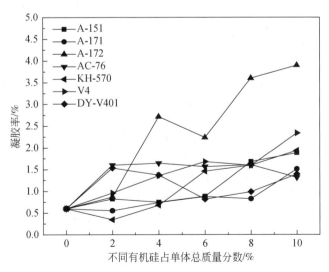

图 2-6　有机硅种类及用量对乳液聚合稳定性的影响

图 2-7 为不同种类及用量的有机硅对单体转化率的影响。由图 2-7 可知,除 V4 及 DY-V401 外,随着有机硅用量的增加,乳液聚合的单体转化率均有所降低。这可能是因为有机硅与丙烯酸酯类单体之间存在竞聚率的问题,反应结束时,部分有机硅单体没有参与到聚合中。在硅烷偶联剂分子中,与碳碳双键相连的为硅原子,硅原子另一端连有 3 个提供电子的烷氧基,而丙烯酸酯类单体分子中,与碳碳双键相连的为羰基碳原子,羰基带有一定的正电性,因此,在丙烯酸酯类单体分子中,碳碳双键上的电子云密度要比有机硅分子中碳碳双键上的电子云密度低,在进行聚合时,丙烯酸酯类单体更容易受到自由基的进攻而发生反应。另外,硅烷偶联剂分子由于其硅原子上连有 3 个烷氧基,其聚合时的空间位阻较一般丙烯酸酯类单体大,这也可能导致硅烷偶联剂不能顺利地参与聚合反应,从而使得最终的单体转化率降低。V4 及 DY-V401 分子中均含有两个或两个以上的乙烯基,在乳液聚合时,较容易被自由基捕获而发生共聚反应,因此随着 V4 及 DY-V401 用量的增加,乳液聚合的单体转化率没有明显降低。

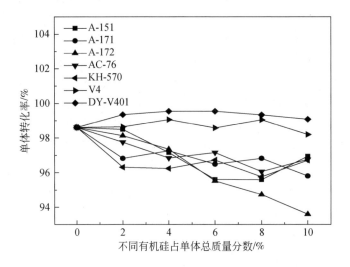

图 2-7　有机硅种类及用量对单体转化率的影响

图 2-8 为有机硅用量为 6% 时,采用不同种类有机硅所得乳液乳胶粒的平均粒径及分布情况。由图 2-8 可知,有机硅种类对乳胶粒平均粒径及分布的影响不大。不论采用何种有机硅,乳胶粒的平均粒径均在 100 nm 左右,粒径分布均小于 0.1,即所得乳液均具有单分散性。由于有机硅种类对乳胶粒平均粒径及分布的影响不大,因此只考察了不同 KH-570 用量下乳胶粒平均粒径及分布的变化情况,如图 2-9 所示。

由图 2-9 可知,增加 KH-570 的用量,乳胶粒的平均粒径略有增大,粒径分布变化不大,均小于 0.1,并且均小于不加 KH-570 时乳液的粒径分布。这可能是由于 KH-570 的引入增强了乳胶粒的疏水性,使其对乳化剂的吸附能力增大,乳液聚合时

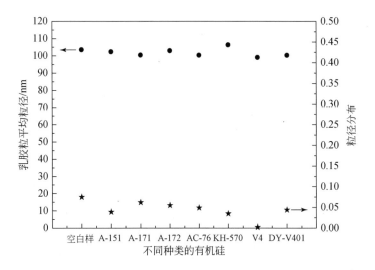

图 2-8　有机硅种类对乳胶粒平均粒径及分布的影响

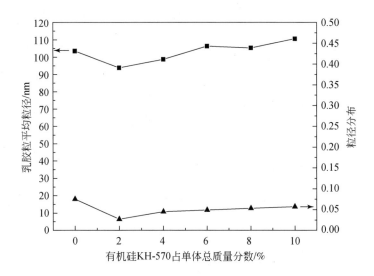

图 2-9　KH-570 用量对乳胶粒平均粒径及分布的影响

水相中溶解的乳化剂浓度降低,在一定程度上阻止了新乳胶粒的生成,并使后续滴加的单体主要在乳胶粒表面参与聚合反应。因此,随着 KH-570 用量的增加,乳胶粒的平均粒径略有增大,粒径分布都较窄且变化不大。

　　图 2-10 为有机硅用量为 6% 时,采用不同种类有机硅所得乳液乳胶粒的 Zeta 电位大小。由图 2-10 可知,有机硅种类对乳液乳胶粒 Zeta 电位的影响较大,但没有发现明显的规律性。图 2-11 为 KH-570 用量对乳液乳胶粒 Zeta 电位的影响。根据图 2-11 可知,随着有机硅用量的增加,乳胶粒的 Zeta 电位没有发生较大变化。

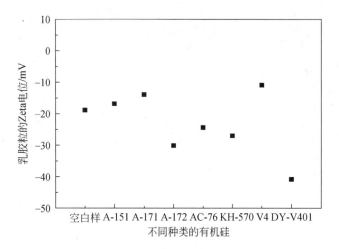

图 2-10 有机硅种类对乳胶粒 Zeta 电位的影响

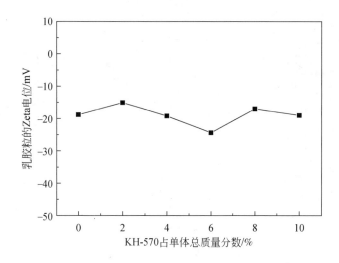

图 2-11 KH-570 用量对乳胶粒 Zeta 电位的影响

乳液旋转黏度的大小是乳液固含量、乳液乳胶粒平均粒径及分布等多种因素综合作用的结果。一般来讲,乳液固含量一定时,乳胶粒平均粒径越小,粒径分布越窄,乳液的旋转黏度越大。图 2-12 为有机硅种类及用量对乳液旋转黏度的影响。由图 2-12 可知,有机硅种类及用量对乳液的旋转黏度影响不大,不论采用何种有机硅,也不论有机硅用量为多少,乳液的旋转黏度均在 30 ~ 50 cP 之间。研究中,乳液固含量一定,改变有机硅的种类及用量,乳液的平均粒径及粒径分布没有发生太大变化,说明乳液的旋转黏度不会随有机硅种类及用量的改变而发生变化。

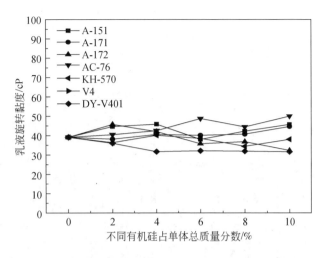

图 2-12　有机硅种类及用量对乳液旋转黏度的影响

图 2-13 为有机硅种类及用量对乳液涂膜外观的影响。从图 2-13 可以看出,A-151、A-172、AC-76、KH-570 四组乳液涂膜完整、透明度高、光泽度好,并且随着有机硅用量的增加,乳液薄膜外观没有发生明显变化;A-171 及 V4 两组乳液随着有机硅用量的增加,薄膜逐渐出现龟裂,且脆性增强,说明乳液的成膜性逐渐降低;DY-V401 组乳液薄膜完整性、柔韧性较好,薄膜透明性差,具有一定的遮盖性,但随着有机硅用量的增加,薄膜表面的油腻感逐渐增强。出现上述现象可能与有机硅的分子结构有关。A-151、A-172 及 AC-76 分子中与硅原子相连的烷氧基分别为乙氧基、β-甲氧基乙氧基以及异丙氧基,它们水解后产生的小分子醇类在乳液成膜过程中具有一定的促进成膜作用,因此乳液涂膜均较完整。KH-570 分子中由于与硅原子相连的乙烯基链较长,聚合反应后,虽然其对聚合物具有一定的交联作用,但聚合物分子链间的滑移性仍较好,因此乳液涂膜也较完整。A-171 虽然在反应过程中也会产生一定量的甲醇,但在乳液成膜初期,甲醇会迅速挥发掉,因此其对乳液成膜的促进作用较弱。另外,A-171 由于分子链较小,聚合反应后,其对聚合物的交联作用较强,乳液成膜时聚合物分子链的自由运动空间较小,因此该组乳液涂膜较脆,且随着 A-171 用量的增加,乳液的成膜能力降低,涂膜完整性变差。V4 由于其分子中含有多个乙烯基,在聚合过程中具有较强的交联作用,因此随着 V4 用量的增加,薄膜的硬度逐渐增大,完整性逐渐降低,且脆性逐渐增强。由于 DY-V401 本身分子量较大,分子链较长,分子中的乙烯基位于长链的两端,聚合反应后,聚合物分子链的滑移性不仅不会受到较大的影响,且 DY-V401 分子中的 Si—O—Si 长链还会对聚合物分子链起到一定的柔顺作用,因此 DY-V401 组乳液涂膜完整,薄膜柔韧性好。但与前面几种有机硅相比,由于 DY-V401 分子中 Si—O—Si 链较长,而有机硅树脂与丙烯酸树脂间本身就存在一定的相容性问题,因此 DY-V401 的引入使乳液成膜后存在一

定的微分相,乳液涂膜的透明性降低。此外,随着 DY-V401 用量的增加,乳液中未参与反应的 DY-V401 量会逐渐增大,乳液成膜时,这些未反应的 DY-V401 会迁移到薄膜的表面,从而使乳液薄膜的油腻感增强。

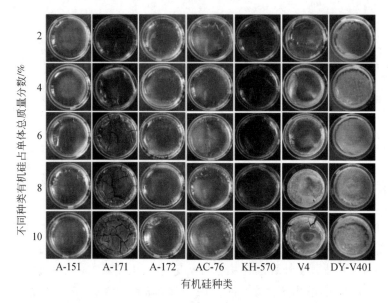

图 2-13　有机硅种类及用量对乳液涂膜外观的影响

　　图 2-14 和图 2-15 分别为有机硅种类及用量对乳液薄膜 24h 吸水率及吸碱液率的影响。由图可知,有机硅种类及用量对乳液薄膜 24h 吸水率及吸碱液率的影响类似,即随着有机硅用量的增加,DY-V401 组乳液薄膜的吸水率及吸碱液率均较高,且远远高于不加有机硅的乳液薄膜的吸水率及吸碱液率;V4、A-172 及 AC-76 三组乳液薄膜的吸水率及吸碱液率均先增大后逐渐减小;A-151、A-171 及 KH-570 三组乳液薄膜的吸水率及吸碱液率随其用量的增加均逐渐减小,后趋于稳定。这表明不同种类的有机硅对乳液薄膜耐水性及耐碱性的影响不同。由于有机硅树脂与丙烯酸树脂间的相容性问题,DY-V401 的分子量较大,其引入会使乳液薄膜中产生一定的微分相,这种微分相随 DY-V401 用量的增加而增强,因此乳液薄膜的耐水性及耐碱性也会随 DY-V401 用量的增加而降低。除了 DY-V401,其他种类的有机硅用量增加到一定值后可以提高乳液薄膜的耐水性及耐碱性。这是因为超过一定范围后,随着有机硅用量的增加,乳液薄膜中能够逐渐形成完整的 Si—O—Si 交联网络,该交联网络能使乳液薄膜的耐水性及耐碱性增强。但不同种类有机硅在乳液薄膜中形成完整 Si—O—Si 交联网络所需的用量不同,因此相同用量时不同种类的有机硅对乳液薄膜耐水性及耐碱性的影响不同。

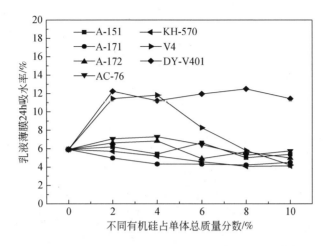

图 2-14 有机硅种类及用量对乳液薄膜吸水率的影响

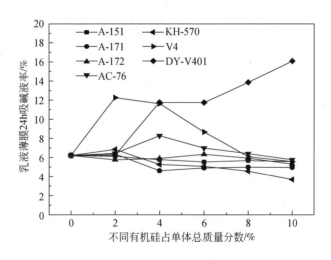

图 2-15 有机硅种类及用量对乳液薄膜吸碱液率的影响

图 2-16 为有机硅用量均为 6% 时, 不同种类有机硅所得乳液薄膜的表面静态水接触角测试结果。由图 2-16 可知, 有机硅的引入较大地提高了乳液薄膜的表面静态水接触角, 并且有机硅种类不同, 其对薄膜表面静态水接触角的影响不同, 其中烷基链较短的硅烷偶联剂(如 A-171、A-151、A-172) 与烷基链较长的硅烷偶联剂(如 KH-570) 相比, 前者能更有效增大薄膜的表面静态水接触角, 这可能是因为硅烷偶联剂与丙烯酸酯类单体共聚后, 有机硅处于聚合物链的支链上, 此时烷基链越长, 聚合物链的自由运动能力越小, 有机硅向薄膜表面迁移的能力也越低, 从而导致最终乳液薄膜表面静态水接触角增加的程度降低。V4 分子中由于含有 4 个乙烯基, 聚合时能在分子链间形成交联网络, 从而阻碍了有机硅的表面迁移, 因此薄膜的表面

静态水接触角较硅烷偶联剂所得乳液薄膜的表面静态水接触角小。DY-V401 由于分子质量较大(约 2000 Da),链长较长,与其他有机硅相比,其所得乳液在成膜过程中有机硅链更容易向薄膜表面迁移和富集,因此乳液薄膜的表面静态水接触角增加最大。

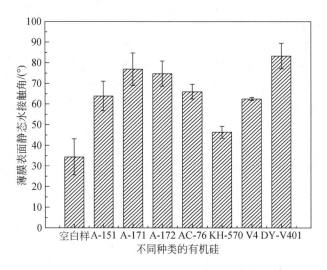

图 2-16　有机硅种类对乳液薄膜疏水性的影响

　　为了考察有机硅用量对乳液薄膜表面静态水接触角的影响,研究中直接选取对乳液薄膜表面静态水接触角增加贡献最大的 DY-V401 进行了研究。由图 2-17 可知,DY-V401 的引入极大地提高了乳液薄膜的表面静态水接触角,但随着 DY-V401 用量的增加,乳液薄膜的表面静态水接触角变化不大,只是略有增加。随着有机硅用量的增加,薄膜表面迁移的有机硅量增加,薄膜的表面能降低,静态水接触角增大。由于 DY-V401 具有较强的迁移能力,当其用量为 2% 时,乳液薄膜表面就能富集较多的有机硅,因此乳液薄膜的表面静态水接触角增加较大。当进一步增加 DY-V401 的用量,虽然乳液薄膜表面的有机硅含量会增加,但有机硅本身的疏水性限制了乳液薄膜表面疏水性的进一步提高,因此乳液薄膜的表面静态水接触角增加不大。

　　综合上述有机硅种类及用量对核壳型聚丙烯酸酯乳液及乳液薄膜各项性能的影响,当有机硅用量达到 6% 以后,各种有机硅所得乳液及乳液薄膜的性能均基本趋于稳定,且乳液及乳液薄膜整体性能相对较好。当有机硅用量为 6% 时,A-171 所得乳液薄膜耐水性、耐碱性以及表面疏水性较好,但薄膜完整性较差;KH-570 所得乳液薄膜完整性、透明性、光泽度、耐水性以及耐碱性较好,但乳液聚合凝胶率较高,乳液薄膜表面疏水性较低;V4 所得乳液薄膜硬度较高,但乳液薄膜较脆;DY-V401 所得乳液薄膜表面疏水性较强、柔韧性较好,且具有一定的遮盖性,但乳液薄膜耐水性及耐碱性较差;A-151、A-172 及 AC-76 所得乳液薄膜均较完整、透明、有光泽,但乳液聚合凝胶率较高,单体转化率较低,且乳液薄膜的耐水性、耐碱性及疏水性等均一般。

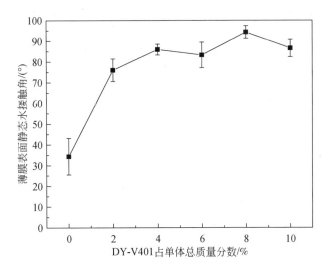

图 2-17　DY-V401 用量对乳液薄膜疏水性的影响

4. 核壳型复合乳液的结构表征

图 2-18 和图 2-19 分别为核壳型聚丙烯酸酯复合乳液及核壳型硅丙复合乳胶膜的傅里叶红外光谱图。其中从图 2-18 可以看出，$2955.10\ cm^{-1}$、$2874.92\ cm^{-1}$ 附近为—CH_3 对称和不对称伸缩振动峰，$1728.95\ cm^{-1}$ 为聚丙烯酸酯中羰基 $C=O$ 的伸缩振动峰，$1450.72\ cm^{-1}$、$1385.99\ cm^{-1}$ 为 CH_2、CH_3 中 C—H 面内弯曲振动峰，$1238.09\ cm^{-1}$、$1145.23\ cm^{-1}$ 为酯基中 C—O 的特征振动峰，$1067.48\ cm^{-1}$ 为 C—C 的骨架振动，说明几种主要的丙烯酸酯类单体在乳液聚合过程中进行了共聚。与

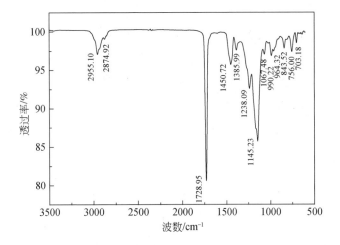

图 2-18　核壳型聚丙烯酸酯复合乳液的红外谱图

图 2-18 相比,图 2-19 除上述振动峰外,还存在 1031.97 cm^{-1} 峰即为 Si—O—Si 的反对称伸缩振动峰,这说明聚丙烯酸酯分子链中存在有机硅组分,并进行了交联。此外,1600.94 cm^{-1} 为 Si—CH =CH$_2$ 双键较弱的伸展振动吸收峰,表明体系中乙烯基三异丙氧基硅烷并没有全部反应。

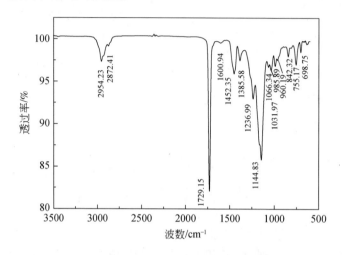

图 2-19　核壳型硅丙复合乳胶膜的红外谱图

图 2-20 和图 2-21 分别为核壳型聚丙烯酸酯乳胶膜及核壳型硅丙复合乳胶膜的热失重曲线。从图 2-20 可以看出,200~400℃为树脂涂膜最大且唯一的失重区域,失重率为 97.93%,表明可以完全分解,其余约 2% 的未分解物质可能是乳液聚合过程中带入或加入的一些无机盐类物质。从图 2-21 可以看出,树脂涂膜在分解过程

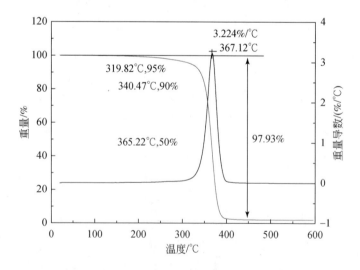

图 2-20　核壳型聚丙烯酸酯乳胶膜的 TG 曲线

中存在两个失重区域,分别是 150~250℃和 250~400℃。其中第一失重区域失重率比较小,为 3.291%;第二失重区域失重率为 91.61%,其余约 5%的未分解物质可能是乳液聚合过程中带入或加入的一些无机盐类物质,此外还有所加入有机硅在加热分解过程中残留的无机部分。因乙烯基三异丙氧基硅烷的沸点比较高,在 180℃左右,故第一失重区域可能是由于涂膜体系中未反应的有机硅单体的挥发造成的。综合比较图 2-20 和图 2-21 可以看出,硅丙复合树脂相比聚丙烯酸酯树脂,其热稳定性并没有得到提高,这可能也是有机硅单体没有和丙烯酸酯类单体发生很好的共聚并进行交联的缘故。

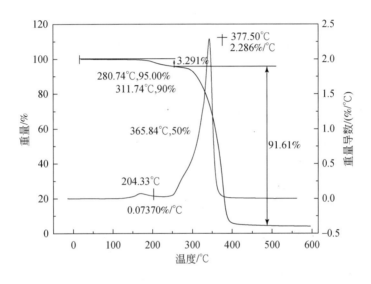

图 2-21　核壳型硅丙复合乳胶膜的 TG 曲线

　　图 2-22 和图 2-23 分别为核壳型聚丙烯酸酯及核壳型硅丙复合乳胶膜的差式扫描量热分析(DSC)曲线图。从图 2-22 可以看出,树脂涂膜存在两个玻璃化转变温度,所测数据分别为 19.95℃和 52.12℃,接近于理论设计值,说明所合成的树脂涂膜内存在两相,间接证实核壳乳胶粒的形成。从图 2-23 可以看出,所合成树脂涂膜同样存在两个玻璃化转变温度,所测数据分别为 24.95℃和 62.80℃。比较图 2-22 和图 2-23 可知,所测核层聚合物的玻璃化转变温度相近,且与理论设计值接近,但壳层聚合物的玻璃化转变温度与理论设计值相比有所增高,可能是引入的有机硅单体使得成膜过程中存在部分交联的原因。

　　图 2-24 分别显示了核壳型硅丙复合乳液不同制备阶段的乳胶粒 TEM 照片。由图 2-24 可知,种子乳液、核层乳液以及核壳型硅丙复合乳液的乳胶粒粒径大小均一,粒径分布窄。这与 DLS 测得的 PDI 数据相符,粒径分布均属于窄分布范围,表明在核壳型硅丙复合乳液的聚合过程中,没有或者只有微量新乳胶粒的生成,构成了

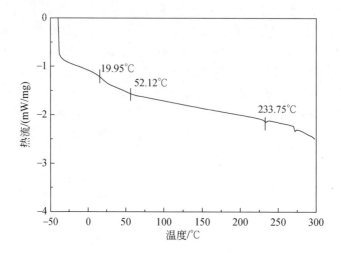

图 2-22　核壳型聚丙烯酸酯乳液涂膜的 DSC 曲线

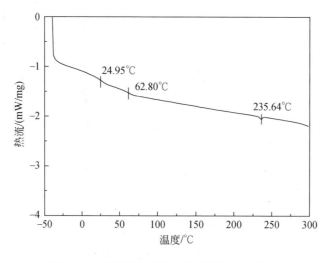

图 2-23　核壳型硅丙复合乳胶膜的 DSC 曲线

形成异相核壳复合乳液的前提。核层乳液乳胶粒的粒径比种子乳液的乳胶粒粒径大 15 nm 左右,而硅丙复合乳液乳胶粒的粒径比核层乳液乳胶粒的粒径大 25 nm 左右,表明乳胶粒在聚合过程中的增长比例与后续单体的加入量成正比,没有形成新的乳胶粒。从图 2-24(c) 可以看出,内层白色光亮部分为聚丙烯酸酯,外层暗淡部分为有机硅和聚丙烯酸酯的复合物,核壳形态没有因有机硅的疏水作用发生相反转,保持正向核壳结构形态。

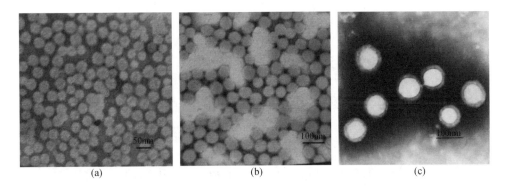

(a)　　　　　　　　　　(b)　　　　　　　　　　(c)

图 2-24　（a）种子乳液、（b）核层乳液与（c）硅丙复合乳液乳胶粒的 TEM 照片

2.3.4　小结

根据"粒子设计"原理合成了"硬核软壳"的"核壳型"聚丙烯酸酯乳液和壳层含硅的"核壳型"硅丙复合乳液。发现复合乳胶粒内层聚丙烯酸酯 T_g 的提高有助于整个涂膜的 T_g 及耐水性的提高，但也会导致乳液成膜能力的下降；有机硅的引入使核壳型聚丙烯酸酯乳液乳胶粒的核壳结构更加明显，大小更加均匀，粒径分布更窄，但分子较大的有机硅在乳液薄膜中会局部富集并产生微相分离；有机硅的引入对涂膜的耐热性及大分子链的 T_g 影响甚小。与均相结构的聚丙烯酸酯乳液相比，"核壳型"聚丙烯酸酯乳液具有突出的优势。"硬核软壳"结构能够降低成膜温度，改善涂膜与基材的黏附力，"软核硬壳"结构能够提高抗冲击性，降低内应力。因此，在实际应用过程中，可依据性能要求的不同选择设计"硬核软壳"结构或"软核硬壳"结构的聚丙烯酸酯乳液。

第3章　无皂乳液聚合法制备皮革涂饰材料的研究

3.1　无皂乳液聚合的概念

传统的乳液聚合都要加入小分子乳化剂以使体系稳定和成核,但残余小分子乳化剂的存在会影响乳液的电性能、光性能、表面性质及耐水性等,限制了其应用特性;同时加入小分子乳化剂会增加产品成本,并造成环境污染。为了克服小分子乳化剂带来的种种弊端,无皂乳液聚合(emulsifier-free emulsion polymerization)技术应运而生。无皂乳液聚合指在聚合反应过程中完全不加乳化剂或加入的乳化剂浓度小于临界胶束浓度(cmc)的乳液聚合过程。目前对于它的研究备受关注,并进入了一个快速发展的阶段。

3.2　无皂乳液聚合的特点

相比于传统的乳液聚合,无皂乳液聚合具有以下特点:

(1)制得的乳胶粒单分散性好且表面"洁净";

(2)制备的微球尺寸比较大且易实现表面功能化;

(3)避免了因小分子乳化剂的存在对产物的表面性能、电性能、耐水性及成膜性等带来的不良影响;

(4)无需进行去除小分子乳化剂的后处理过程,降低了产品成本且环境友好;

(5)可通过离子型引发剂残基和离子型共聚单体等在乳胶粒表面形成带电层实现乳液的稳定。

由于无皂乳液聚合工艺有以上诸多特点,故在工业生产中已获得较为广泛的应用,我们在进行新产品开发和将聚合物乳液推向工业生产时,可考虑选用无皂乳液聚合技术。

3.3　无皂乳液聚合法制备聚丙烯酸酯皮革涂饰材料

无皂乳液因乳胶颗粒大小比较均匀,表面"洁净",产品中不残留小分子乳化剂,所得高聚物膜的耐水性、附着力、平整性和致密好,其作为皮革涂饰材料备受关注。作者以两亲性无规聚合物替代乳化剂,通过无皂乳液聚合法制备了系列聚丙烯酸酯皮革涂饰材料,研究了材料结构与性能之间的关系。

3.3.1　合成思路

两亲性无规聚合物主要是侧基含有一定比例的亲水性基团,而主链是疏水的聚合物,由于无规聚合物链构造无序,疏水和亲水链段杂乱分布使得它在分散、增稠、絮凝等方面广为使用,尤其是在作为乳化剂方面作用更为突出。作者以丙烯酸与丙烯酸丁酯进行自由基聚合制备二元两亲性无规共聚物聚(丙烯酸丁酯-co-丙烯酸钠)P(BA/AANa),并以其作为高分子乳化剂实现甲基丙烯酸甲酯和丙烯酸丁酯的乳液聚合。同时,在乳液聚合过程中加入表面带有不饱和双键的功能化纳米 SiO$_2$ 粉体,使聚丙烯酸酯的线型结构转变为网状结构(图 3-1),材料的聚集态得到改变,从而使得材料的玻璃化转变温度和黏流温度不再相互关联,可大大改善聚丙烯酸酯涂饰材料"热黏冷脆"的缺点。

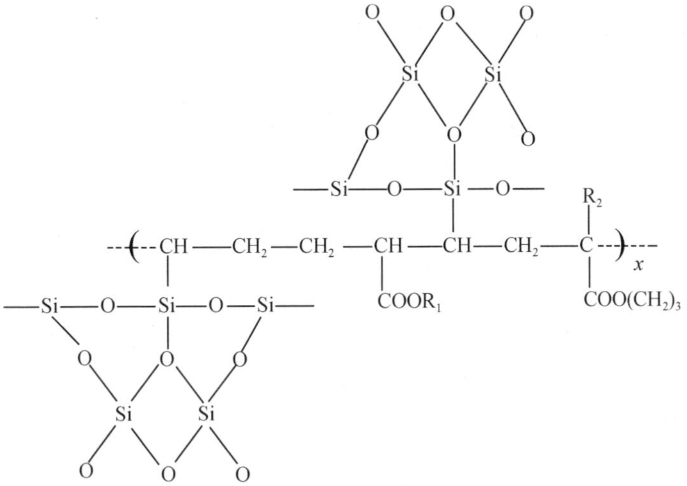

R$_1$、R$_2$分别为烷基基团

图 3-1　P(MMA/BA/AANa)/纳米 SiO$_2$ 复合材料结构式

3.3.2　合成方法

在装有搅拌器、冷凝管、温度计及恒压滴液漏斗的 250 mL 三口烧瓶中加入去离子水、丙烯酸和丙烯酸丁酯并逐渐升温,当温度达到反应温度时,加入引发剂反应1 h 后,即得两亲性共聚物,用氢氧化钠调节至 pH 约为 7.0。分别将引发剂水溶液和剩余的丙烯酸酯类混合单体(一定量功能化纳米 SiO$_2$ 粉体加入混合单体中经超声处理)用滴液漏斗进行滴加,滴加完毕后,保温反应一定时间,即可得到 P(MMA/BA/AANa)/纳米 SiO$_2$ 复合乳液。分别选取单体配比、pH、引发剂用量、反应温度和纳米 SiO$_2$ 用量为影响因素,以乳液和聚合物膜的性能为考察指标进行单因素试验。

3.3.3 结构与性能

1. 单体配比对 P(MMA/BA/AANa)/纳米 SiO$_2$ 复合膜性能的影响

在聚合过程中,BA 是软性单体,MMA 是硬性单体,两者配比的不同将影响聚合物膜的性能。随着 BA 单体用量的增加,膜的断裂伸长率逐渐增加,而抗张强度却明显降低(表 3-1)。此外,随着 BA 用量的增加,P(MMA/BA/AANa)/纳米 SiO$_2$ 复合膜的吸水率增加,即耐水性逐渐下降。根据理论分析,当 BA 用量增加时,P(MMA/BA/AANa)/纳米 SiO$_2$ 复合膜的耐水性应该提高,因为 BA 是一种相对疏水的单体,随其用量的增大,聚合物膜的耐水性应该可以得到一定提高。但事实却与之相反,这可能是因为随着 BA 用量增大,聚合物分子支链长度增大,分子链之间容易滑动,而水分子自身具有一定的增塑作用,当水分子与聚合物作用时,会增大聚合物分子链之间的滑动,从而造成 P(MMA/BA/AANa)/纳米 SiO$_2$ 复合膜的耐水性下降。

综上所述,不同单体配比对 P(MMA/BA/AANa)/纳米 SiO$_2$ 复合膜的力学性能影响较大。随着 BA 用量的增加,聚合物膜的断裂伸长率逐渐增大,但耐水性和抗张强度逐渐下降。

表 3-1 n(BA)/n(MMA) 对 P(MMA/BA/AANa)/纳米 SiO$_2$ 复合膜力学性能的影响

n(BA):n(MMA)	膜的外观	断裂伸长率/%	抗张强度/(N/mm^2)	1h 膜吸水率/%
3:2	透明,脆,黄	96.10	2.38	6.00
2:1	透明,软硬适中	579.21	1.61	6.54
3:1	软、黏,不易揭下	—	—	—
4:1	很黏,极软,不易揭下	—	—	—

注:—表示膜无法获得或数据无法测出。

2. pH 对 P(MMA/BA/AANa)/纳米 SiO$_2$ 复合膜性能的影响

体系 pH 对 P(MMA/BA/AANa)/纳米 SiO$_2$ 复合乳胶粒的形成具有一定影响,也必然对该乳液所成乳胶膜的各项性能有所影响。随着 pH 的升高,P(MMA/BA/AANa)/纳米 SiO$_2$ 复合膜逐渐变黏。当 pH 为 7 即中性时,P(MMA/BA/AANa)/纳米 SiO$_2$ 复合膜的抗张强度最大(表 3-2 和图 3-2)。酸性或碱性条件下,pH 的改变会对引发剂过硫酸钾(KPS)的分解产生影响,使自由基数目增多,从而使聚合物的分子量减少,导致纳米复合膜的抗张强度变小。此外,pH 的改变也会影响功能化纳米 SiO$_2$ 的分散,当其偏离中性条件时,纳米粒子不能均匀地分散在聚合物基体中,最终影响 P(MMA/BA/AANa)/纳米 SiO$_2$ 复合膜的力学性能。

表 3-2　pH 对 P(MMA/BA/AANa)/纳米 SiO₂ 复合膜力学性能的影响

pH	膜的外观	断裂伸长率/%	抗张强度/(N/mm²)	1h 膜吸水率/%
5	透明,略黏	834.25	0.34	7.89
6	偏硬,透明,不黏	555.31	0.43	5.09
7	柔软,透明,不黏	537.67	0.85	4.96
8	黏,透明	567.51	0.50	4.70
9	极黏,透明	768.23	0.3	4.47

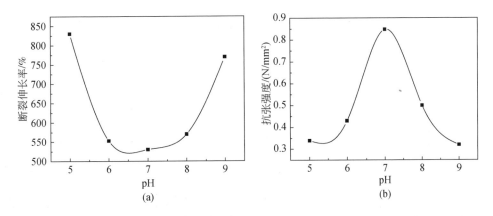

图 3-2　pH 对 P(MMA/BA/AANa)/纳米 SiO₂ 复合膜力学性能的影响

　　P(MMA/BA/AANa)/纳米 SiO₂ 复合膜的吸水率随 pH 的增加而逐渐降低(图 3-3)。因为丙烯酸酯在反应过程中自身会发生水解产生羧基,当体系 pH 升高时,聚合物分子中羧基(亲水基团)数目减少,从而使所成的聚合物膜吸水率降低,即耐水性增加。

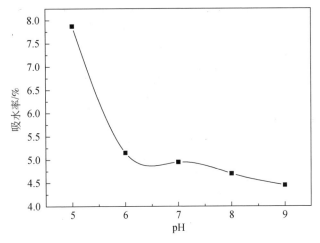

图 3-3　pH 对 P(MMA/BA/AANa)/纳米 SiO₂ 复合膜耐水性的影响

3. 功能化纳米 SiO_2 用量对 P(MMA/BA/AANa)/纳米 SiO_2 复合膜性能的影响

纳米 SiO_2 颗粒小、比表面积大、表面原子数多、表面能高、表面原子严重配位不足,具有很强的表面活性与超强吸附能力,当将其添加在高分子基体中,可以提高分子间的键合力。从表 3-3 看出,随着功能化纳米 SiO_2 用量的增加,P(MMA/BA/AANa)/纳米 SiO_2 复合膜逐渐发白,并出现细纹。这可能是纳米粉体在聚合物基体中没有分散均匀造成的。

表 3-3　功能化纳米 SiO_2 用量对 P(MMA/BA/AANa)/纳米 SiO_2 复合膜力学性能的影响

功能化纳米 SiO_2 质量分数/%	膜的外观	断裂伸长率/%	抗张强度/(N/mm²)	1h 膜吸水率/%
0	透明,柔软	537.23	0.85	4.96
1	透明,柔软	567.15	0.88	4.86
2	透明,柔软	746.64	1.02	4.90
3	略发白,有小花纹	600.35	0.86	5.10
4	发白,有细纹	595.48	0.80	5.55
5	发白,有细纹	586.21	0.7	6.23

当功能化纳米 SiO_2 质量分数为 2% 时,P(MMA/BA/AANa)/纳米 SiO_2 复合膜与 P(MMA/BA/AANa) 膜相比,断裂伸长率提高了 38.98%,抗张强度提高了 20%(图 3-4)。因为功能化纳米 SiO_2 表面带有不饱和双键,可以与乙烯基类单体进行共聚,增加了纳米 SiO_2 与聚丙烯酸酯的相容性。无机纳米粉体作为 P(MMA/BA/AANa) 分子链的交联点,使得有机无机相界面处黏结力加强;并且纳米粒子具有应力集中与应力辐射的平衡效应,通过吸收冲击能量与辐射能量,使基体无明显的应力集中现象,达到复合材料的力学平衡状态。但是当功能化纳米 SiO_2 用量逐渐增加

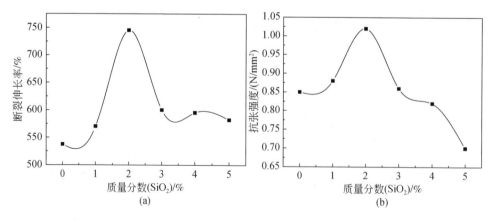

图 3-4　功能化纳米 SiO_2 用量对 P(MMA/BA/AANa)/纳米 SiO_2 复合膜力学性能的影响

时,纳米复合膜的抗张强度和断裂伸长率都显著下降,这是因为过多的功能化纳米 SiO_2 粉体没有得到均匀地分散,造成纳米复合材料的应力集中,当材料受到冲击时,产生的微裂纹会变成宏观开裂,导致复合材料力学性能的下降。

与纯聚丙烯酸酯相比,当功能化纳米 SiO_2 质量分数小于 2% 时,P(MMA/BA/AANa)/纳米 SiO_2 复合膜的吸水率没有明显变化(图 3-5)。但当其质量分数大于 2% 时,随着功能化纳米粉体用量的增加,P(MMA/BA/AANa)/纳米 SiO_2 复合膜的吸水率增加。这是因为当功能化纳米 SiO_2 用量增加过多时,其未能均匀地分散在聚合物基体中。纳米复合材料的外观(膜发白,有小细纹)也说明了这点。纳米 SiO_2 表面带有大量羟基,当过量的纳米 SiO_2 粉体暴露在聚合物表面时,纳米粉体表面的羟基会与水分子相互作用,产生氢键作用,从而使纳米复合材料的吸水率增加,导致乳胶膜耐水性下降。

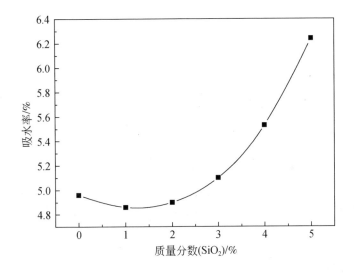

图 3-5　功能化纳米 SiO_2 用量对 P(MMA/BA/AANa)/纳米 SiO_2 复合膜耐水性的影响

综上所述,当功能化纳米 SiO_2 质量分数为 2% 时,P(MMA/BA/AANa)/纳米 SiO_2 复合膜的力学性能最优。但随着功能化纳米 SiO_2 用量的增加,P(MMA/BA/AANa)/纳米 SiO_2 复合膜力学性能逐渐下降。所以,选取功能化纳米 SiO_2 质量分数为 2% 为最优参数。

4. P(MMA/BA/AANa)/纳米 SiO_2 复合材料的应用性能

涂饰后革样的透气性均较坯革有大幅下降(表 3-4)。因为乳液在皮革表面成膜的同时封闭了皮革的孔隙,阻碍了气体的通过。但与 P(MMA/BA/AANa)乳液涂饰后革样相比,采用 P(MMA/BA/AANa)/纳米 SiO_2 复合乳液涂饰后革样的透气性提高了 376.19%。因为纳米 SiO_2 引入聚合物基体中时,纳米复合乳液在革样表面成膜会形成网状结构,存在的孔隙便于气体的通过,同时纳米材料的特殊效应也可能带来一定影响。P(MMA/BA/AANa)/纳米 SiO_2 复合乳液的使用提高了成革的卫生性能,也将改善成革的穿着舒适性。

表 3-4　P(MMA/BA/AANa)/纳米 SiO_2 复合乳液涂饰革样透气性的测定结果

样品	透气性/[mL/(cm² · h)]	相较 P(MMA/BA/AANa)乳液涂饰革样的提高率/%
坯革(未涂饰革样)	1260	—
P(MMA/BA/AANa)乳液涂饰革样	1.99	—
P(MMA/BA/AANa)/纳米 SiO_2 复合乳液涂饰革样	8.00	376.19

涂饰后革样的透水汽性较坯革均有所下降(表 3-5),这来源于皮革表面涂膜所起的阻隔作用。与 P(MMA/BA/AANa)乳液涂饰后革样相比,采用 P(MMA/BA/AANa)/纳米 SiO_2 复合乳液涂饰后革样的透水汽性提高了 7.78%。这是因为纳米 SiO_2 的存在吸引了更多的亲水基团,加快了水分子在皮革中的传递作用,同时在成膜时形成的网状结构增大了聚合物膜的孔隙,有助于水汽分子的透过,从而提高了皮革的透水汽性。

表 3-5　P(MMA/BA/AANa)/纳米 SiO_2 复合乳液涂饰革样透水汽性的测定结果

样品	透水汽/[mg/(10 cm² · 24 h)]	相较 P(MMA/BA/AANa)乳液涂饰革样的提高率/%
坯革(未涂饰革样)	0.5569	—
P(MMA/BA/AANa)乳液涂饰革样	0.3669	—
P(MMA/BA/AANa)/纳米 SiO_2 复乳液涂饰革样	0.3955	7.78

吸水性越高,表明革样的耐水性越差。涂饰后革样的吸水性较坯革都有不同程度的降低(表 3-6),这是因为皮革表面的薄膜封闭了革纤维上的亲水基团。对这两种乳液涂饰后革样 24h 吸水率进行测定,P(MMA/BA/AANa)/纳米 SiO_2 复合乳液涂饰后革样较 P(MMA/BA/AANa)乳液涂饰后革样的吸水率降低了 16.31%,其原因可能是由于加入的纳米 SiO_2 粉体与聚丙烯酸酯及革样的亲水基团结合,减少了亲水基团在外的暴露程度,使得水分子不容易与其结合;此外,纳米 SiO_2 的加入可与聚合物之间形成网状结构,分子链之间的滑动减弱,减少了水分子对其增塑能力,从而提高涂饰后革样的耐水性。

表3-6　P(MMA/BA/AANa)/纳米 SiO₂ 复合乳液涂饰革样吸水性测定结果

样品	24h 吸水率/(mL/g)	相较 P(MMA/BA/AANa)乳液涂饰革样的提高率(24h)/%
坯革(未涂饰革样)	146.09	—
P(MMA/BA/AANa)乳液涂饰革样	109.67	—
P(MMA/BA/AANa)/纳米 SiO₂复合乳液涂饰革样	91.78	16.31

采用 P(MMA/BA/AANa)/纳米 SiO₂ 复合乳液涂饰后革样和采用 P(MMA/BA/AANa)乳液涂饰后革样的耐干擦性相近,均达到 4~5 级(表3-7)。采用 P(MMA/BA/AANa)/纳米 SiO₂ 复合乳液涂饰后革样的耐湿擦性达到 3 级,较采用 P(MMA/BA/AANa)乳液涂饰后革样有所提高。这可能是由于纳米 SiO₂ 的无机网状结构分布于聚丙烯酸酯的线性分子中,限制了高分子的链段运动。与此同时,对采用 P(MMA/BA/AANa)乳液和 P(MMA/BA/AANa)/纳米 SiO₂ 复合乳液涂饰后革样进行了常温耐挠曲性测定,20000 次耐折测试后,涂层均完好无损。由此说明,经 P(MMA/BA/AANa)/纳米 SiO₂ 复合乳液涂饰后革样具有较好的耐挠曲性。

表3-7　P(MMA/BA/AANa)/纳米 SiO₂ 复合乳液涂饰革样耐摩擦性的测定结果

样品	干摩擦/级	湿摩擦/级
P(MMA/BA/AANa)乳液涂饰革样	4~5	1~2
P(MMA/BA/AANa)/纳米 SiO₂复合乳液涂饰革样	4~5	3

5. P(MMA/BA/AANa)/纳米 SiO₂ 复合乳胶粒的形貌

P(MMA/BA/AANa)乳液和 P(MMA/BA/AANa)/纳米 SiO₂ 复合乳液的 TEM 测定结果如图3-6 所示。由图3-6 可以看出,未加入纳米粉体的 P(MMA/BA/AANa)乳液的乳胶粒粒径较大,大于 100 nm。这可能是因为制备过程中所使用的二元两亲性共聚物 P(BA/AANa)的乳化能力弱,含量较低,所以在该两亲性共聚物存在的条件下滴加单体进行乳液聚合后得到的乳液不稳定,生成粒径较大的乳胶粒。功能化纳米 SiO₂ 加入后所制备的 P(MMA/BA/AANa)/纳米 SiO₂ 复合乳液的乳胶粒粒径进一步变大,粒径超过 100 nm;而且复合乳胶粒之间发生了相互黏结。这可能是因为该功能化纳米 SiO₂ 粉体表面带有双键,与聚合物之间发生了相互作用。所引入的功能化纳米 SiO₂ 粒子粒径约为 20 nm,主要分布在乳胶粒的内部和表面。

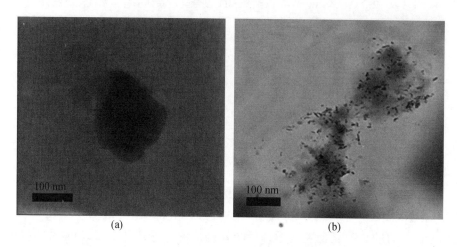

图 3-6　(a)P(MMA/BA/AANa)乳液及(b)P(MMA/BA/AANa)/纳米 SiO₂复合乳液 TEM 照片

6. P(MMA/BA/AANa)/纳米 SiO₂复合材料的化学结构

P(MMA/BA/AANa)/纳米 SiO₂复合材料的傅里叶红外(FT-IR)谱如图 3-7 所示。在图中 1680～1620 cm⁻¹ 未出现 C=C 的伸缩振动吸收峰,说明复合材料中不含 C=C 键单体或残余量极少,体系反应进行较彻底。在 1741 cm⁻¹ 处出现了酯键的吸收峰,说明丙烯酸丁酯的水解程度较小。在 1088 cm⁻¹ 处出现的较大的吸收峰为 Si—O—Si 键的反对称伸缩振动;在 755 cm⁻¹ 处出现了 Si—C 键的对称伸缩振动。这充分说明功能化纳米 SiO₂已成功引入复合体系中。

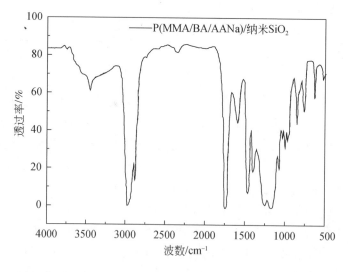

图 3-7　P(MMA/BA/AANa)/纳米 SiO₂复合材料的 FT-IR 谱图

7. P(MMA/BA/AANa)/纳米 SiO₂ 复合材料的耐热性

P(MMA/BA/AANa) 和 P(MMA/BA/AANa)/纳米 SiO₂ 复合材料所形成乳胶膜的 DSC 测定结果如图 3-8 所示。P(MMA/BA/AANa) 和 P(MMA/BA/AANa)/纳米 SiO₂ 复合材料的两条曲线在 0℃ 附近均出现放热峰,这可能是由于膜中存在的结合水发生由液态向固态的转变。P(MMA/BA/AANa) 聚合物膜 DSC 曲线在 215℃ 左右出现吸热峰,该温度是聚合物的 T_f(黏流化温度),而 P(MMA/BA/AANa)/纳米 SiO₂ 复合膜的曲线在 215℃ 附近的吸热峰消失,并且趋于平缓,黏流化温度消失,说明该纳米复合材料已经克服了“热黏”的缺点。这说明功能化纳米 SiO₂ 的加入对聚丙烯酸酯的玻璃化转变温度有一定的影响,引入无机纳米 SiO₂ 形成的网状结构有效地抑制了聚丙烯酸酯直链大分子的运动。此外,P(MMA/BA/AANa)/纳米 SiO₂ 复合材料的 DSC 曲线在 60℃ 出现了尖锐的放热峰,这是冷结晶温度点。由于无机纳米 SiO₂ 粉体具有一定的结晶性,当将其引入高分子聚合物时,增加了纳米复合材料的结晶能力。

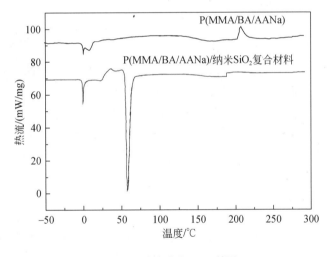

图 3-8　乳胶膜的 DSC 谱图

3.3.4　小结

以 P(BA/AANa) 为表面活性剂,采用丙烯酸丁酯、甲基丙烯酸甲酯及功能化纳米 SiO₂ 粉体通过无皂聚合制备了 P(MMA/BA/AANa)/纳米 SiO₂ 复合乳液,确定了最优合成工艺。P(MMA/BA/AANa)/纳米 SiO₂ 复合乳胶粒粒径超过 100 nm,复合乳胶粒间发生了相互黏结;功能化纳米 SiO₂ 粒子分布在乳胶粒的内部和表面。应用实验结果表明,与 P(MMA/BA/AANa) 涂饰后革样相比,功能化纳米 SiO₂ 引入后,涂饰革样透气性增加了 376.19%,透水汽性提高了 7.78%,吸水率降低了 16.31%。复合乳液涂饰革样的耐湿擦性达到 3 级,耐干擦性达到 4~5 级,常温耐挠曲性达到 20000 次。

3.4　无皂乳液聚合制备己内酰胺改性酪素皮革涂饰材料

3.4.1　合成思路

　　酪素作为一种从牛奶中提取的天然蛋白质,是一种完全可生物降解的材料,其成膜具有黏结力强、耐温性能好、光泽自然柔和及卫生性能好等优点,因而作为涂层材料被广泛应用于皮革、造纸及包装等诸多领域。然而,酪素成膜也存在一些不足,因酪素分子中含有较多的羟基、羧基及氨基等极性基团,造成了其成膜吸湿性较强、耐湿摩擦较差;同时,酪素分子链的极性基团之间存在着大量的氢键和其他次级键,使得酪素分子主链的柔顺性不良,肽链之间的相对滑动性较差以至于涂膜硬脆、延伸性小且易断裂,因此,必须对酪素进行改性以提升其使用价值。国内外科研工作者对酪素的改性研究主要集中在化学改性和物理共混改性方面,改性所采用的外源物质多为增塑剂、交联剂、聚氨酯及蒙脱土等。就改性方法来看,大部分改性过程采用常规乳液聚合方式。在无皂乳液聚合中,几乎不采用乳化剂或只加入微量乳化剂,因而避免了常规乳液聚合带来的表面活性剂易迁移从而导致乳胶膜耐水性差等问题,因此可以赋予乳胶粒优异的特性。本研究的主要思路是采用己内酰胺改性酪素,制备一种自乳化剂,为后续丙烯酸酯类单体改性酪素提供有利场所。与此同时,己内酰胺改性酪素也可以从一定程度上赋予改性产品耐水性和柔韧性。主要优化考察了己内酰胺改性酪素反应中的条件参数,以获得成膜性能优异和具有自乳化效果的己内酰胺改性酪素(CA-CPL)乳液,考察其结构和性能之间的关系。

3.4.2　合成方法

　　在带有回流冷凝管、恒压滴液漏斗、精密增力电动搅拌器和控温仪的 250 mL 三口烧瓶中加入干酪素和水,打开冷凝水,升温到 65℃ 并缓慢搅拌使酪素充分溶胀;然后加入碱液,待酪素完全溶胀后继续搅拌 2 h,获得酪素溶解液;升温到一定温度,滴加质量分数为 25% 的己内酰胺水溶液,滴完后保温反应一定时间,自然冷却至室温后出料,即得到己内酰胺改性酪素(CA-CPL)乳液。考察己内酰胺用量、反应温度对CA-CPL 乳液性能的影响。

3.4.3　结构与性能

　　1. 己内酰胺用量对 CA-CPL 性能的影响
　　为了考察己内酰胺的引入对改性酪素成膜性能的影响,分别测试了不同己内酰胺用量时薄膜的力学性能、耐水性及手感,结果如表3-8 所示。
　　高分子薄膜的耐水性好坏主要取决于其链段上亲水基团的种类和数量。从

表 3-8 不难发现,己内酰胺用量对于改性酪素涂膜的耐水性影响不大,薄膜在水中浸入一段时间后均会溶解,说明薄膜的耐水性均较差。这主要是因为己内酰胺是一种水溶性单体,将其引入酪素对于酪素分子中亲水基团种类及数量影响不大,也不会对酪素侧链上的极性基团产生封闭作用。随着己内酰胺的用量逐渐增加,薄膜的柔软度逐步提高,断裂伸长率逐步增大,但是当己内酰胺用量增大至40%时,薄膜虽然柔软,但手感发黏,甚至无法从涂膜基材上揭下。这可以通过己内酰胺改性酪素的原理及改性产物结构式来解释。己内酰胺首先水解开环生成氨基己酸,氨基己酸再与酪素侧链发生逐步缩聚反应从而接枝到酪素上。与纯酪素相比,己内酰胺与酪素缩聚后会使酪素的侧链变长,从而增加酪素分子链与链之间的相对滑移性,提升薄膜的柔软性和手感。然而,酪素支链长度的增大可能会导致分子链与链之间的缠绕作用,这也就解释了己内酰胺用量增大导致薄膜抗张强度降低的原因。

表 3-8　己内酰胺用量对改性酪素成膜性能的影响

己内酰胺用量/%	涂膜耐水性	涂膜手感	断裂伸长率/%	抗张强度/MPa
0	遇水发黏逐渐溶解	很硬,很脆	—	—
10	遇水发黏逐渐溶解	硬、脆	—	—
20	遇水发黏逐渐溶解	较硬,较脆	—	—
30	遇水发黏逐渐溶解	较柔软,不发黏	62.4	2.1
35	遇水发黏逐渐溶解	较柔软,不发黏	67.0	1.5
40	遇水发黏逐渐溶解	柔软,较黏	76.1	1.0
45	遇水发黏逐渐溶解	柔软,较黏	--	--
50	遇水发黏逐渐溶解	很柔软,发黏	--	--

注:—表示成膜硬脆导致连续性差而无法进行力学性能测试;--表示成膜柔软发黏导致无法揭下而未进行力学性能测试。

2. 反应温度对 CA-CPL 性能的影响

对于聚合反应来说,反应温度是一个非常重要的影响聚合产物性能的因素。研究中考察了不同反应温度下 CA-CPL 乳液的成膜性能,结果见表 3-9。从表 3-9 可以看出,反应温度的改变对改性酪素涂膜的耐水性没有影响。在不同的反应温度下,改性酪素薄膜遇水后均发黏且逐渐溶解,说明薄膜的耐水性均较差。由己内酰胺改性酪素的耐水性测试可知,己内酰胺的引入对于酪素分子中亲水基团种类及数量影响不大。因此当己内酰胺用量一定时,温度的改变对酪素分子中亲水基团种类及数量影响同样甚小,使得缩聚产物涂膜的耐水性没有得到明显提升。

表 3-9　反应温度对改性酪素成膜性能的影响

反应温度/℃	涂膜耐水性	涂膜手感	断裂伸长率/%	抗张强度/MPa
60	遇水发黏逐渐溶解	硬脆	—	—
65	遇水发黏逐渐溶解	硬脆	—	—
70	遇水发黏逐渐溶解	硬脆	—	—
75	遇水发黏逐渐溶解	较柔软	69.8	1.0
80	遇水发黏逐渐溶解	较柔软	66.8	1.2
85	遇水发黏逐渐溶解	硬脆	—	—

注:—表示成膜硬脆导致连续性差而无法进行力学性能测试。

　　不同的是,反应温度的改变对于改性产物涂膜力学性能的影响较为明显。这是由于反应温度直接影响着己内酰胺与酪素发生缩聚反应的程度。由己内酰胺改性酪素的力学性能测试结果得知,己内酰胺与酪素发生缩聚反应的程度对于薄膜的力学性能影响较大,因此反应温度的改变会导致改性酪素薄膜的力学性能发生变化。具体的,当温度低于70℃,薄膜硬脆,说明在该温度下己内酰胺未能很好地与酪素发生缩聚反应,因而对酪素起到的改性作用不明显;随着温度的提升,薄膜柔软性得到改善,说明温度提升有利于促进己内酰胺与酪素的聚合反应;但当温度升高至85℃时,改性产物涂膜又变得脆硬,可能是在此温度下,酪素链段水解程度加剧,分子量降低,从而减弱了高分子成膜的连续性,进而涂膜变得硬脆。

　　3. 表征与测试

　　为了证实是否成功获得缩聚产物,对纯酪素和 CA-CPL 分别进行了 FT-IR 与 NMR 表征。纯酪素及 CA-CPL 的 FT-IR 表征结果如图 3-9 所示,酪素改性前后的特征吸收峰基本没有发生变化。其主要是在 1630 cm^{-1} 及 680 cm^{-1} 附近分别出现了可归属于酪素酰胺键(—CO—NH—)上的羰基振动吸收峰。另外,在 3360 cm^{-1} 附近出

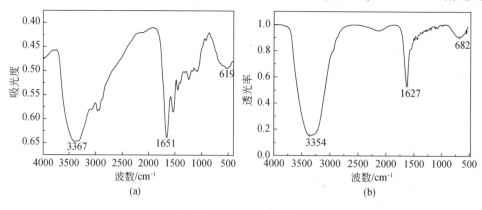

图 3-9　FT-IR 谱图

(a)纯酪素,(b)CA-CPL

现了酪素链上的 N—H 特征峰。这是由于己内酰胺的引入虽然封闭了酪素侧链上的部分—NH₂,但却又引入了自身结构中含有的—CO—NH—,除此之外,酪素主链及侧链上的活性基团(如—CO—NH—、—COOH 及 NH₂ 等)的种类没有改变,且改性酪素产物也仍然保持蛋白质的特征结构。

　　为进一步确定是否成功得到缩聚产物 CA-CPL,对纯酪素、三乙醇胺溶解酪素及 CA-CPL 分别进行了固体¹³C-NMR 的测试,结果见图 3-10。可以看出,在 CA-CPL 的¹³C-NMR 谱图中[图 3-10(a)],在 173 ppm 及 181 ppm 附近处出现了明显的吸收峰,该峰可归属于酪素酰胺键上的羰基碳与羧基上的羰基碳原子,这可通过纯酪素谱图[图 3-10(c)]来确证。在 CA-CPL 的¹³C-NMR 谱图中,在 23.8 ~ 43.1 ppm 附近出现了明显的吸收峰,这些峰主要来源于己内酰胺分子结构中的亚甲基上的碳原子;而在 58 ppm 附近出现的吸收峰则可归属于三乙醇胺分子结构中的亚甲基上的碳原子,这与图 3-10(b)中三乙醇胺溶解酪素的¹³C-NMR 谱图在 58 ppm 左右的出峰是吻合的。通过以上¹³C-NMR 结果,基本可以确定己内酰胺与酪素成功发生了缩聚反应,生成了缩聚产物 CA-CPL。

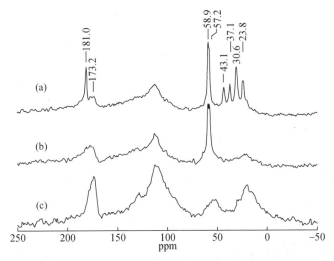

图 3-10　CA-CPL(a)、三乙醇胺溶解酪素(b)及纯酪素(c)的¹³C-NMR 谱图

　　为了考察己内酰胺改性前后乳胶粒微观形貌是否发生了变化,对纯酪素及 CA-CPL 乳液分别进行了 TEM 检测,结果见图 3-11。从图 3-11(a)可以看出,纯酪素的胶束呈现不规则的球形,粒径较大,且分布均一性较差,这与 Ebhardt 等的报道一致。在其报道中,酪素胶束的结构较为复杂,主要是由 αs1、αs2、β、κ 酪素以及胶体磷酸钙盐组成的。酪素胶束尺寸分布较宽,其胶束的直径一般分布在 50 ~ 500 nm。相较而言,经过己内酰胺改性后的酪素胶束[图 3-11(b)]粒径减小至 140nm 左右,且分布均一性明显提高,这说明己内酰胺的改性有利于提高乳液粒径分布的均一性。分析原因如下,纯酪素胶束虽然具有两亲性,但其结构复杂,且亲水性偏强,经过己内酰胺改性后,酪素胶束的亲水性有一定程度降低,促进了其亲水性与亲油性的平衡,

形成了更稳定的胶束结构。这也为 CA-CPL 粒子作为自乳化剂,为后续其他单体的聚合提供场所,进而提高乳胶粒稳定性提供了有利的条件。

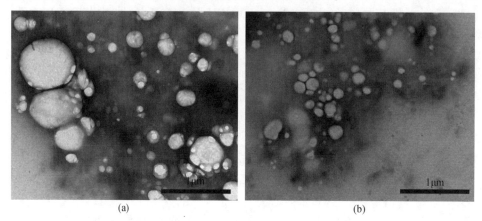

(a)　　　　　　　　　　　　(b)

图 3-11　乳胶粒 TEM 照片

(a)纯酪素乳胶粒,(b)CA-CPL 乳胶粒

近年来,原子力显微镜(AFM)技术被越来越广泛地应用于检测高分子纳米薄膜或胶束的微观形貌。研究中为了考察改性前后酪素乳胶膜及胶束的微观形貌是否发生变化,同时进一步解释改性前后乳液涂饰应用性能结果,采用 AFM 及 SEM 对己内酰胺改性前后乳液涂膜的微观结构分别进行了检测。纯酪素乳液薄膜及 CA-CPL 乳液薄膜表面的 AFM 三维照片及俯视照片见图 3-12。总体来看,改性前后的胶束直径均在纳米级别,乳液薄膜的平整性均较好,表面粗糙度(R_a)均小于 1 nm,表明在乳胶膜中组分与组分之间的相容性较好。通过观察乳胶膜中胶束的大小及分布情况,可以看出,与纯酪素胶束相比,CA-CPL 的胶束直径减小,胶束的分布均一性更好,说明 CA-CPL 的乳胶粒粒径更小,且分布更均匀,这也和 TEM 结果是基本吻合的。

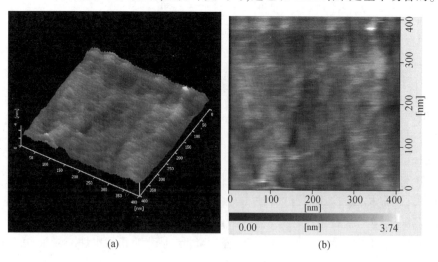

(a)　　　　　　　　　　　　(b)

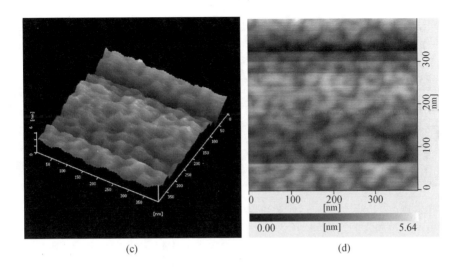

(c)　　　　　　　　　　　　　　　(d)

图 3-12　涂膜表面 AFM 图

（a）纯酪素薄膜 3D 照片，（b）纯酪素薄膜俯视照片，（c）CA-CPL 薄膜 3D 照片，（d）CA-CPL 薄膜俯视照片

　　为了进一步观察己内酰胺改性前后酪素乳液涂膜的微观形貌变化，分别对纯酪素及 CA-CPL 进行了涂膜表面与截面的 SEM 检测，结果如图 3-13 所示。可以看出，纯酪素薄膜及 CA-CPL 薄膜的表面均较为光滑，这与 AFM 结果是基本吻合的。在纯酪素薄膜截面可以看到较多数量纳米级的微孔，这些微孔应该是酪素乳液在涂膜的过程中产生的气孔，主要是酪素本身不连续的涂膜特性造成的。与纯酪素薄膜截面相比，CA-CPL 薄膜截面出现了凸起的片状结构，这可能是由于其在成膜过程中分子链段互相缠绕造成的。同时，其截面的气孔数量明显减少，说明薄膜的连续性增强，致密度增加，这也就进一步解释了涂饰应用结果中 CA-CPL 乳液涂饰革样的卫生性能较纯酪素乳液涂饰革样卫生性能降低的现象。

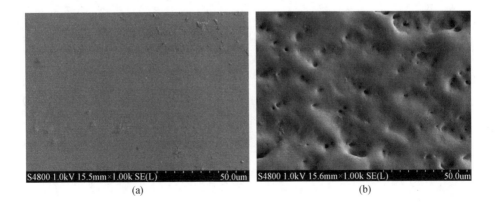

(a)　　　　　　　　　　　　　　　(b)

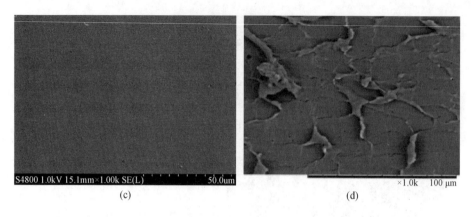

图 3-13　涂膜的 SEM 照片
(a)纯酪素薄膜表面,(b)纯酪素薄膜截面,(c)CA-CPL 薄膜表面,(d)CA-CPL 薄膜截面

　　为了考察酪素乳液在改性前后涂饰应用性能的变化,将在最佳条件下合成的
CA-CPL 乳液和纯酪素乳液分别应用于皮革涂饰,并将两者涂饰革样的各项性能进
行对比,结果见表 3-10。通过分析可知,与纯酪素乳液涂饰革样相比,CA-CPL 乳液
涂饰革样的断裂伸长率明显增大,抗张强度却明显降低,这和己内酰胺的引入对改
性酪素薄膜的力学性能及耐水性等性能的影响结果是一致的。另外,与纯酪素乳液
涂饰革样相比,CA-CPL 乳液涂饰革样的 24 h 吸水率差别不大,说明革样耐水性提
升幅度不大,这与己内酰胺对改性酪素薄膜耐水性的影响结果基本吻合。酪素乳液
涂饰后革样的透水汽性及透气性较高,说明其所形成涂层的卫生性能较优。纯酪素
涂膜之所以具有很好的卫生性能是因为其本身结构中有大量的亲水基团,如
—NH—、—O—、—OH—、—COOH、—NH$_2$等,加之酪素成膜不连续的特点,当有气
体分子或水蒸气分子接近涂层薄膜时,酪素分子中的亲水基团就能吸附这些气体分
子或水蒸气分子,并逐渐将其传递到薄膜的另一面,进而释放到空气中,这样就使得
酪素薄膜具有很好的透气性和透水汽性,从而赋予涂饰革样优异的卫生性能。然
而,和纯酪素乳液涂饰革样的卫生性能相比,CA-CPL 涂饰革样的卫生性能有一定程
度地下降。这可能是由于虽然己内酰胺的改性并未明显改变酪素链段上的极性基
团的含量,但却增加了侧链的长度,也就是说,CA-CPL 具有比纯酪素更长的侧链,在
成膜的过程中链段之间发生缠绕的概率增大,从而在一定程度上提高了薄膜的致密
度,进而阻碍了空气分子或水分子的穿过或渗透。

表 3-10　纯酪素乳液及 CA-CPL 乳液涂饰革样性能

性能	纯酪素乳液涂饰革样	CA-CPL 乳液涂饰革样
24 h 吸水率/%	200. 1	201. 3
断裂伸长率/%	50. 3	68. 6

续表

性能	纯酪素乳液涂饰革样	CA-CPL 乳液涂饰革样
抗张强度/MPa	4.7	2.5
透气性/[mL/(cm² · h)]	96.6	84.1
透水汽性/[mg/(10cm² · 24 h)]	553.2	439.0
耐干擦/级	4	4
耐湿擦/级	2	2

　　基于上述实验结果,对 CA-CPL 乳胶粒的形成机理进行了探讨,并建立了模型图。如图 3-14 所示,纯酪素胶束的大小差异较大,在引入己内酰胺后,己内酰胺分子先物理吸附于酪素胶束表面,随着缩聚反应的进行,己内酰胺与酪素发生反应,进而形成结构较为规整的类似核壳型的球形乳胶粒。与纯酪素相比,己内酰胺引入后,由于亲水亲油的平衡性增强而使得胶束稳定性增强,从而使其粒径分布更加均一,且粒径明显减小。

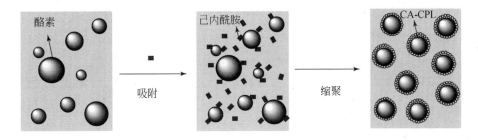

图 3-14　CA-CPL 乳胶粒的形成机理示意

3.4.4　小结

　　己内酰胺与酪素之间成功发生缩聚反应。与未改性的酪素胶束相比,CA-CPL 乳胶粒呈现更为均一的球形结构,且粒径明显减小,乳液稳定性较好。该乳液作为皮革涂饰材料,可赋予涂层较为优异的柔软性和耐水性。

3.5　无皂乳液聚合制备己内酰胺/聚丙烯酸酯共改性酪素皮革涂饰材料

3.5.1　合成思路

　　在己内酰胺缩聚改性酪素的基础上,通过无皂乳液聚合的方法,在酪素基体中继续引入单元或多元丙烯酸酯类单体对其进行改性,期望制备出具有核壳结构的己内酰胺/聚丙烯酸酯共改性酪素乳液,以赋予改性酪素乳液优异的耐水性和柔韧性。

3.5.2　合成方法

在带有回流冷凝管、恒压滴液漏斗、搅拌器的 250 mL 三口烧瓶中,加入干酪素和水,打开冷凝水,升温到 65℃,缓慢搅拌使酪素充分溶胀;然后加入一定量的三乙醇胺,待酪素完全溶胀后继续搅拌 1 h,获得酪素溶解液;升温到 75℃,滴加质量分数为 20% 的己内酰胺水溶液,滴完后升至 80℃;按照一定比例称量好单体或单体混合物,分别采取一次性加料和半连续加料的方式向体系中加入单体混合物,同时向体系中滴加引发剂水溶液,调节滴加速度,使两者同时滴加至体系中,保温反应一定时间,自然冷却至室温,出料,即得到己内酰胺/聚丙烯酸酯共改性酪素乳液。考察 BA用量、引发剂种类和用量对乳液性能的影响。

3.5.3　结构与性能

1. BA 用量对 CA-CPL-BA 性能的影响

在自由基接枝共聚反应中,影响产物接枝程度的因素较多,主要包括引发剂种类与用量、聚合物主链结构、单体种类及用量、单体配比及反应条件等。研究中首先考察了 BA 用量对改性酪素薄膜力学性能的影响,结果见图 3-15。从图 3-15 可以发现,随着 BA 用量增大至 30%,薄膜断裂伸长率逐渐增加,而抗张强度逐渐降低,而当 BA 用量大于 30% 时,薄膜断裂伸长率降低,而抗张强度增加。当 BA 用量为30% 时,薄膜综合力学性能最优。一方面,BA 是一种链相对较长的丙烯酸酯类单体,其均聚物具有较低的玻璃化转变温度,因此,当 BA 链段在酪素分子上接枝程度增大时,聚合物链段的运动性增强,使得薄膜的韧性提高。另一方面,BA 聚合物链

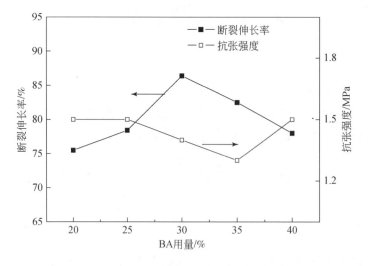

图 3-15　BA 用量对改性酪素薄膜力学性能的影响

段的引入使得接枝产物上侧链变长,分子链之间的缠绕作用增大,从而导致薄膜的抗张强度降低。以上 BA 用量对薄膜力学性能的影响结果基本可以通过 BA 用量对乳液接枝程度的结果来解释。即随着 BA 用量的增加,单体发生接枝的程度呈先增加后降低的趋势,当 BA 用量为 30%时,乳液的接枝率和接枝效率达到最大。

2. 引发剂种类对 CA-CPL-BA 性能的影响

引发剂在自由基聚合反应中起着举足轻重的作用。引发剂种类对聚合速率有非常重要的影响,不同的引发剂,其分解活化能有较大差别,而分解活化能在总活化能中占有重要的地位。活化能越大,引发剂越稳定、不易分解;活化能越小,引发剂越容易分解产生自由基。当温度一定时,单体聚合速率在很大程度上取决于引发剂的分解速率。引发剂分解速率越大,单体聚合速率越大。研究中主要考察了引发剂种类对改性酪素乳液接枝程度和薄膜性能的影响规律,结果分别见图 3-16 及图 3-17。通过分析图 3-16 得知,在采用不同的引发体系的情况下,乳液中单体的接枝率和接枝效率有一定差异。其中,当采用 KPS+NaHSO$_3$ 引发聚合时,乳液单体的接枝效率和接枝率均较高,主要原因为 KPS+NaHSO$_3$ 在体系中的体积膨胀速率较高,因而有利于提高自由基反应的效率。该结果与肖学文等在其纤维素接枝共聚研究中发现的结果基本一致。

从图 3-17 可以看出,当采用 KPS+NaHSO$_3$ 作为引发体系时,薄膜的断裂伸长率最高,也就是说薄膜具有最优的耐挠曲性。这可通过在该引发体系中单体 BA 的接枝程度最大来解释。具体的,BA 是一种长链的软性单体,其聚合物链段玻璃化转变温度较低,具有较好的柔韧性。在这种情况下,BA 聚合物链段在酪素分子上接枝程度越大,则改性酪素产物的柔韧性越优。

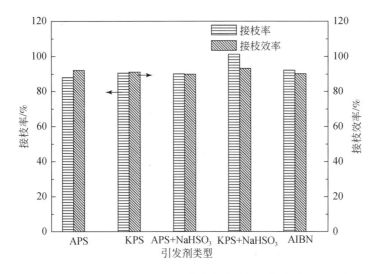

图 3-16　引发剂种类对改性酪素乳液接枝率及接枝效率的影响

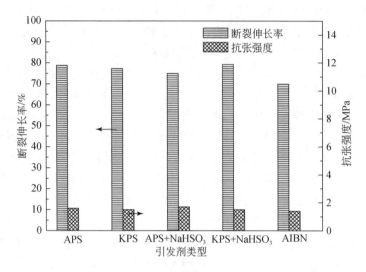

图3-17　引发剂种类对改性酪素薄膜断裂伸长率及抗张强度的影响

3. 引发剂用量对 CA-CPL-BA 性能的影响

　　为了考察引发剂用量对乳液性能的影响规律,对不同引发剂用量时获得乳液的接枝程度进行了测定,结果见图3-18。从图3-18可以看出,引发剂用量对乳液接枝程度的影响较大。随着引发剂用量的增大,接枝效率和接枝率呈现先增后减的趋势。当引发剂用量为5%时,乳液的接枝程度最大。这是由于当引发剂用量低于5%时,引发剂主要引发酪素和 BA 产生自由基,进而促使两者发生自由基共聚,使

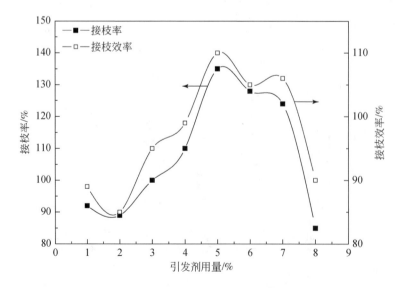

图3-18　引发剂用量对乳液接枝效果的影响

BA 聚合物链段接枝到酪素分子上,生成接枝共聚产物;而当引发剂用量大于 5% 时,引发剂除了引发单体自由基生成接枝产物之外,可能会发生三乙醇胺的氧化反应;另一方面,引发剂用量过大会降低改性产物的分子量,从而导致薄膜的综合性能下降。

4. 表征与测试

为了表征改性产物的结构,确定 BA 是否与酪素发生接枝反应,对改性产物 CA-CPL-BA 进行了固体¹³C-NMR 的测试,并与纯酪素、三乙醇胺溶解酪素的¹³C-NMR 测试结果进行了对比分析,对应的¹³C-NMR 谱图见图 3-19。结合 CA-CPL[图 3-19(a)]的¹³C-NMR 谱图进行分析,可知在 CA-CPL-BA[图 3-19(b)]的谱图中,在 0～65 ppm 的化学位移处明显出现了归属于 BA 链上的甲基及乙基碳原子的吸收峰,说明 BA 成功地与酪素分子发生自由基共聚反应,获得了接枝共聚产物 CA-CPL-BA。

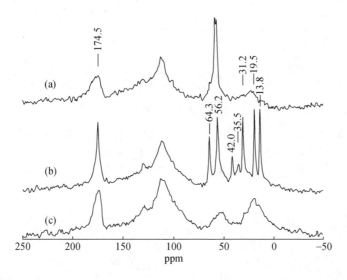

图 3-19　三乙醇胺溶解酪素(a)、CA-CPL-BA(b)及纯酪素(c)的¹³C-NMR 谱图

为了获得改性产物 CA-CPL-BA 乳胶粒的微观形貌及粒径分布,对乳液进行了 TEM 表征,并与纯酪素胶束的表征结果进行对比,结果见图 3-20。在图 3-20(a)中,纯酪素胶束大小差异较大,粒径范围分布较宽,说明酪素胶束粒径分布不均一。这可通过酪素本身复杂的胶束结构来解释。目前公认的酪素胶束结构符合如图 3-21(a)所示的亚胶束模型。在该模型中,酪素粒子呈现草莓状结构,包含着酪素胶束和亚胶束结构,其胶束最小的有十几纳米,最大的有几百纳米。在酪素亚胶束模型中,可以看到大约由 10～100 个酪素分子组成的小聚集体。酪素的亚胶束一般包括疏水核和亲水壳,亚胶束又被磷酸钙连接起来。从 CA-CPL-BA 乳液的 TEM 照片[图 3-20(b)与图 3-20(c)]可以看出,CA-CPL-BA 乳胶粒呈现较为明显的核壳结构,且乳胶粒分布均一性高,与纯酪素相比,其乳胶粒粒径明显减小。在核壳乳胶粒形成过程中,

CA-CPL 作为乳化剂为单体 BA 提供聚合场所,也就是说,当 BA 进入体系中,主要在乳胶束内部进行聚合反应。因此,乳胶粒的核层主要是疏水性较强的 PBA,而壳层则为亲水性较强的 CA-CPL,生成 CA-CPL-BA 乳胶粒的结构见模型示意如图 3-21(b)所示。

　　为了进一步验证 CA-CPL 在体系中是否起到了稳定胶束的作用,作者制备了对比乳液 CA-BA 乳液(未在体系中引入己内酰胺),并对其进行了 TEM 检测,结果见图 3-20(d)。与图 3-20(c)中的乳胶粒相比,CA-BA 乳胶粒规整度下降,粒径均一性变差且核壳结构部分发生了塌陷的现象。综上,可以推断出 CA-CPL 在该无皂乳液聚合中起到了重要的稳定胶束的作用。通过以上对乳胶粒微观结构的表征,表明采用 CA-CPL 作为自乳化剂可以成功获得稳定的乳胶粒。

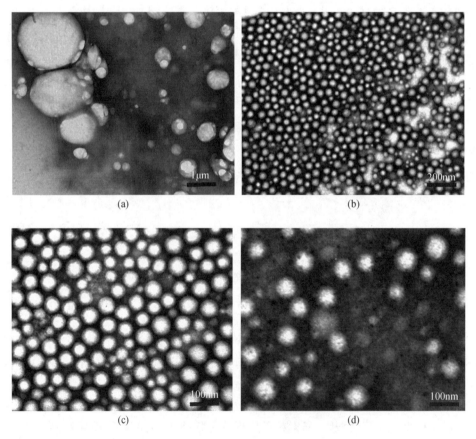

图 3-20　乳液的 TEM 照片

(a)酪素乳胶粒,(b)CA-CPL-BA 乳胶粒,(c)CA-CPL-BA 乳胶粒,(d)CA-BA 乳胶粒

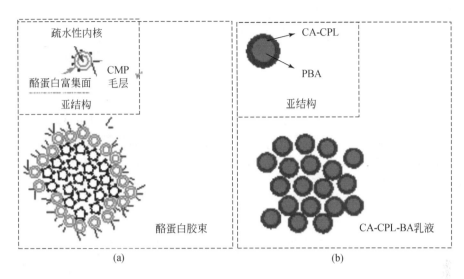

图 3-21　胶束模型示意图

(a)纯酪素胶束,(b)核壳型 CA-CPL-BA

　　通过无皂乳液聚合法引入己内酰胺和丙烯酸酯类单体对酪素进行改性制备核壳型乳胶粒的过程中,部分 CA-CPL 组分起着乳化的作用,对核壳乳胶粒的稳定及聚合反应的稳定非常重要。综合以上实验结果,提出核壳乳胶粒的形成机理如图 3-22 所示。己内酰胺与酪素发生缩聚反应后生成的 CA-CPL 产物充当乳化剂的作用,其内部疏水性较强,外部亲水性较强,内部的疏水环境可以增溶相对亲油的丙烯酸酯类

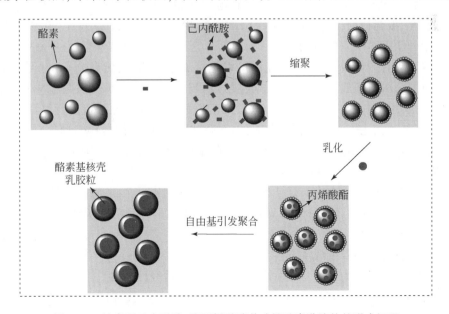

图 3-22　核壳型己内酰胺/聚丙烯酸酯共改性酪素乳胶粒的形成机理

单体。在引发剂的作用下单体在胶束内部发生自由基聚合,进而生成改性酪素乳胶粒。因此,在核壳乳胶粒中,疏水性强的聚丙烯酸酯在核层,而亲水性强的 CA-CPL 在壳层。这也更清楚地解释了乳胶粒 TEM 结果中核壳结构的产生原因。

3.5.4　小结

以 CA-CPL 为自乳化剂,通过无皂乳液聚合法成功获得具有明显核壳结构的己内酰胺-丙烯酸酯共改性酪素乳液。FT-IR 分析结果显示,酪素与丙烯酸酯的接枝反应成功发生。TEM 和 DLS 分析结果显示,所得乳胶粒粒径大小约为 60 nm,且分布均一。成膜及应用性能结果显示,己内酰胺-丙烯酸酯共改性酪素乳液可赋予皮革涂饰层优异的柔韧性、卫生性能及良好的手感。

3.6　无皂乳液聚合制备酪素基中空微球皮革涂饰材料

3.6.1　合成思路

通过无皂乳液聚合法形成的核壳型聚丙烯酸酯改性酪素乳液涂膜的柔软性、耐水性、力学性能均有所改善,但涂层的卫生性能有一定程度降低,且涂层对皮革伤残部位的遮盖作用较差。

具有不透明性的新型中空微/纳米结构粒子,如聚合物中空微球有望改善以上问题。一般来说,常在涂层中添加无机二氧化钛和碳酸钙使涂层具有不透明性或白度。然而,其加工成本高,附着力弱,与其他助剂相容性差,限制了其在功能涂层领域的应用。截至目前,有关不透明涂层的研究相对较少。从 20 世纪 70 年代起至今,国内外学者对中空微球的研究从未间断。它是一种具有特殊空腔的核壳结构聚合物,内部含有一个或多个空腔,壳层可以是合成聚合物、天然高分子,也可以由有机/无机复合材料组成。这就决定了壳层材料与内部空腔的折光系数差异较大,当光照射时,聚合物中空微球能够对光进行折射、散射,阻碍光的透过,所以常用作优质的遮盖剂。相比于实心聚合物微球,中空微球密度低,可使材料轻量化,作为低密度添加剂、隔热材料和吸声材料的添加剂,在涂料、油墨、皮革、造纸工业领域得到广泛应用。

目前,制备聚合物中空微球使用的原料多为苯乙烯及丙烯酸酯,且研究主要集中在合成中空微球的各种影响因素探讨。中空微球聚合物多作为添加剂配以成膜物质广泛应用于深层领域。若该类中空聚合物可直接涂膜,则可减少成膜材料及相关助剂的使用,从而降低成本,进一步扩展其应用。

基于上述背景,为了进一步解决改性酪素涂层透气性、难遮盖皮革伤残等问题,在前期研究基础上,作者提出采用无皂乳液聚合法形成具有核壳结构的聚合物乳液,再在一定条件下经过碱溶胀,获得具有特殊空腔结构的聚丙烯酸酯改性酪素中空微球可成膜乳液。将酪素独特的性质、聚丙烯酸酯优异的成膜特性和中空的特殊结构三者结合起来,制得的酪素基中空微球聚合物可提升涂膜的降解性、透水汽性和遮盖性。

3.6.2　合成方法

在 65℃ 水浴加热下向 100 mL 三口烧瓶中加入酪素(CA)、三乙醇胺(TEA)和去离子水(H_2O),均匀搅拌至酪素溶解,升温至 75℃,向反应体系中加入己内酰胺(CPL)溶液,保温反应 2 h,得到己内酰胺改性酪素(CPL-CA)乳液;将一定量的甲基丙烯酸甲酯(MMA)、甲基丙烯酸(MAA)和丙烯酸丁酯(BA)单体混合物、CPL-CA及 H_2O 进行预乳化,以备后续使用;在装有机械搅拌器、温度控制器和冷凝器的 250 mL 三口烧瓶中加入 CPL-CA,丙烯酸酯类单体和过硫酸铵(APS)水溶液,同时将反应体系加热到 70℃,搅拌速度为 250 r/min,待乳液泛蓝光后,将过硫酸铵水溶液和 1/2 份预乳液以适当速度滴加至反应体系,反应 1 h 后,取适量核乳液,再将剩余预乳化液和引发剂水溶液同时缓慢注入体系中,升温至 80℃,保温反应 1 h,反应结束后冷却至室温,即可得到聚丙烯酸酯改性酪素核壳微球乳液;取上述核壳乳液体积的 1/2,稀释至一定固含量,加入到 100 mL 的三口烧瓶中,然后用质量分数为 20% 的氢氧化钠(NaOH)水溶液调节体系 pH,在 85～95℃ 温度下溶胀一定时间,冷却到室温,制得聚丙烯酸酯改性酪素中空微球。

3.6.3　结构与性能

无皂乳液聚合法制备聚丙烯酸酯改性酪素中空微球分为两步。第一步是形成核中富含羧基的核壳型微球,这是影响溶胀过程以及形成中空结构的关键步骤;第二步是进行碱溶胀,这将促使去离子化的羧基发生迁移,从而形成中空结构。甲基丙烯酸(MAA)单体具有渗透溶胀性,在较高 pH 下,羧基去质子化,具有更强的亲水能力,易发生迁移溶胀,因而被选为形成富含羧基的核。

为了使富含羧基的核被包裹起来形成具有明显核壳结构的微球,必须严格调整核层和壳层的极性。如果羧基化的核极性较强,则不能很好地在核表面上形成壳层。如果核的极性降低,可迁移的羧基量较少,往往不能形成中空结构。此外,在溶胀过程,中空结构的形成可以通过核中去质子化的羧基移动来实现。因此,调节酸核中羧基含量、整个反应中羧基的多层分布以及羧基总量对乳液的稳定性、中空结构的形成以及涂膜的性能至关重要。

1. MAA 总量对聚中空微球乳液的影响

聚丙烯酸酯改性酪素核壳乳胶粒上的羧基含量不仅影响乳液的稳定性,而且可以改变溶胀过程中可迁移的羧基数量,进而对中空结构的形成以及中空度产生影响。因此,首先考察了 MAA 总量对聚丙烯酸酯改性酪素中空微球乳液以及涂膜性能的影响。

　　对聚丙烯酸酯改性酪素中空微球的平均粒径进行测试,结果如图 3-23 所示。由图 3-23 可知,引入 MAA 后,中空微球的粒径分布明显变窄。说明 MAA 对聚丙烯酸酯改性酪素中空微球的稳定性有明显的影响。当 MAA 用量低于 25% 时,聚丙烯酸酯改性酪素中空微球的粒径随着 MAA 用量的增大而降低。这是因为 MAA 用量增加,分布在核壳微球表面和酸核上的羧基增加,当溶胀进行后,中空微球表面电负性增强,从而引起中空微球之间的静电斥力增大,粒径减小。当 MAA 用量超过 25% 时,聚丙烯酸酯改性酪素中空微球显示出更宽的尺寸分布,说明体系的稳定性变差。一方面,添加过量的 MAA 单体时,过量的羧基易于分布在聚丙烯酸酯改性酪素核壳微球的表面,这部分羧基对空腔的形成没有贡献。另一方面,过量的 MAA 将导致强亲水性,且分散在水相中的 MAA 易自聚,从而对乳液稳定性造成负面影响。

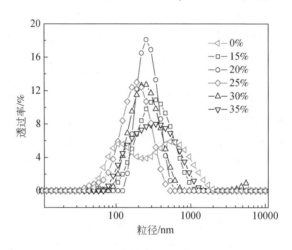

图 3-23　MAA 总量对聚丙烯酸酯改性酪素中空微球粒径的影响

　　将制备的系列聚丙烯酸酯改性酪素中空微球形成涂膜,进一步观察其在紫外–可见光区域内的光的透过率。从图 3-24 可以看出,随着 MAA 用量增加,涂层的透明度升高,说明中空度下降。当使用 15% 的 MAA 时,制备的涂层显示较好的不透明度。这说明 MAA 用量较少时,其易于分布在核层,形成富含羧基的核,会促进溶胀后微球中空度的提高。此外还发现,在 200 ~ 300 nm 处的透过率基本上为 0,表明所制备的聚丙烯酸酯改性酪素中空微球除了具有不透明性,还具有优异的抗紫外线性能。

　　2. 种子和核层中 MAA 质量比对中空微球乳液的影响

　　为了进一步证实羧基的多层分布对乳胶粒尺寸的影响,测试了聚丙烯酸酯改性酪素中空微球的粒径,如图 3-25 所示。从图 3-25 可以看出,聚丙烯酸酯改性酪素中空微球的粒径随着种子中羧基密度的增加而增大。羧基在种子和核中的分布会影响形成富含羧基的核,但是核亲水性太强则不能被很好地包裹形成壳层,从而不利于形成稳定的核壳微球乳液。随着种子中羧基密度的降低,羧基的多级分布改变了种子、核层和壳层的极性。在这种情况下,核层与壳层之间的极性间隙减小,形成既

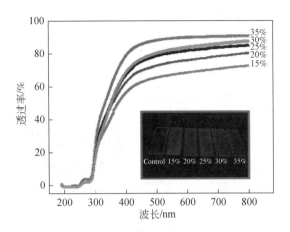

图 3-24　MAA 总量对聚丙烯酸酯改性酪素中空微球涂膜外观以及透过率的影响

有富含羧基的核,又具有完整核壳结构的核壳微球,碱溶胀后便形成具有较大中空结构的聚丙烯酸酯改性酪素中空微球。这也印证了中空微球表面上的羧基链段有利于增强乳液的稳定性。

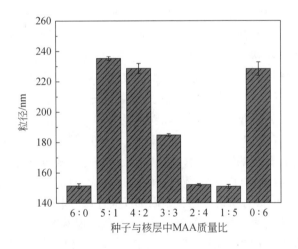

图 3-25　种子和核层中 MAA 质量比对聚丙烯酸酯改性酪素中空微球粒径的影响

此外,还检测了 MAA 在种子和核中的质量比对涂膜在紫外和可见光区域透过率的影响,如图 3-26 所示。当 MAA 在种子和核中的比例从 4∶2 变化到 1∶5 时,聚丙烯酸酯改性酪素中空微球的透过率从 82% 降低到 58%。当种子与核中 MAA 质量比固定为 1∶5 或 2∶4 时,透过率下降到 58%。这是研究中获得的最低值,也是中空度的最大值。透过率结果与 DLS 测量结果一致,说明聚丙烯酸酯改性酪素中空微球涂膜的高不透明度确实源于较大的空腔和较小的粒径。

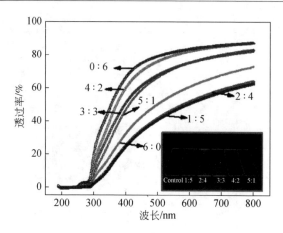

图 3-26　种子和核层中 MAA 质量比对聚丙烯酸酯改性酪素
中空微球涂膜外观以及涂膜透过率的影响

3. 溶胀时间对中空微球乳液的影响

微球内部中空结构的演变取决于碱溶胀过程。在该过程中,聚丙烯酸酯改性酪素核壳微球上的羧基发生去质子化,才能向外层迁移形成中空结构。pH 是羧基去质子化的重要影响因素。除了溶胀 pH 外,溶胀时间也会对中空结构的形成产生一定影响。溶胀时间过短,碱液没有足够时间与酸核进行作用,使羧基链段不能向外迁移,无法形成中空结构。反之,处理时间太长,乳胶粒的结构会出现不完整现象,无法发挥中空微球的特性。故溶胀条件也需在制备过程中考虑进去。

不同溶胀 pH 下中空微球的粒径及其涂膜透过率的结果如图 3-27 所示。由图 3-27 可知,随溶胀 pH 增加,中空微球粒径及涂膜透过率呈先增大后减小的规律。分析如下,随体系 pH 增加,水相逐渐呈强碱性,过多的 Na^+ 离子使粒子扩散层逐步压缩,形成的—COONa 分子的链段迁移减慢,当粒子双电层的扩散层压缩为零时,链段不再迁移,表现为 pH 为 10 时中空乳胶粒的粒径最大。而当 pH 继续增加时,粒子的双电层发生反向转换,导致链段又向粒子内部反向迁移,因此,中空乳胶粒的表面羧基含量减小。从动力学分析,当加入的碱过多,乳液会出现碱增稠现象,导致链段的迁移受阻,因此中空微球的中空度和粒径降低,进而使得最终涂膜的透过率增大。

图 3-28 是在碱溶胀过程中,溶胀时间对中空微球粒径及其涂膜不透明性的影响。随着溶胀时间的增加,乳胶粒的粒径呈递减趋势,涂膜的不透明性先增大后减弱。究其原因,与酪素结构有关。在未发生溶胀时,乳胶粒结构疏松,在溶胀过程中,易于碱液渗透到核发生溶胀,壳层的酪素呈现由疏松到致密的结构变化,表现为乳胶粒的粒径减小,中空度持续增大,因而涂膜的不透明性增强。但继续增加溶胀时间,乳胶粒壳层不断致密,羧基链段聚集到乳胶粒表面,进一步迁移会破坏乳胶粒的结构,导致中空微球的中空度不再变化,粒径减小,反映到涂膜上则为不透明性减弱。

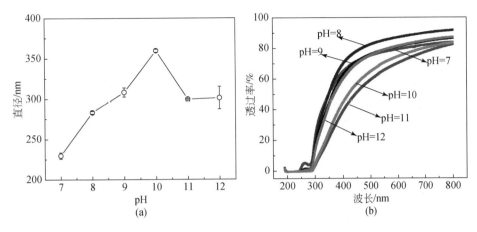

图 3-27　溶胀 pH 对聚丙烯酸酯改性酪素中空微球粒径(a)及其涂膜透过率(b)的影响

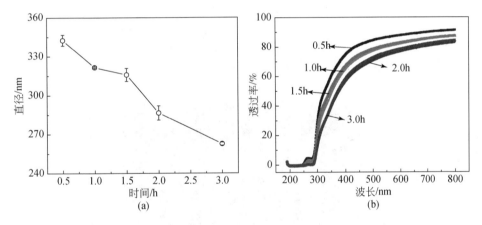

图 3-28　溶胀时间对聚丙烯酸酯改性酪素中空微球粒径(a)及其涂膜透过率(b)的影响

4. 壳层软硬单体配比对中空微球乳液的影响

壳层的单体组成可影响溶胀时碱液渗透到核中的难易程度,从而形成不同中空度的聚丙烯酸酯改性酪素中空微球。同时,壳层的结构强度对中空微球的结构完整性以及是否可成膜起到至关重要的作用。考虑到这一点,软硬单体配比也是平衡中空微球的形成及其成膜不可忽略的因素。图 3-29 是改变壳层中单体配比时获得的中空微球粒径和涂膜对光的透过率结果。从图 3-29 可以发现,随着硬单体 MMA 用量的减小,乳胶粒的粒径先增大后降低。当壳层软硬单体(BA∶MMA)配比为 4∶4 时,中空微球的粒径变化出现极大值。这也说明在同等溶胀条件下,硬单体用量较多时,丙烯酸酯聚合物的玻璃化转变温度较高,则羧基和被挤压的聚丙烯酸酯发生移动的阻力增大,不利于形成中空微球。当软单体用量多于硬单体时,整体壳层聚合物的玻璃化转变温度较低,链段移动所需要的能量较少,在同等条件下,链段迁移速率加快,就易出现壳层破裂的现象,导致中空微球的粒径收缩,微观尺寸减小。正如图 3-30 所示,当壳层软硬单体(MMA∶BA)配比为 3∶5 时,获得的中空微球壳层强度较低,羧基链段向壳层迁移时破坏中空微球的结构。这与粒径结果是可以相互印证的。

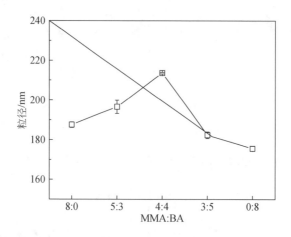

图 3-29　壳层软硬单体配比(MMA∶BA)对聚丙烯酸酯改性酪素中空微球粒径的影响

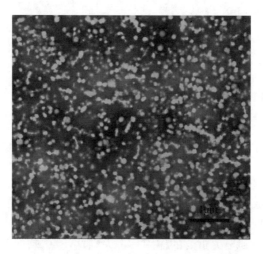

图 3-30　聚丙烯酸酯改性酪素中空微球(壳层 MMA 与 BA 比例为 3∶5)的 TEM 照片

为了更加清楚地说明壳层软硬单体配比对聚丙烯酸酯改性酪素中空微球结构的影响,对不同壳层软硬单体配比下的聚丙烯酸酯改性酪素中空微球涂膜的透过率进行测试,结果如图 3-31 所示。从图 3-31 可以看出,当 MMA 与 BA 配比降低时,即壳层中硬单体减少,软单体增加时,所形成的中空微球涂膜对光的透过率逐渐降低。当配比为 3∶5 时,涂膜透过率最低。当 MMA 与 BA 配比为 0∶8 时,涂膜对光的透过率升高,不透明性变弱。如上述分析,涂膜透过率结果与中空乳胶粒的结构完整性以及中空微球的中空度有关。

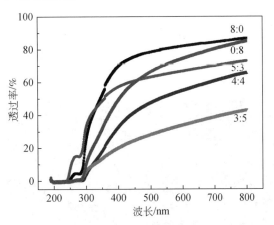

图 3-31　壳层软硬单体配比(MMA∶BA)对聚丙烯酸酯改性酪素中空微球涂膜透过率的影响

5. 表征与测试

通过 TEM、小角 X 射线散射(SAXS)、AFM、DLS 等对乳胶粒的结构、微观形貌、尺寸等进行检测表征。

聚丙烯酸酯改性酪素核壳微球和中空微球的粒径分布测试结果如图 3-32 所示。核壳微球直径为 110.9 nm,PDI 为 0.189。溶胀后形成的中空微球的粒径增加到 150.5 nm,PDI 为 0.133。这是由于溶胀过程中—COO—的迁移,使得中空微球的空腔增大,粒径增大。

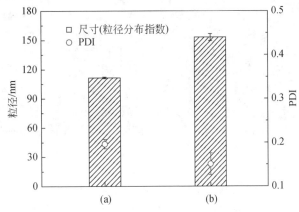

图 3-32　聚丙烯酸酯改性酪素核壳微球(a)和中空微球(b)的粒径以及粒径分布指数

采用 TEM 对聚丙烯酸酯改性酪素核壳微球和中空微球的形貌进行了表征与对比分析,如图 3-33 所示。图 3-33(a)中核壳微球大小约 80 nm,具有平滑的表面,壳层和核层之间有明显的亮度区别。随着碱溶胀时间的延长[图 3-33(b)和图 3-33(c)],聚丙烯酸酯改性酪素中空微球的球形结构更加完整,在溶胀 2 h 和 4 h 时,乳胶粒的平均尺寸分别增加到 90 nm 和 110 nm。与非空心的核壳微球相比,中空聚合物微球表现出明显的三层结构[图 3-33(d)中箭头所指],其中壳层为 CPL-CA,其溶胀后核分成两层。在延长溶胀时间的同时,富含羧基的核中更多的去离子羧基将迁移到表面,迫使聚丙烯酸酯和 CPL-CA 缠结在一起,足够的溶胀时间会使得内层趋于消失,壳层变厚,形成空腔。

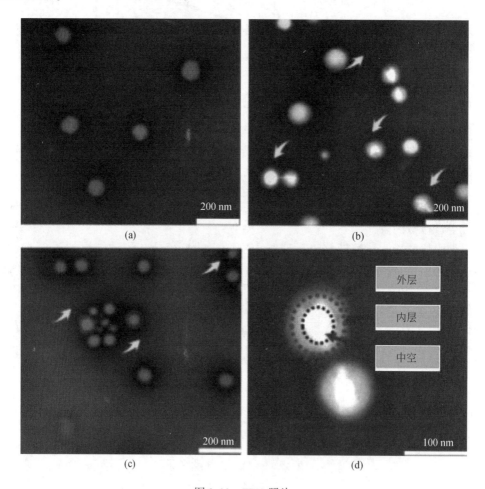

图 3-33　TEM 照片

(a)聚丙烯酸酯改性酪素核壳微球,(b)溶胀 2 h 的聚丙烯酸酯改性酪素中空微球,(c)溶胀 4 h 的
聚丙烯酸酯改性酪素中空微球,(d)从(b)放大后的图像

对 TEM 测量中使用的样品进行 AFM 测试。图 3-34 为酪素基聚丙烯酸酯核壳和中空微球的 AFM 图。3D 剖面图[图 3-34(a)、(b)、(c)]表明铜网上沉积的微球结构均匀。高度图[图 3-34(d)]显示,酪素基核壳微球呈现球形,平均粒径约为 70.5 nm,这与 TEM($d=80$ nm)测量的结果一致。与核壳微球相比较,聚丙烯酸酯改性

酪素中空微球(溶胀 2 h、4 h)保持明显的球形和单分散性。如图 3-34(e)所示,中空微球的平均高度和平均直径分别为(21.0±1.3)nm 和(258.9±30)nm。从 AFM 的剖面图计算出横纵比为 12,高度明显小于粒径,这表明微球在某种程度上已经塌陷。溶胀时间延长至 4 h 时,较大的中空微球[图 3-34(f)]的平均高度为 5.0 nm,平均直径为153.7 nm,横纵比为 13.5,证明其具有囊状结构。聚丙烯酸酯改性酪素中空微球的横纵比数据明显高于聚丙烯酸酯改性酪素核壳微球的横纵比,进一步说明其内部为空心结构。

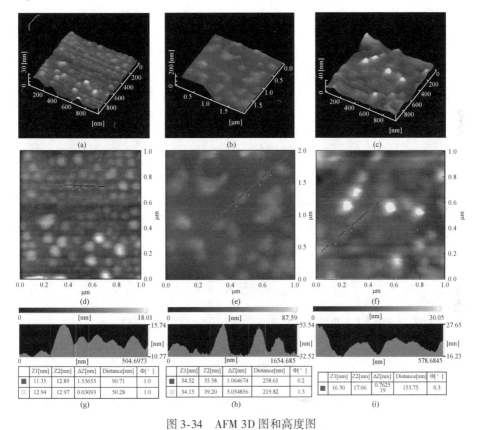

图 3-34 AFM 3D 图和高度图

(a)、(d)、(g)聚丙烯酸酯改性酪素核壳微球,(b)、(e)、(h)溶胀 2 h
和(c)、(f)、(i)溶胀 4 h 的聚丙烯酸酯改性酪素中空微球

聚丙烯酸酯改性酪素中空微球三层结构的发现,说明中空结构的形成是依靠羧基链段的迁移以及聚丙烯酸酯向 CPL-CA 壳层的挤压作用。涉及的溶胀过程取决于两方面:一方面,羧基链段的亲水性是动力学因素;另一方面,适当的溶胀温度所给予的能量是热力学因素。

采用小角 X 射线散射法结合 SEM 技术,对酪素薄膜和酪素胶束进行了研究。到目前为止,很少有人采用 SAXS 对聚丙烯酸酯改性酪素中空微球进行研究。Chen

等报道,SAXS 对核层材料和壳层材料的差异非常敏感。为了准确证明所制备的微球是否具有中空结构,作者对其进行了 SAXS 检测。聚丙烯酸酯改性酪素核壳微球和中空微球乳液的散射曲线如图 3-35 所示。可以看出,它们的散射强度不同,这主要取决于酪素基微球结构的改变。溶胀结束后,以聚丙烯酸酯为核,改性酪素为壳的聚丙烯酸酯改性酪素核壳微球转变为改性酪素/聚丙烯酸酯为壳,中空为核的聚丙烯酸酯改性酪素中空微球。SAXS 得到的结构参数(表 3-11),包括核的尺寸和壳的厚度,与 TEM、DLS 得出的结构参数并不完全一致。这可能是由于模拟结果与实际结果存在误差。另外,中空微球的回旋半径高于核壳微球的回旋半径,这表明在碱溶胀过程中形成了较为松散的中空结构。

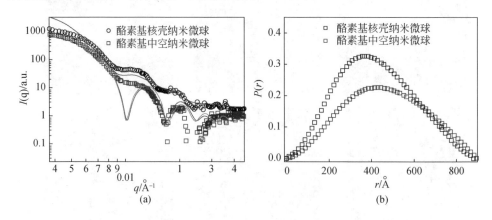

图 3-35　聚丙烯酸酯改性酪素核壳微球和中空微球的 SAXS 数据
(a)反傅里叶变换模拟曲线,(b)距离分布函数

表 3-11　SAXS 获得的聚丙烯酸酯改性酪素核壳微球和中空微球的结构参数

样品名称	核/空腔半径/nm	壳层厚度/nm	微球半径/nm	回旋半径/nm
聚丙烯酸酯改性酪素核壳微球	12.00	39.00	51.0	32.12
聚丙烯酸酯改性酪素中空微球	8.98	35.63	44.32	35.33

通常,距离分布函数 $P(r)$ 的结果可直观推导出关于粒子形状的信息。图 3-35(b)显示出具有相同尺寸的聚丙烯酸酯改性酪素核壳微球和中空微球的 $P(r)$。$P(r)$ 结果显示出球面散射所具有的典型特征,核壳微球在 $D_{max}/2$ 附近显示出最大值。进一步分析,聚丙烯酸酯改性酪素中空微球的 $P(r)$ 的最大值在 $D_{max}/2$ 右侧,向更大的距离移动,这也说明形成了一个中空核。所有上述结果证实了中空结构的形成。

通过 SEM 对涂膜的微观形貌进行检测,如图 3-36 所示。图 3-36(a)中聚丙烯酸酯改性酪素核壳微球涂膜表面光滑且平整。涂膜截面较致密,只有水分蒸发时产生的少量孔洞[图 3-36(c)]。然而,图 3-36(b)中聚丙烯酸酯改性酪素中空微球涂膜表面粗糙且具有多孔结构。除了纳米棒状晶体之外,中空涂层的表面上还有一些孔隙,圆孔的直径为 0.5 ~ 2 μm,大于单个中空微球的尺寸。在涂膜形成过程中,随着水分子蒸发,乳胶粒会聚集在一起,中空尺寸扩大。图 3-36(d)为聚丙烯酸酯改性酪素中空微球涂膜的截面,箭头和圆圈所指的是涂层横截面上布满的大小不一的圆孔,尺寸约为 200 nm,这可能是由于在成膜过程中,随着水分挥发,相邻的中空微球间相互接触面积增大,逐渐聚并成连续相,成为涂膜的表面,同时内部的中空结构聚并形成较大的圆孔,从而使得涂层的截面展现出网络状多孔结构,这也进一步证明中空微球成膜后,中空结构仍然有一定程度的保持,并没有彻底塌陷形成一个连续而致密的膜。这种多孔结构可赋予涂膜良好的透气性。

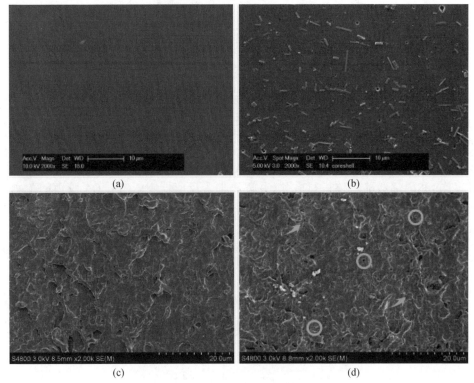

图 3-36　涂膜 SEM 照片
(a)聚丙烯酸酯改性酪素核壳微球涂膜的表面及(c)截面,(b)聚丙
烯酸酯改性酪素中空微球涂膜表面及(d)截面

　　图 3-37 是聚丙烯酸酯改性酪素核壳微球和中空微球涂膜的卫生性能对比结果。可以看到,与酪素基聚丙烯酸酯核壳微球涂膜相比,中空微球涂膜显示出优异的透气性、透水汽性。其中,透气性能有大幅度提升。这说明将丙烯酸酯改性酪素设计成具有中空结构的微球,可以降低气体分子的流通阻力,同时,中空乳胶粒表面上较多的羧基有助于水汽分子的吸附、传递,从而赋予涂膜较好的卫生性能。

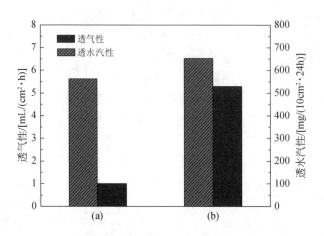

图 3-37　(a)聚丙烯酸酯改性酪素核壳微球和(b)中空微球涂膜的卫生性能

　　图 3-38 概述了制备聚丙烯酸酯改性酪素中空微球的整个过程。在乳液聚合过程[图 3-38(a)]中,体系中 CPL-CA 稳定剂的浓度为 2.0%,在该体系下,CPL-CA 对油相单体的稳定方式为单个 CPL-CA 粒子自乳化作用。具体操作中,将少量的 CPL-CA、疏水单体 MMA/BA 和亲水单体 MAA 加入体系中形成种子;之后,将剩余的 CPL-CA 和丙烯酸酯单体进行乳化,并逐滴加入反应器中。CPL-CA 胶束的疏水区域会聚集富含羧基的种子和疏水单体,在引发剂作用下进行聚合。为了获得富含羧基的核壳微球,必须严格调整核层和壳层的极性。如果羧基化核的极性较强,则不能很好地在核表面上形成壳层。如果核的极性降低,可迁移的羧基较少,则不能形成中空结构。因此,在这种情况下,在整个反应中调控甲基丙烯酸的多层分布,如

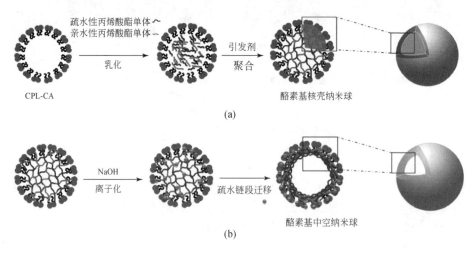

图 3-38　(a)乳液聚合和(b)碱溶胀制备聚丙烯酸酯改性酪素中空微球的机理

图 3-38(a)所示,获得壳层为 CPL-CA,核层为聚丙烯酸酯的具有网状结构、羧基多层分布的乳胶粒。对于随后的碱溶胀过程[图 3-38(b)],聚丙烯酸酯改性酪素核壳微球上的羧基发生去质子化,亲水特性驱使其向外层迁移,聚丙烯酸酯不断被挤压靠向 CPL-CA 壳层,同时内部空腔尺寸逐渐扩大。聚丙烯酸酯和 CPL-CA 成为整体分布于酪素基中空聚合物微球的壳层。

3.6.4　小结

采用无皂乳液聚合法制备纳米级聚丙烯酸酯改性酪素核壳微球,再经过碱溶胀形成具有中空结构的粒径约 150 nm 的聚丙烯酸酯改性酪素中空微球。当壳层硬单体 MMA 与软单体 BA 配比为 4∶4 时,中空微球乳液具有室温可成膜性,并且涂膜表现出可控的不透明特性,涂膜对可见光的透过率可大幅降低。与聚丙烯酸酯改性酪素核壳微球乳液相比,所制备的聚丙烯酸酯改性酪素中空微球涂饰革样具备较优的卫生性能。

第4章 单原位乳液聚合法制备皮革涂饰材料的研究

4.1 单原位乳液聚合的概念

单原位乳液聚合法是先将乳化剂、水和单体投入反应器中并进行预乳化,然后在机械力和超声波的作用下,将有机改性后的纳米颗粒与单体共同分散于胶束中,最后在引发剂的作用下,使单体发生自由基聚合,就地生成有机/无机纳米复合乳液。在此过程中,也可以采用低聚物来代替单体。之所以要采用有机改性的纳米颗粒,是为了保证其能够与单体及其聚合物有良好的相容性,避免发生团聚现象。

4.2 单原位乳液聚合的特点

单原位乳液聚合由于是在纳米颗粒的存在下进行单体的自由基聚合反应,与传统的自由基聚合反应相比,存在两个显著不同之处:一是纳米颗粒需要分散进入并存在于乳液滴中;二是在乳液聚合过程中纳米颗粒的存在对自由基聚合反应会产生干扰,导致聚合反应速率发生变化。

因此,相较于共混法依靠机械作用将纳米颗粒与聚合物复合在一起,单原位乳液聚合法具有纳米颗粒在聚合物基体中分布比较均匀的优点,但是也依然存在分布不均的现象,所以通过单原位乳液聚合法制备的纳米复合材料性能较共混法优异,但是无机纳米材料的性能依然发挥不充分。另外,与传统乳液聚合法相比,单原位乳液聚合法由于是在纳米颗粒的存在下进行自由基聚合,因此可能产生一定量的凝胶。

4.3 单原位乳液聚合法制备聚丙烯酸酯皮革涂饰材料

4.3.1 合成思路

传统聚丙烯酸酯乳液中存在一些极性基团,加之产品在存储、运输、使用过程中受到环境条件的影响,往往会出现霉变、细菌滋生等现象,严重时不仅浪费原材料,而且会成为疾病的重要传播源,危害人类健康。与此同时,涂饰材料在皮革表面形成了一层致密的薄膜,严重堵塞了人体散发的汗液扩散至外界的通道,导致革制品卫生性能遭到极大影响,穿着舒适性下降。近年来,随着人类生活水平的不断提高,研究开发抗菌性突出、卫生性能优异的皮革涂饰材料迫在眉睫。

基于以上背景,作者以提高聚丙烯酸酯皮革涂饰材料的抗菌性和卫生性能为目标,将各种不同尺寸及形貌的纳米 ZnO 引入聚丙烯酸酯乳液中。利用纳米 ZnO 的抗菌性,防止涂层滋生细菌、发生霉变;利用纳米 ZnO 巨大的比表面积,提高涂层的卫生性能。建立纳米材料尺寸、形貌与复合乳液及薄膜、涂饰后革样性能之间的关系。同时,以 ZnO 纳米棒为例,系统地研究了乳液制备过程中和成膜过程中 ZnO 纳米棒的形貌变化及复合乳胶粒的结构变化,建立 ZnO 纳米棒分布状态与薄膜各项性能间的相互影响规律。研究可显著提高革制品的抗菌性、卫生性能,解决目前国内皮革涂饰材料品种单一、档次较低、功能性不突出、主要依靠进口的问题,对实现我国转变为行业强国具有重大现实意义。

4.3.2　合成方法

1. 聚丙烯酸酯基纳米 ZnO 复合乳液

将一定量的 PA30 溶于去离子水中,加入氨水调节溶液 pH 到 6 ~ 7;然后,将市售的纳米 ZnO 粉体加入上述混合液中,机械搅拌、超声分散一定时间后,移入装有搅拌器、冷凝管、温度计及恒压滴液漏斗的三口烧瓶中;接着,加入乳化剂和部分丙烯酸酯类单体,水浴加热至一定温度,反应一段时间;最后,将剩余丙烯酸酯类单体和引发剂的水溶液缓慢滴加到体系中进行反应,滴加完毕保温反应 2 h,即得聚丙烯酸酯基纳米 ZnO 复合乳液。以复合乳液及薄膜性能为指标,考察球形 ZnO 尺寸、纳米 ZnO 形貌及用量对聚丙烯酸酯基纳米 ZnO 复合乳液及薄膜性能的影响。

2. 聚丙烯酸酯基 ZnO 纳米棒复合乳液

将自制 ZnO 纳米棒加入含有乳化剂和引发剂(APS)的水溶液中,超声一定时间后,移入装有数显搅拌器、恒压滴液漏斗、冷凝管、温度计和装有单体的 250 mL 三口烧瓶中,在 300 r/min、70℃条件下反应 30 min,得到种子乳液;升温至 75℃,分别滴加丙烯酸酯类单体(MMA/BA/AA)和引发剂、乳化剂水溶液至该体系中,滴加完毕后保温反应 2 h,得到核乳液;为了制备乳液的壳层,继续升温至 80℃,分别滴加丙烯酸酯类单体和引发剂、乳化剂水溶液至该体系中继续反应 2 h,冷却至室温出料。

选择 ZnO 加入顺序、乳化剂种类、乳化剂复配比例、疏水性物质改性 ZnO 纳米棒及反应型乳化剂进行单因素试验,考察其对复合乳液微结构及薄膜性能的影响。

4.3.3　结构与性能

4.3.3.1　聚丙烯酸酯基纳米 ZnO 复合乳液

1. 球形 ZnO 尺寸对聚丙烯酸酯基纳米 ZnO 复合乳液的影响

采用 PA30 对纳米 ZnO 进行表面改性,然后原位引发丙烯酸酯类单体聚合,制备聚丙烯酸酯基纳米 ZnO 复合乳液,考察球形 ZnO 平均尺寸分别为 100 nm、200 nm、400 nm、600 nm 时对聚丙烯酸酯乳液及薄膜性能的影响。表 4-1 是球形 ZnO 平均尺寸对复合乳液外观及化学稳定性的影响。由表 4-1 可知,球形 ZnO 平均尺寸对复合乳液外观及化学稳定性没有明显影响。

表 4-1　球形 ZnO 平均尺寸对复合乳液外观及化学稳定性的影响

球形 ZnO 平均尺寸/nm	外观	耐化学稳定性		
		$3\% Na_2SO_4$	5% 氨水	5% 甲醛
100	白色乳液、有蓝光	稳定	稳定	稳定
200	白色乳液、有蓝光	稳定	稳定	稳定
400	白色乳液、有蓝光	稳定	稳定	稳定
600	白色乳液、有蓝光	稳定	稳定	稳定

图 4-1 是球形 ZnO 平均尺寸对复合乳液离心稳定性的影响。由图 4-1 可知,随着 ZnO 平均尺寸的增大,聚丙烯酸酯基纳米 ZnO 复合乳液的离心稳定性降低。当 ZnO 平均尺寸为 100 nm 左右时,所得复合乳液的沉淀率最低,离心稳定性最好。这是因为纳米 ZnO 尺寸越大,其质量越大,在机械作用下越易沉淀,分散剂 PA30 对纳米 ZnO 的包覆效果变差。

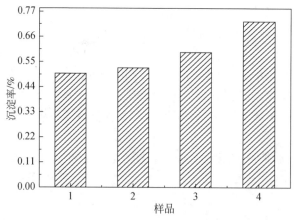

图 4-1　球形 ZnO 平均尺寸对复合乳液离心稳定性的影响

1-100 nm,2-200 nm,3-400 nm,4-600 nm

表 4-2 是球形 ZnO 平均尺寸对聚丙烯酸酯基纳米 ZnO 复合薄膜外观的影响。由表 4-2 可知,球形 ZnO 平均尺寸对聚丙烯酸酯基纳米 ZnO 复合薄膜外观无明显影响。

表 4-2　球形 ZnO 平均尺寸对聚丙烯酸酯基纳米 ZnO 复合薄膜外观的影响

球形 ZnO 平均尺寸/nm	膜的外观
100	柔软平整、偏白
200	柔软平整、偏白
400	柔软平整、偏白
600	柔软平整、偏白

图 4-2 是球形 ZnO 平均尺寸对复合薄膜抗菌性能的影响。由图 4-2 可知,聚丙烯酸酯基纳米 ZnO 复合薄膜的抗菌性随着纳米 ZnO 尺寸的增大而降低。当 ZnO 平均尺寸为 100 nm 左右时所得复合薄膜的抗菌性最好,对白色念珠菌及霉菌的抑菌圈宽度分别为 5.0 mm 和 1.8 mm。这是因为球形 ZnO 尺寸越小,越容易与微生物接触,破坏细菌的细胞壁结构,导致细胞壁内外渗透压平衡失调,从而杀死细菌。该结果与相关文献的报道相一致。

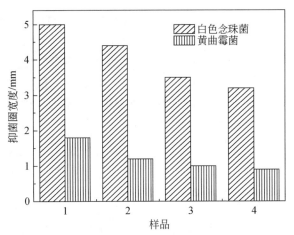

图 4-2　球形 ZnO 平均尺寸对复合薄膜抗菌性能的影响
1-100 nm,2-200 nm,3-400 nm,4-600 nm

图 4-3 是球形 ZnO 平均尺寸对复合薄膜透水汽性的影响。由图 4-3 可知,随着球形 ZnO 平均尺寸的增加,聚丙烯酸酯基纳米 ZnO 复合薄膜的透水汽性先增大后减小,但总体变化幅度不大。当球形 ZnO 平均尺寸为 200 nm 时,复合薄膜的透水汽性最高。这可能是因为球形 ZnO 尺寸增加时,颗粒之间的孔隙增加,有利于水汽分子的通过。因此,当 ZnO 尺寸较小时,聚丙烯酸酯基纳米 ZnO 复合薄膜的透水汽性

随着球形 ZnO 平均尺寸的增加而增大。但是,随着纳米 ZnO 尺寸的进一步增加,一方面 ZnO 较难均匀分散在聚丙烯酸酯基体中,另一方面单位质量的 ZnO 数目较少,因而复合薄膜的透水汽性随着 ZnO 尺寸的进一步增加而降低。

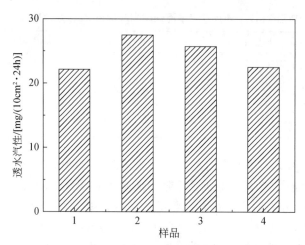

图 4-3　球形 ZnO 平均尺寸对复合薄膜透水汽性的影响

1-100 nm,2-200 nm,3-400 nm,4-600 nm

图 4-4 是球形 ZnO 平均尺寸对复合薄膜耐水性的影响。由图 4-4 可知,纳米 ZnO 平均尺寸为 200 nm 和 400 nm 时,复合薄膜的吸水率较低,耐水性较好。这是因为纳米 ZnO 平均尺寸越大,ZnO 颗粒越易裸露在薄膜表面,造成薄膜表面粗糙度增大,有效地阻碍了水分子向膜表面的迁移,因而复合薄膜的吸水率较低,耐水性较好。但是,当 ZnO 尺寸进一步提高时,ZnO 较难均匀分散在聚丙烯酸酯基体中,造成薄膜表面 ZnO 含量局部过高或过低。因此,复合薄膜的耐水性降低。

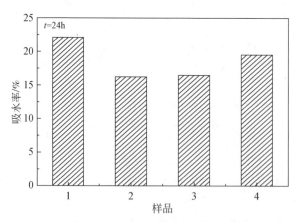

图 4-4　球形 ZnO 平均尺寸对复合薄膜耐水性的影响

1-100 nm,2-200 nm,3-400 nm,4-600 nm

　　图 4-5 是球形 ZnO 平均尺寸对复合薄膜力学性能的影响。由图 4-5 可知,加入平均尺寸为 100 nm 左右的球形 ZnO 后,聚丙烯酸酯基纳米 ZnO 复合薄膜的力学性能最好,抗张强度及断裂伸长率均达到最大值。这可能是因为纳米 ZnO 平均尺寸越小,数目越多,在聚合物基体中的分布越均匀从而使复合薄膜同步增强增韧,力学性能较好。而当纳米 ZnO 平均尺寸较大时,一方面纳米 ZnO 较难分散在聚合物基体中;另一方面,复合薄膜在受到机械作用时,大尺寸 ZnO 的存在可使薄膜出现局部受力,产生应力集中现象,进而降低材料的力学性能。

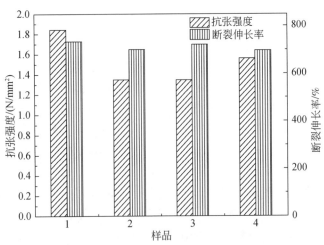

图 4-5　球形 ZnO 平均尺寸对复合薄膜力学性能的影响
1-100 nm,2-200 nm,3-400 nm,4-600 nm

　　综上所述,球形 ZnO 平均尺寸对复合乳液外观及化学稳定性没有明显影响。聚丙烯酸酯基纳米 ZnO 复合乳液的离心稳定性、复合薄膜的抗菌性能均随纳米 ZnO 平均尺寸的增大而降低,当 ZnO 平均尺寸为 100 nm 左右时,所得复合乳液的沉淀率最低,复合薄膜的抗菌性、抗张强度及断裂伸长率均达最大。

　　2. 纳米 ZnO 形貌对聚丙烯酸酯基纳米 ZnO 复合乳液的影响

　　分别将 0.5%、1% 以及 5%(占单体总质量分数,下同)的经 PA30 改性的球形、花状、短棒状、片状、针状等不同形貌的纳米 ZnO 引入聚丙烯酸酯中,与未加纳米 ZnO 的纯聚丙烯酸酯乳液进行比较,考察纳米 ZnO 形貌对聚丙烯酸酯性能的影响。试验过程中为了保证乳液聚合的稳定性,在提高纳米 ZnO 用量的同时,同比例提高体系中分散剂 PA30 的用量。由表 4-3 可知,纳米 ZnO 的形貌及用量对复合乳液外观以及化学稳定性没有显著影响。

表 4-3　不同形貌 ZnO 对复合乳液外观及化学稳定性的影响

样品类型 （ZnO=0.5%、1%、5%）	外观	耐化学稳定性		
		3% Na_2SO_4	5% 氨水	5% 甲醛
球形 ZnO	白色乳液、有蓝光	稳定	稳定	稳定
花状 ZnO	白色乳液、有蓝光	稳定	稳定	稳定
短棒状 ZnO	白色乳液、有蓝光	稳定	稳定	稳定
片状 ZnO	白色乳液、有蓝光	稳定	稳定	稳定
针状 ZnO	白色乳液、有蓝光	稳定	稳定	稳定
无 ZnO	白色乳液、有蓝光	稳定	稳定	稳定

　　图 4-6 是不同形貌 ZnO 对复合乳液离心稳定性的影响。复合乳液的沉淀率越高,则离心稳定性越差。由图 4-6 可知,与纯聚丙烯酸酯乳液相比,加入 ZnO 后复合乳液的沉淀率明显增加,离心稳定性降低;且 ZnO 用量越多,复合乳液的沉淀率越高;加入花状 ZnO 以后,复合乳液的沉淀率最大。这是因为研究中采用水溶性高分子聚合物 PA30 对纳米 ZnO 进行表面改性,改性后纳米 ZnO 表面为 PA30 链段,而 PA30 与聚丙烯酸酯链段之间的化学作用较弱。因此,在机械作用下,纳米 ZnO 易于沉淀,且复合乳液的沉淀量随着 ZnO 用量的增加而增大。至于聚丙烯酸酯基花状 ZnO 纳米复合乳液沉淀率最高的原因,可能是因为与其他几种结构的纳米 ZnO 相比,花状 ZnO 尺寸较大,较难被聚合物链段包覆,且其本身为团簇状结构,在机械作用及重力作用下容易沉淀。

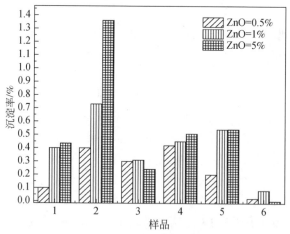

图 4-6　不同形貌 ZnO 对复合乳液离心稳定性的影响
1-球形 ZnO,2-花状 ZnO,3-短棒 ZnO,4-片状 ZnO,5-针状 ZnO,6-无 ZnO

　　为了考察各种不同形貌的纳米 ZnO 是否成功引入聚丙烯酸酯乳液中,对含不同形貌纳米 ZnO 的聚丙烯酸酯乳液进行了 TEM 测试。图 4-7 是含不同形貌纳米 ZnO

的聚丙烯酸酯乳液的 TEM 照片。图中尺寸在 100 nm 左右的白色球状物质即为聚丙烯酸酯乳胶粒,黑色物质为纳米 ZnO。从测试结果中可以明显地看到各种不同形貌的纳米 ZnO,且绝大部分纳米 ZnO 均位于乳胶粒的外部。这是由于 PA30 与聚丙烯酸酯具有良好的相容性,通过 PA30 的桥梁作用可有效地解决纳米 ZnO 与聚丙烯酸酯乳液之间的界面相容性问题,成功地将 ZnO 引入聚丙烯酸酯乳液中。但是,球形、片状、短棒状 ZnO 在聚丙烯酸酯乳液中粒子之间有轻微的聚集。这是因为纳米材料的尺寸越小,表面能越高,达到单分散的可能性越小。

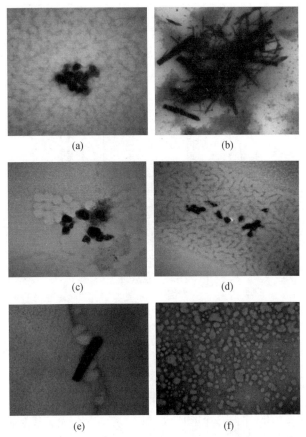

图 4-7 含不同形貌 ZnO 的聚丙烯酸酯乳液的 TEM 照片

(a)球形 ZnO,(b)花状 ZnO,(c)短棒 ZnO,(d)片状 ZnO,(e)针状 ZnO,(f)无 ZnO

表 4-4 是不同形貌纳米 ZnO 对聚丙烯酸酯基纳米 ZnO 复合薄膜外观的影响。由表 4-4 可知,纳米 ZnO 形貌对聚丙烯酸酯基纳米 ZnO 复合薄膜外观没有太大的影响。但是,加入纳米 ZnO 后复合薄膜颜色偏白,这是因为纳米 ZnO 本身为白色粉体。因此,加入纳米 ZnO 可提高复合薄膜的遮盖性。

表4-4　不同形貌纳米 ZnO 对复合薄膜外观的影响

样品类型(ZnO＝0.5%、1%、5%)	膜的外观
球形 ZnO	柔软平整、偏白
花状 ZnO	柔软平整、偏白
短棒状 ZnO	柔软平整、偏白
片状 ZnO	柔软平整、偏白
针状 ZnO	柔软平整、偏白
无 ZnO	柔软平整

图4-8 是不同形貌 ZnO 对复合薄膜抗菌性能的影响。由图4-8 可知,与纯聚丙烯酸酯薄膜相比,聚丙烯酸酯基纳米 ZnO 复合薄膜的抗菌性能明显提高;且 ZnO 用

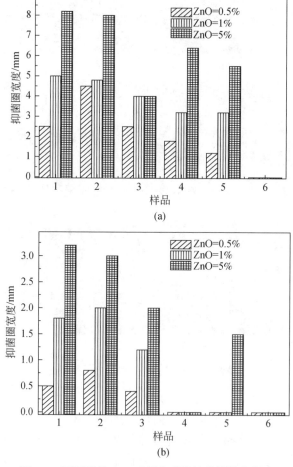

图4-8　不同形貌 ZnO 对复合薄膜抗菌性能的影响

(a)对白色念珠菌的影响,(b)对霉菌的影响

1-ZnO,2-花状 ZnO,3-短棒 ZnO,4-片状 ZnO,5-针状 ZnO,6-无 ZnO

量越多,复合薄膜的抗菌性能越好。这是因为纳米 ZnO 本身具有良好的抗菌性,且纳米 ZnO 是聚丙烯酸酯基纳米 ZnO 复合薄膜的主要抗菌成分,故其用量越多,复合薄膜的抗菌性越好。然而,与其他几种形貌纳米 ZnO 相比,加入球形 ZnO 及花状 ZnO 所得复合薄膜的抗菌性能最好。当 ZnO 用量为 5% 时,聚丙烯酸酯基球形 ZnO 复合薄膜对白色念珠菌的抑菌圈宽度为 8.2 mm,聚丙烯酸酯基花状 ZnO 复合薄膜对白色念珠菌的抑菌圈宽度为 8.0 mm,远远优于这两种复合薄膜对霉菌的抑菌圈宽度 3.2 mm 及 3.0 mm。

图 4-9 是不同形貌 ZnO 对复合薄膜透水汽性的影响。由图 4-9 可知,与纯聚丙烯酸酯薄膜相比,向体系中引入纳米 ZnO,所得复合薄膜的透水汽性均明显提高。这是因为纳米 ZnO 具有巨大的比表面积,将其加入聚丙烯酸酯基体中可提高薄膜的孔隙数,利于水汽分子的通过。当 ZnO 用量为 1% 时,复合薄膜的透水汽性最好,随着纳米 ZnO 用量的继续增加,复合薄膜的透水汽性降低。这是因为研究中为保证纳米 ZnO 分散均匀,在增加纳米 ZnO 用量时,同比例地提高了 PA30 用量。因此,ZnO 用量越多,薄膜中 PA30 数量越多,亲水基团数目较多,降低了乳液聚合的稳定性。因此,复合薄膜的透水汽性并未随着 ZnO 用量的增加而增大。与含其他几种形貌纳米 ZnO 的聚丙烯酸酯复合薄膜相比,聚丙烯酸酯基花状 ZnO 复合薄膜透水汽性最好。这是由于材料本身的形貌、化学结构对水汽分子的吸附及传输具有较大的影响,花状 ZnO 疏松多孔,有利于水汽分子的通过。

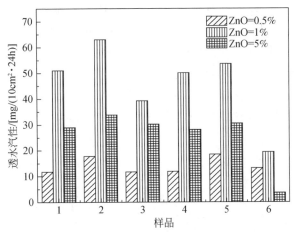

图 4-9　不同形貌 ZnO 对复合薄膜透水汽性的影响
1-球形 ZnO,2-花状 ZnO,3-短棒 ZnO,4-片状 ZnO,5-针状 ZnO,6-无 ZnO

图 4-10 是不同形貌 ZnO 对复合薄膜耐水性的影响。由图 4-10 可以明显看出,与纯聚丙烯酸酯薄膜相比,加入 ZnO 以后复合薄膜的吸水率显著降低,耐水性大大提高。该结果表明,纳米 ZnO 的存在可以有效地阻碍聚丙烯酸酯基体的溶胀,进而提高复合薄膜的耐水性。随着 ZnO 用量的增加,聚丙烯酸酯基纳米 ZnO 复合薄膜

的吸水率提高,耐水性降低。这是因为 ZnO 用量越多,体系中水溶性聚合物 PA30越多,亲水基团数目越多。因此,复合薄膜的耐水性并未随着 ZnO 用量的增加而提高。与其他几种形貌的纳米 ZnO 相比,加入花状 ZnO 所得复合薄膜的耐水性最好。这可能是因为花状 ZnO 尺寸较大、粗糙度较高,可较好地阻碍水分子的渗透,进而提高复合薄膜耐水性。

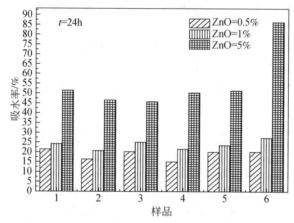

图 4-10　不同形貌 ZnO 对复合薄膜耐水性的影响
1-球形 ZnO,2-花状 ZnO,3-短棒 ZnO,4-片状 ZnO,5-针状 ZnO,6-无 ZnO

图 4-11 是不同形貌 ZnO 对复合薄膜力学性能的影响。由图 4-11 可知,与纯聚丙烯酸酯薄膜相比,加入球形、短棒状等小尺寸 ZnO 所制备的聚丙烯酸酯基纳米 ZnO 复合薄膜的力学性能有所提高。这可能是因为在聚合物基体中加入小尺寸纳米粒子,纳米粒子能够较好地分散,进而提高复合薄膜的力学性能,达到增强增韧的效果。加入针状、片状、花状等大尺寸无机纳米粒子,由于粒子本身团聚在一起,复合薄膜在受力时容易出现应力集中现象,因而力学性能没有显著提高。

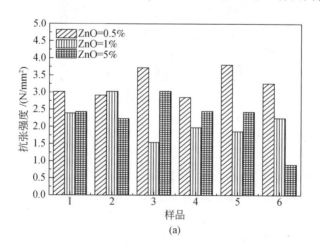

(a)

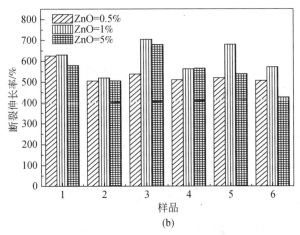

图 4-11　不同形貌 ZnO 对复合薄膜力学性能的影响

(a)对抗张强度的影响,(b)对断裂伸长率的影响

1-球形 ZnO,2-花状 ZnO,3-短棒 ZnO,4-片状 ZnO,5-针状 ZnO,6-无 ZnO

　　综上所述,纳米 ZnO 形貌对复合乳液的外观及耐化学稳定性没有明显影响。加入花状 ZnO 以后,复合薄膜的抗菌性能较好、透水汽性、耐水性最优;加入球形 ZnO 以后,复合薄膜的抗菌性能、力学性能较好。

　　3. 聚丙烯酸酯基纳米 ZnO 复合薄膜的表征

　　对形貌较为特殊且抗菌效果较好的聚丙烯酸酯基球形 ZnO 纳米复合薄膜、聚丙烯酸酯基花状 ZnO 纳米复合薄膜进行表征。图 4-12 分别是纯聚丙烯酸酯薄膜、聚丙烯酸酯基球形 ZnO 纳米复合薄膜、聚丙烯酸酯基花状 ZnO 纳米复合薄膜的 SEM 照片。由图 4-12 可知,纯聚丙烯酸酯薄膜表面光滑平整[图 4-12(e)],聚丙烯酸酯基球形 ZnO 纳米复合薄膜及聚丙烯酸酯基花状 ZnO 纳米复合薄膜表面及截面上出现许多白色物质。为了确定白色物质的化学组成,对其进行了 EDS 分析,如图 4-12(f)所示,能谱图中出现了 C、O、Zn、Au 等主要元素,其中 C、O 为聚丙烯酸酯的主要成分,Au 的出现是由于测试过程中对薄膜进行了喷金处理,而 Zn 元素的出现证明了 SEM 照片中的白色物质为 ZnO。由图 4-12(a)可知,球形 ZnO 可均匀地分散在聚丙烯酸酯基体中。但是,聚丙烯酸酯基球形 ZnO 纳米复合薄膜截面的 SEM 照片中[图 4-12(b)]ZnO 数目相对较少,这可能是因为聚丙烯酸酯薄膜较为致密,ZnO 被包覆在聚丙烯酸酯中较难观察的缘故。由图 4-12(c)、(d)可知,长度为 3~4 μm 的棒状 ZnO 均匀地分散在聚丙烯酸酯基体中,但是较难观察到形貌较为完整的花状 ZnO。这一方面是因为花状 ZnO 尺寸较大,在成膜过程中 ZnO 较难完整地暴露在涂膜表面;另一方面,纳米粒子分散过程中的超声作用以及乳液聚合过程中的机械搅拌等作用可在一定程度上破坏花状 ZnO 的结构。

　　核磁共振技术(NMR)被认为是研究分子间相互作用,特别是微弱相互作用的

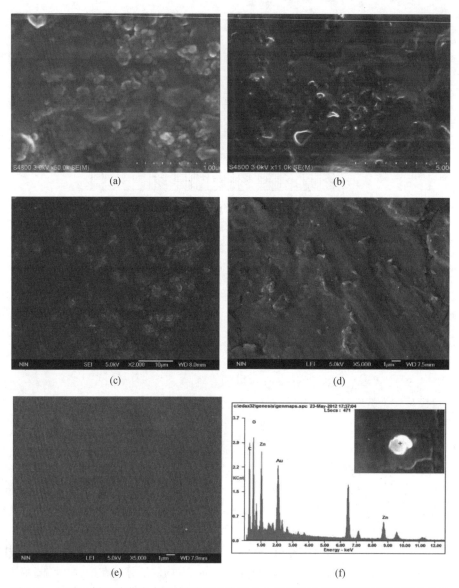

图 4-12 纯聚丙烯酸酯薄膜、聚丙烯酸酯基球形 ZnO 纳米复合薄膜和聚丙烯酸酯基花状
ZnO 纳米复合薄膜的 SEM 照片

(a)、(b)聚丙烯酸酯基球形 ZnO 纳米复合薄膜表面和截面的 SEM 照片,(c)、(d)聚丙烯酸酯基花状 ZnO
纳米复合薄膜表面和截面的 SEM 照片,(e)纯聚丙烯酸酯薄膜表面的 SEM 照片,(f)聚丙烯酸酯基
球形 ZnO 纳米复合薄膜的 EDX 谱图

重要手段之一。通过该技术不仅可以获得分子间相互作用的位点,而且可以判断分子间相互作用的强弱。本研究即采用固体核磁共振技术研究纳米 ZnO 与聚丙烯酸酯、聚丙烯酸等聚合物基体之间的相互作用。

图 4-13 是纯聚丙烯酸酯薄膜、聚丙烯酸酯基球形 ZnO 纳米复合薄膜和聚丙烯酸酯基花状 ZnO 纳米复合薄膜的固体核磁共振谱图。由图 4-13 可知,纯聚丙烯酸酯薄膜的固体核磁共振谱图中出现了各种不同的信号峰。其中,14.3 ppm、19.9 ppm 和 31.4 ppm 处的信号峰分别与图 4-14 中聚丙烯酸酯链段上 1、2、3 位置的甲基碳原子的信号峰相对应;42.1 ppm、46.0 ppm 和 51.9 ppm 处的信号峰分别为聚丙烯酸酯中亚甲基的碳原子(与图 4-14 中的 4、5、6 位置相对应);核磁共振谱图中 64.6 ppm 和 175.8 ppm 处的信号峰分别为丙烯酸丁酯和 PA30 中—CH 和 C ═O 的信号;核磁共振谱图中 110 ppm 处较宽的信号峰则是测试时使用的氧化锆转子的出峰。聚丙烯酸酯薄膜、聚丙烯酸酯基球形 ZnO 纳米复合薄膜和聚丙烯酸酯基花状 ZnO 纳米复合薄膜的固体核磁共振谱图没有明显区别。但是仔细观察后发现:与纯聚丙烯酸酯薄膜相比,聚丙烯酸酯基花状 ZnO 纳米复合薄膜在 175.8 ppm 处 C ═O 的半峰宽变得光滑、平缓。该现象可能是由于花状 ZnO 的引入而引起的。由于花状 ZnO 可与 PA30 上的羧基发生离子键作用,这种相互作用使得聚合物链上 C ═O 的信号发生变化。然而,聚丙烯酸酯基球形 ZnO 纳米复合薄膜中 C ═O 的信号未发生变化,可能是因为球形 ZnO 尺寸较小,其与聚丙烯酸相互作用的位点相对较少。因此,球形 ZnO 与 PA30 之间的相互作用较弱,C ═O 的信号变化较小。

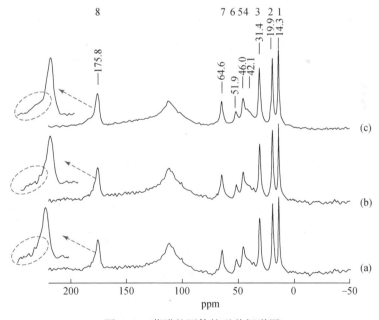

图 4-13　薄膜的固体核磁共振谱图

(a)纯聚丙烯酸酯薄膜,(b)聚丙烯酸酯基球形 ZnO 纳米复合薄膜,(c)聚丙烯酸酯基花状 ZnO 纳米复合薄膜

表 4-5 是纯聚丙烯酸酯薄膜、聚丙烯酸酯基球形 ZnO 纳米复合薄膜和聚丙烯酸酯基花状 ZnO 纳米复合薄膜中不同基团的弛豫时间测定结果。由表 4-5 可知,纯聚

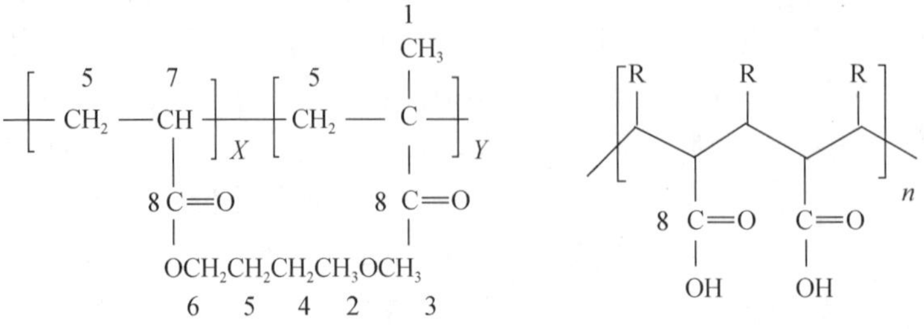

聚丙烯酸酯　　　　　　　　　　　　　　　PA30

图 4-14　聚丙烯酸酯及阴离子型聚合物 PA30 的结构示意

丙烯酸酯薄膜中—CH、—CH$_2$、—CH$_3$ 的弛豫时间分别为 11.4 s、0.5 s 和 1.11 s,聚丙烯酸酯基球形 ZnO 纳米复合薄膜中—CH、—CH$_2$、—CH$_3$ 的弛豫时间分别为 0.58 s、0.19 s 和 0.92 s,聚丙烯酸酯基花状 ZnO 纳米复合薄膜中—CH、—CH$_2$、—CH$_3$ 的弛豫时间分别为 5.44 s、0.34 s 和 0.44 s。加入纳米 ZnO 以后,复合薄膜中各基团的弛豫时间明显降低。这是因为纳米 ZnO 的加入可降低复合薄膜中各基团碳原子的运动性。因此,当核磁共振信号作用于聚丙烯酸酯基纳米 ZnO 复合薄膜表面以后,信号会很快反射回来。所以,聚丙烯酸酯基纳米 ZnO 复合薄膜中各基团的弛豫时间明显降低。上述结果表明:纳米 ZnO 已经成功引入聚丙烯酸酯基体中。

表 4-5　纯聚丙烯酸酯薄膜与聚丙烯酸酯基 ZnO 纳米复合薄膜中不同基团的弛豫时间测定结果

样品	T_1/s		
	—CH	—CH$_2$	—CH$_3$
纯聚丙烯酸酯薄膜	11.4	0.5	1.11
聚丙烯酸酯基球形 ZnO 纳米复合薄膜	0.58	0.19	0.92
聚丙烯酸酯基花状 ZnO 纳米复合薄膜	5.44	0.34	0.44

　　聚合物的玻璃化转变温度是非晶态聚合物或部分结晶聚合物中非晶相发生玻璃化转变所对应的温度。玻璃化转变是非晶态高分子材料固有的性质,是高分子运动形式转变的宏观体现,直接影响材料的使用性能和工艺性能。

　　图 4-15 中曲线 1、2、3 分别为纯聚丙烯酸酯薄膜、聚丙烯酸酯基球形 ZnO 纳米复合薄膜和聚丙烯酸酯基花状 ZnO 纳米复合薄膜的 DSC 测定结果。由图 4-15 可知,与纯聚丙烯酸酯薄膜相比,聚丙烯酸酯基球形 ZnO 纳米复合薄膜和聚丙烯酸酯基花状 ZnO 纳米复合薄膜在 50~60℃处出现了明显的熔融吸热峰。该结果表明,随着测试温度的升高,聚丙烯酸酯薄膜的结晶度提高。这是因为纳米 ZnO 的加入可在一定程度上阻碍纳米粒子周围的聚合物分子的运动;但是,远离纳米粒子的聚合物链段仍有较大的运动空间,因而被限制运动的聚合物分子链容易结晶。当测试温度大于 50℃时,前期被限制的聚合物分子开始运动,从而出现熔融吸热峰。

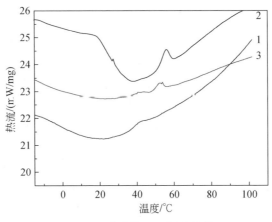

图 4-15　薄膜的 DSC 测定结果

1-纯聚丙烯酸酯薄膜,2-聚丙烯酸酯基球形 ZnO 纳米复合薄膜,3-聚丙烯酸酯基花状 ZnO 纳米复合薄膜

表 4-6 是纯聚丙烯酸酯薄膜、聚丙烯酸酯基球形 ZnO 纳米复合薄膜和聚丙烯酸酯基花状 ZnO 纳米复合薄膜的玻璃化转变温度及热熔变值测定结果。由表 4-6 可知,纯聚丙烯酸酯薄膜、聚丙烯酸酯基球形 ZnO 纳米复合薄膜和聚丙烯酸酯基花状 ZnO 纳米复合薄膜的玻璃化转变温度分别为 33.39℃、34.78℃ 和 38.40℃。表明随着纳米 ZnO 的加入,复合薄膜的玻璃化转变温度有所提高。这是因为聚丙烯酸酯基纳米 ZnO 复合薄膜中 PA30 和 ZnO 之间存在离子键作用,这种离子键作用可以阻碍聚合物链段的运动,进而提高复合薄膜的玻璃化转变温度。此外,与纯聚丙烯酸酯薄膜相比,聚丙烯酸酯基纳米 ZnO 复合薄膜中 ZnO 与聚合物链之间存在较强的界面作用,这种强的界面作用也会在一定程度上提高复合薄膜的玻璃化转变温度。聚丙烯酸酯基花状 ZnO 纳米复合薄膜的玻璃化转变温度高于聚丙烯酸酯基球形 ZnO 纳米复合薄膜,这可能是因为花状 ZnO 尺寸较大,对聚合物分子链运动的阻碍作用较强。纳米 ZnO 的引入降低了复合薄膜的热熔变值,可能是因为纳米 ZnO 的加入提高了复合薄膜的空间位阻所致。

表 4-6　纯聚丙烯酸酯薄膜与聚丙烯酸酯基 ZnO 纳米复合薄膜的玻璃化转变温度及热熔变值

样品	T_g/℃	C_p/[(J/(g·℃)]
纯聚丙烯酸酯薄膜	33.39	0.923
聚丙烯酸酯基球形 ZnO 纳米复合薄膜	34.78	0.449
聚丙烯酸酯基花状 ZnO 纳米复合薄膜	38.40	0.219

4. 聚丙烯酸酯基纳米 ZnO 复合乳液的应用性能

图 4-16 是采用含不同形貌 ZnO 的聚丙烯酸酯基纳米复合乳液涂饰后革样的抗菌性能测试结果。由图 4-16 可知,未涂饰革样(原皮)对白色念珠菌及霉菌的抑菌

率分别为 66.67% 及 80.00%；与未涂饰革样相比，采用纯聚丙烯酸酸酯乳液涂饰后革样对白色念珠菌的抑菌率为 66.67%，对霉菌的抑菌率为 70.0%，抑菌效果降低。采用含不同形貌纳米 ZnO 的聚丙烯酸酯乳液涂饰后革样的抗菌效果显著提高，其中聚丙烯酸酯基球形 ZnO 纳米复合乳液、聚丙烯酸酯基花状 ZnO 纳米复合乳液涂饰后革样的抗菌效果较好；采用聚丙烯酸酯基球形 ZnO 纳米复合乳液涂饰后革样对白色念珠菌及霉菌的抑菌率分别为 77.78% 和 93.33%；采用聚丙烯酸酯基花状 ZnO 纳米复合乳液涂饰后革样对白色念珠菌及霉菌的抑菌率分别为 75.0% 和 96.33%。这是因为聚丙烯酸酯基纳米 ZnO 复合乳液中的纳米 ZnO 具有良好的抗菌作用，当微生物与涂层接触时，涂层中抗菌组分 ZnO 的存在可有效地抑制微生物的生长。因此，采用含不同形貌纳米 ZnO 的聚丙烯酸酯乳液涂饰后革样的抗菌效果显著提高。由于球形 ZnO、花状 ZnO 本身要比其他几种形貌的纳米 ZnO 抗菌效果好，故采用聚丙烯酸酯基球形 ZnO 纳米复合乳液和聚丙烯酸酯基花状 ZnO 纳米复合乳液涂饰后革样的抗菌效果较好。

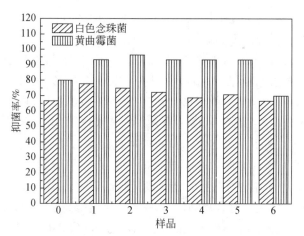

图 4-16　采用含不同形貌 ZnO 的聚丙烯酸酯基纳米复合乳液涂饰后革样的抗菌性能测定结果
0-坯革，1-球形 ZnO，2-花状 ZnO，3-短棒 ZnO，4-片状 ZnO，5-针状 ZnO，6-无 ZnO

图 4-17 是采用含不同形貌 ZnO 的聚丙烯酸酯乳液涂饰后革样的透气性测定结果。由图 4-17 可知，与未涂饰革样相比，采用纯聚丙烯酸酯乳液以及含不同形貌纳米 ZnO 的聚丙烯酸酯基纳米复合乳液涂饰后革样的透气性均有一定程度降低。这是因为涂饰材料附着在皮革表面后，封闭了皮革的孔隙，阻碍了气体的通过。因此，涂饰后革样的透气性明显降低。但是，采用含不同形貌 ZnO 的聚丙烯酸酯纳米复合乳液涂饰后革样的透气性明显高于纯聚丙烯酸酯乳液涂饰后革样，其中采用聚丙烯酸酯基花状 ZnO 纳米复合乳液涂饰后革样的透气性最好，较纯聚丙烯酸酯乳液涂饰后革样提高了 232.65%。这是因为纳米 ZnO 本身具有较大的比表面积，将其加入聚丙烯酸酯乳液中，可使薄膜表面孔隙数增多，有利于空气的通过。采用含花状

ZnO 的聚丙烯酸酯纳米复合乳液涂饰后革样的透气性最好,这与花状 ZnO 本身的多孔结构有关。

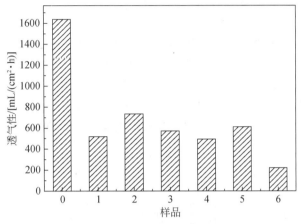

图 4-17　采用含不同形貌 ZnO 的聚丙烯酸酯基纳米复合乳液涂饰后革样的透气性测定结果

0-坯革,1-球形 ZnO,2-花状 ZnO,3-短棒 ZnO,4-片状 ZnO,5-针状 ZnO,6-无 ZnO

图 4-18 是采用含不同形貌 ZnO 的聚丙烯酸酯基纳米复合乳液涂饰后革样的透水汽性测定结果。由图 4-18 可知,与未涂饰革样相比,采用纯聚丙烯酸酯乳液以及含不同形貌纳米 ZnO 的聚丙烯酸酯复合乳液涂饰后革样的透水汽性均有一定程度的降低。这同样是因为涂饰材料在皮革表面成膜后,封闭了皮革的孔隙,阻碍了水汽的通过。与纯聚丙烯酸酯乳液涂饰后革样相比,除采用含花状 ZnO 的聚丙烯酸酯复合乳液涂饰后革样的透水汽性略有提高外,其他均相差不大,甚至有所降低。这是因为涂饰后革样的透水汽性不仅与薄膜表面的孔隙数目有关,还与薄膜中亲

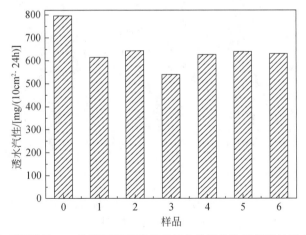

图 4-18　采用含不同形貌 ZnO 的聚丙烯酸酯纳米复合乳液涂饰后革样的透水汽性测定结果

0-坯革,1-球形 ZnO,2-花状 ZnO,3-短棒 ZnO,4-片状 ZnO,5-针状 ZnO,6-无 ZnO

水基团的数目有关。向聚丙烯酸酯乳液中加入纳米 ZnO 后,虽然 ZnO 的存在可以提高复合薄膜的孔隙数,但是 ZnO 可与聚丙烯酸酯上的羧基发生键合作用,大大地降低了涂膜表面亲水基团的数目。因此,纳米 ZnO 的加入并未提高薄膜的透水汽性。

图 4-19 是采用含不同形貌纳米 ZnO 的聚丙烯酸酯乳液涂饰后革样的力学性能测定结果。由图 4-19 可知,与坯革相比,采用纯聚丙烯酸酯乳液以及含不同形貌纳米 ZnO 的聚丙烯酸酯纳米复合乳液涂饰后革样纵向与横向的抗张强度均有一定的提高。这可能是因为未涂饰革样的纤维编织程度比较疏松,不能较好地抵抗外力。由于涂饰材料在坯革表面形成了一层薄膜,这类物质可有效地提高革样抵抗外力的

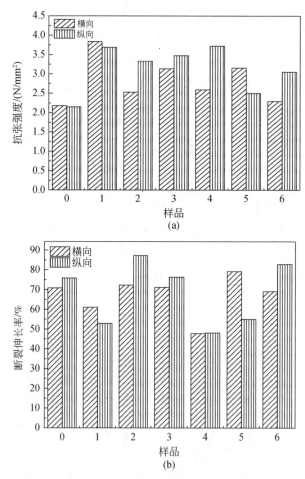

图 4-19　采用含不同形貌 ZnO 的聚丙烯酸酯纳米复合乳液涂饰后革样的力学性能

(a)抗张强度,(b)断裂伸长率

0-坯革,1-球形 ZnO,2-花状 ZnO,3-短棒 ZnO,4-片状 ZnO,5-针状 ZnO,6-无 ZnO

作用。因此,涂饰后革样的力学性能提高。而采用纯聚丙烯酸酯乳液以及含不同形貌纳米 ZnO 的聚丙烯酸酯复合乳液涂饰后革样的断裂伸长率没有明显规律,这可能与皮坯纤维的编织程度以及部位差有一定的关系。

表4-7 是含不同形貌 ZnO 的聚丙烯酸酯纳米复合乳液涂饰后革样的耐干/湿擦性能测定结果。由表4-7 可知,加入无机纳米粒子对复合乳液涂饰后革样的耐干/湿擦性能没有显著影响,坯革以及涂饰后革样的干擦均在 4~5 级,湿擦在 1~2 级。这可能是因为涂饰过程中仅加入了少量成膜剂、颜料膏、渗透剂等,且轻涂对坯革的颜色坚牢度影响不大。因此,涂饰后革样的耐干/湿擦性能差别不大。

表4-7　含不同形貌 ZnO 的聚丙烯酸酯基纳米复合乳液涂饰后革样的耐干/湿擦性能

样品	耐干擦/级	耐湿擦/级
坯革	4~5	1~2
花状 ZnO	4~5	1~2
短棒状 ZnO	4~5	1~2
片状 ZnO	4~5	1~2
长棒状 ZnO	4~5	1~2
无 ZnO	4~5	1~2

4.3.3.2　聚丙烯酸酯基 ZnO 纳米棒复合乳液

1. ZnO 纳米棒加入阶段对复合乳液微结构及薄膜性能的影响

在上述研究基础上,作者系统地研究了乳液制备过程中和成膜过程中 ZnO 纳米棒的形貌变化及复合乳胶粒的结构变化,建立 ZnO 纳米棒分布状态对薄膜性能的影响规律。表4-8 为 ZnO 纳米棒加入顺序对所得复合乳液及涂膜外观的影响,由表4-8 可知,在乳液制备过程中,采用三种方式引入纳米 ZnO 制备的乳液外观几乎全部泛蓝光,在核乳液阶段加入 ZnO 后复合乳液的凝胶略多,这是因为在滴加过程中,ZnO 纳米棒分散液不稳定、易分层,使得聚合稳定性略微降低。采用种子阶段加入 ZnO 纳米棒所得的复合乳液无凝胶,因此,ZnO 纳米棒在种子阶段引入时,聚合过程比较平稳,复合乳液的制备工艺较好。

表4-8　ZnO 纳米棒加入阶段对聚丙烯酸酯基 ZnO 纳米棒复合乳液及薄膜外观的影响

加入顺序	复合乳液的外观	凝胶率/%	复合薄膜的外观
种子阶段	半透明且泛蓝光	0	平整光滑,柔软
核乳液阶段	乳白色且泛蓝光	0.56	平整光滑,柔软
壳乳液阶段	半透明且泛蓝光	0.12	平整光滑,柔软

图 4-20 为采用 3 种方案制备的聚丙烯酸酯基 ZnO 纳米棒复合乳液的 TEM 照片,暗灰色球状部分为乳胶粒,黑色为 ZnO 纳米棒。由图 4-20(a)可知,在种子阶段引入 ZnO 纳米棒制备复合乳液,乳胶粒的平均粒径为 100 nm,纳米 ZnO 以短棒状存在,均匀分布在乳胶粒周围;从图 4-20(b)可以看出,在核乳液阶段引入 ZnO 纳米棒制备复合乳液,乳胶粒的粒径分布不是很均匀,平均粒径在 50~200 nm,且几乎无 ZnO 纳米棒存在,这可能是因为 ZnO 是两性氧化物,易溶于强酸或强碱溶液,在滴加过程中,丙烯酸的酸性较强,与 ZnO 分散液同时滴加的瞬间,将 ZnO 纳米棒溶解;由图 4-20(c)可知,在壳乳液阶段引入 ZnO 纳米棒制备复合乳液,乳胶粒的粒径分布均匀,约为 100 nm,但是 ZnO 纳米棒的整体分布量较少。比较在不同阶段引入 ZnO 纳米棒制备得到复合乳胶粒的微结构,可以看出,纳米 ZnO 均位于乳胶粒外部。分析其原因可能是乳液聚合过程中使用的是阴离子表面活性剂,其表面的负电荷对带有正电荷的 ZnO 产生强的静电作用力,所以即使在种子阶段和核乳液阶段引入 ZnO,ZnO 纳米棒仍位于乳胶粒的外部。

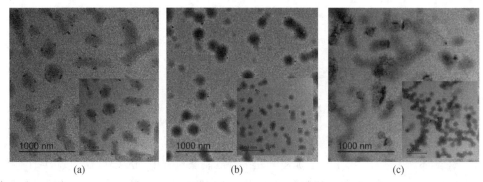

图 4-20　ZnO 纳米棒加入阶段不同时制备的聚丙烯酸酯基 ZnO 纳米棒复合乳液的
TEM 照片(插图为对应的复合乳液的高倍 TEM 照片)
(a)种子阶段,(b)核乳液阶段,(c)壳乳液阶段

图 4-21 为 ZnO 加入顺序不同时制备的聚丙烯酸酯基 ZnO 纳米棒复合乳胶膜的 SEM 照片。对比图 4-21(a)、(c)、(e)可以看出,ZnO 纳米棒在种子阶段引入聚丙烯酸酯中,复合薄膜中纳米 ZnO 的量较多,而在核乳液阶段和壳乳液阶段引入 ZnO 纳米棒,复合薄膜中纳米 ZnO 的量较少。由复合薄膜对应的放大图可知,ZnO 纳米棒在种子阶段引入,如图 4-21(b)所示,团聚的 ZnO 在薄膜中依然呈现出棒状结构,而在核乳液和壳乳液阶段引入 ZnO 纳米棒,如图 4-21(d)和(f)所示,纳米 ZnO 无明显的棒状结构,多数为团聚的 ZnO 纳米颗粒,这也证实了当 ZnO 纳米棒在核乳液和壳乳液阶段引入聚丙烯酸酯乳液时对其会造成一定的溶解。

图 4-22 为 ZnO 纳米棒加入顺序对聚丙烯酸酯基 ZnO 纳米棒复合薄膜力学性能的影响。由图 4-22(a)可以看出,在种子阶段引入 ZnO 纳米棒,聚丙烯酸酯基 ZnO 纳米棒复合薄膜的抗张强度最好,这可能是因为该复合薄膜中纳米 ZnO 的量相对较

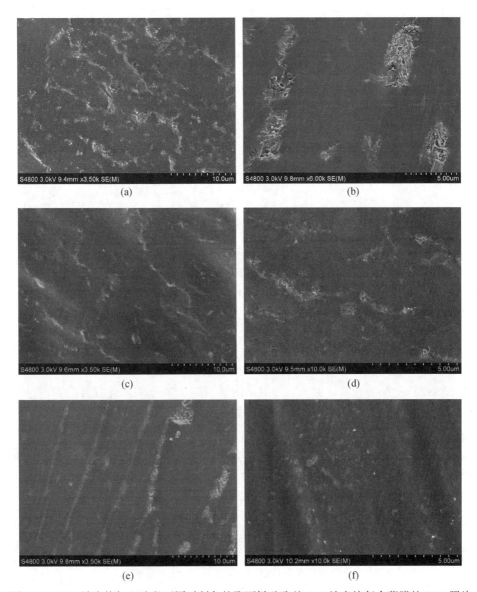

图 4-21　ZnO 纳米棒加入阶段不同时制备的聚丙烯酸酯基 ZnO 纳米棒复合薄膜的 SEM 照片
(a)、(b) 种子阶段, (c)、(d) 核乳液阶段, (e)、(f) 壳乳液阶段

多,复合薄膜中交联点增多,并且纳米粒子本身具有刚性,在复合薄膜中会形成或多或少的刚性骨架结构,从而使复合薄膜的抗张强度增强。由图 4-22(b) 可以看出,在壳乳液阶段引入 ZnO 纳米棒,所获得的复合薄膜的断裂伸长率明显优于在种子乳液和核乳液阶段引入 ZnO 纳米棒制备的复合薄膜。从理论上讲,比表面积大的无机纳米粒子分散在聚合物基体中,能与聚合物之间发生物理作用或者化学结合,纳米

粒子在复合薄膜中可起到增韧作用。但是,在种子阶段引入 ZnO 纳米棒,ZnO 纳米粒子的团聚比较严重,当复合薄膜受到外力的拉伸作用时,容易产生微裂纹,进而变成宏观的开裂,使复合薄膜的断裂伸长率降低。

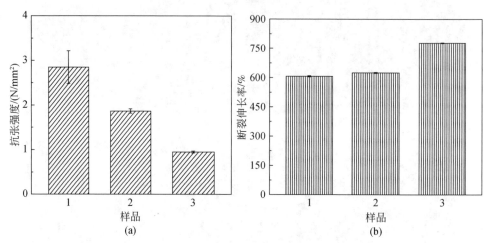

图 4-22　ZnO 纳米棒加入阶段对复合薄膜力学性能的影响
(a)抗张强度,(b)断裂伸长率
1-种子阶段,2-核乳液阶段,3-壳乳液阶段

　　图 4-23 是 ZnO 纳米棒加入顺序对聚丙烯酸酯基 ZnO 纳米棒复合薄膜耐水性能的影响。从图 4-23 可以看出,在种子阶段引入 ZnO 纳米棒,复合薄膜的吸水率为75%;在核乳液阶段引入 ZnO 纳米棒,复合薄膜的吸水率增加至 78%;而在壳乳液阶段引入 ZnO,复合薄膜的吸水率进一步增加至 88%。这主要是因为在种子阶段中引入 ZnO,其在乳液中可以稳定存在,结合薄膜的 SEM 照片也可以看出,大量的 ZnO

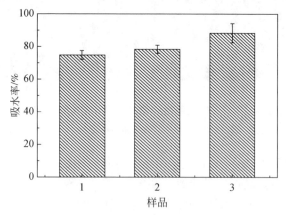

图 4-23　ZnO 纳米棒加入阶段对复合薄膜吸水率的影响
1-种子阶段,2-核乳液阶段,3-壳乳液阶段

分布在聚丙烯酸酯基体中,聚丙烯酸酯链段中的亲水基团与 ZnO 纳米粒子间形成氢键或共价键结合,从而降低水分子与聚丙烯酸酯间的亲和性,复合薄膜的耐水性提升;在核乳液和壳乳液阶段引入 ZnO,ZnO 不能稳定存在,对于聚丙烯酸酯基体中亲水基团的减少作用较小,因此复合薄膜吸水率较高,耐水性较差。

图 4-24 是 ZnO 纳米棒加入顺序对聚丙烯酸酯基 ZnO 纳米棒复合薄膜透水汽性能的影响。从图 4-24 可以看出,在种子阶段引入 ZnO 时复合薄膜的透水汽性能最优,在壳乳液阶段引入 ZnO 时复合薄膜的透水汽性能最差。这是因为在种子阶段引入 ZnO 纳米棒,复合薄膜中存在的纳米 ZnO 量最多,一方面,ZnO 纳米棒的量越多,其与聚丙烯酸酯间的界面孔隙越多,利于水汽分子的扩散;另一方面,复合薄膜中 ZnO 纳米棒的量越多,越易发生团聚,团聚的 ZnO 纳米粒子间也会产生大量的孔隙,有利于水汽分子的透过,因此复合薄膜的透水汽性能增加。

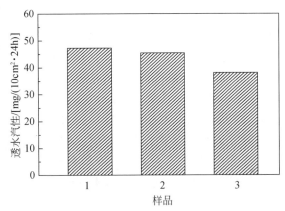

图 4-24　ZnO 纳米棒加入阶段对复合薄膜透水汽性能的影响
1-种子阶段,2-核乳液阶段,3-壳乳液阶段

2. 乳化剂种类对复合乳液微结构及薄膜性能的影响

由于前期实验中使用十二烷基硫酸钠(SDS)作为乳化剂,因此乳胶粒表面吸附有大量的 SO_4^{2-} 阴离子,而 ZnO 带正电荷,因此两者间的静电作用使 ZnO 包覆在乳胶粒周围,如图 4-25 所示。为了获得以 ZnO 为核、聚丙烯酸酯为壳的聚丙烯酸酯基 ZnO 纳米棒复合乳液,采用常见的非离子型乳化剂代替部分阴离子型乳化剂 SDS 制

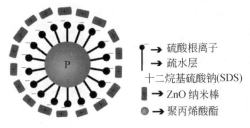

硫酸根离子
疏水层
十二烷基硫酸钠(SDS)
ZnO 纳米棒
聚丙烯酸酯

图 4-25　以 SDS 为乳化剂制备的聚丙烯酸酯基 ZnO 纳米棒复合乳胶粒示意

备复合乳液,以降低 ZnO 与乳胶粒表面的静电引力,使 ZnO 进入乳胶粒内部。

　　表4-9 为乳化剂种类对聚丙烯酸酯基 ZnO 纳米棒复合乳液及外观的影响,由表4-9 可知,乳化剂种类对聚丙烯酸酯基 ZnO 纳米棒复合乳液的外观有显著影响,采用 SDS 与 Span-80 复配所制备的复合乳液呈半透明且蓝光明显,乳液具有良好的稳定性。

表4-9　乳化剂种类对聚丙烯酸酯基 ZnO 纳米棒复合乳液及外观的影响

乳化剂种类	复合乳液的外观	凝胶率/%
SDS	半透明且泛蓝光	0
SDS/TMN-10	乳白色,无蓝光	0
SDS/Tween-80	乳白色,无蓝光	0
SDS/Span-80	半透明且泛蓝光	0

　　图4-26 为采用不同乳化剂制备的聚丙烯酸酯基 ZnO 纳米棒复合乳液的 TEM 照片。由图4-26(a)可知,使用单一的阴离子乳化剂 SDS,复合乳液的平均粒径约为 100 nm,ZnO 纳米棒均匀包覆在乳胶粒周围,乳液稳定性良好;从图4-26(b)和图4-26(c)可以看出,使用阴离子乳化剂 SDS 分别与非离子乳化剂 TMN-10 和 Tween-80 复配,复合乳液的乳胶粒粒径均有所增加,但 ZnO 纳米棒仍主要位于乳胶粒外围,乳胶粒内部包裹的 ZnO 纳米棒相对较少;图4-26(d)中使用非离子乳化剂 Span-80 与阴离子乳化剂 SDS 复配,复合乳液的乳胶粒粒径约为 250 nm,并且有部分纳米 ZnO 位于乳胶粒内部。分析其原因,主要是 ZnO 的等电点为 8.9,乳液合成体系的 pH 在酸性范围内,因此 ZnO 纳米粒子表面带正电荷。若乳液体系中仅含有阴离子型乳化剂 SDS,ZnO 纳米粒子表面的正电荷易与带负电荷的 SDS 产生静电作用,最终包覆在乳胶粒表面;当阴离子和非离子型乳化剂进行复配使用时,两类乳化剂分子均吸附于乳胶粒表面,阴离子乳化剂用量减少,使乳胶粒表面与 ZnO 的静电作用大大降低,因此,部分纳米 ZnO 被包裹在乳胶粒内部。

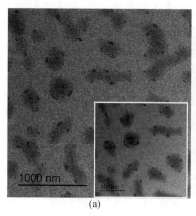 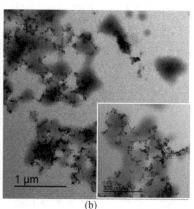

(a)　　　　　　　　　　　　　(b)

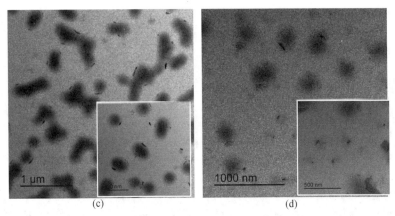

图 4-26　不同乳化剂复配制备的聚丙烯酸酯基 ZnO 纳米棒复合乳液的
TEM 照片(插图为对应的复合乳液的高倍 TEM 照片)
(a) SDS,(b) SDS/TMN-10,(c) SDS/Tween-80,(d) SDS/Span-80

图 4-27 为采用不同乳化剂制备的聚丙烯酸酯基 ZnO 纳米棒复合乳胶膜的 SEM 照片。从图 4-27(a)、(c)、(e)、(g)可以看出,ZnO 纳米棒在聚丙烯酸酯薄膜中的分布无太大差异。对比复合薄膜对应的放大图 4-27(b)、(d)、(f)、(h)可以看出,使用 SDS 和 Span-80 复配制备的复合薄膜中 ZnO 纳米棒的分散性较好;单独使用 SDS 和使用 SDS 与 TMN-10 复配制备的复合薄膜中 ZnO 纳米棒聚集行为相对严重,并且聚

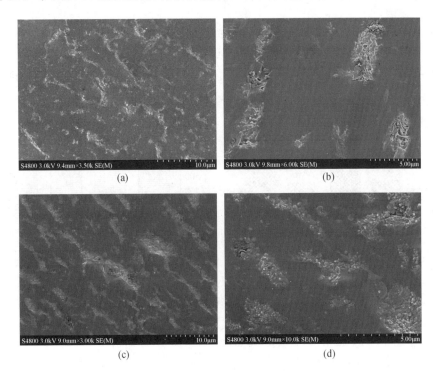

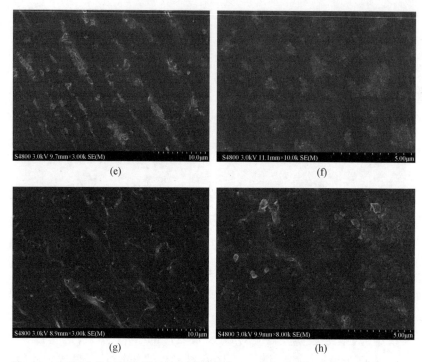

图 4-27　不同乳化剂复配制备的聚丙烯酸酯基 ZnO 纳米棒复合薄膜的 SEM 照片

（a）、（b）SDS,（c）、（d）SDS/TMN-10,（e）、（f）SDS/Tween-80,（g）、（h）SDS/Span-80

集的纳米粒子间出现许多明显的空隙。比较在聚丙烯酸酯乳液和薄膜中 ZnO 纳米棒的形貌变化,可以看出成膜过程未对 ZnO 纳米棒形貌造成大的影响。

　　图 4-28 为乳化剂复配种类对聚丙烯酸酯基 ZnO 纳米棒复合薄膜力学性能的影

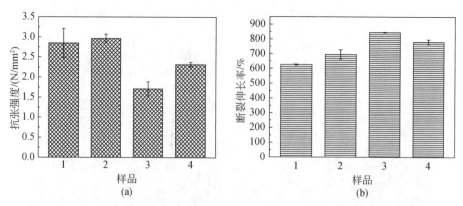

图 4-28　乳化剂复配种类对聚丙烯酸酯基 ZnO 纳米棒复合薄膜力学性能的影响

（a）抗张强度,（b）断裂伸长率

1-SDS,2-SDS/TMN-10,3-SDS/Tween-80,4-SDS/Span-80

响。由图 4-28(a)、(b)可知,单独使用 SDS 和使用 SDS 与 TMN-10 复配制备的聚丙烯酸酯基 ZnO 纳米棒复合薄膜的抗张强度优于使用 SDS 与 Tween-80 和 Span-80 复配制备的复合薄膜,而断裂伸长率呈现相反的趋势。这主要是因为 ZnO 纳米粒子在聚丙烯酸酯基体中发挥了刚性作用,使复合薄膜的抗张强度提升,但是 ZnO 纳米粒子在薄膜中的聚集导致了复合薄膜断裂伸长率的降低。

图 4-29 是乳化剂复配种类对聚丙烯酸酯基 ZnO 纳米棒复合薄膜耐水性能的影响。由图 4-29 可知,阴离子乳化剂 SDS 和非离子乳化剂 Tween-80 复配制备的复合薄膜吸水率最低,也就是说其耐水性最好。对比这几种非离子表面活性剂的结构式(图 4-30)。可知其分子中含有的羟基数量 Tween-80>Span-80>TMN-10,所以加入Tween-80 后,体系中的羟基数可增多,羟基与聚丙烯酸酯分子链中的羟基和酯基可形成氢键,减少了亲水基团的暴露,从而使得复合薄膜的耐水性提升。

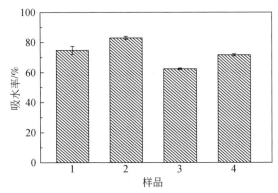

图 4-29 乳化剂复配种类对聚丙烯酸酯基 ZnO 纳米棒复合薄膜吸水率的影响
1-SDS,2-SDS/TMN-10,3-SDS/Tween-80,4-SDS/Span-80

图 4-31 是乳化剂复配种类对聚丙烯酸酯基 ZnO 纳米棒复合薄膜透水汽性能的影响。从图 4-31 可以看出,使用 SDS 与 TMN-10 复配制备的聚丙烯酸酯基 ZnO 纳米棒复合薄膜的透水汽性能较好,结合复合薄膜的 SEM 照片可知,SDS 与 TMN-10 复配制备的复合薄膜中纳米 ZnO 分布不均匀,聚集行为明显,聚集的纳米粒子间产生的孔隙提高了聚丙烯酸酯薄膜的水汽分子透过率,从而使复合薄膜的透水汽性能提升。

从上述结果可知,阴离子表面活性剂 SDS 与非离子表面活性剂 Span-80 复配制备的复合乳液外观及稳定性均良好,ZnO 有进入乳胶粒内部的趋势,并且复合薄膜的整体性能较优,因此,后期通过调节乳化剂复配比例,使 ZnO 进入乳胶粒内部,考察乳化剂复配比例对复合乳液微结构及薄膜性能的影响。

3. 乳化剂复配比例对复合乳液微结构及薄膜性能的影响

表 4-10 为乳化剂复配比例对复合乳液聚合过程中单体转化率的影响。由表 4-10 可知,随着非离子型乳化剂用量的增加,聚丙烯酸酯基 ZnO 纳米棒复合乳液

TMN-10

Tween-80

Span-80

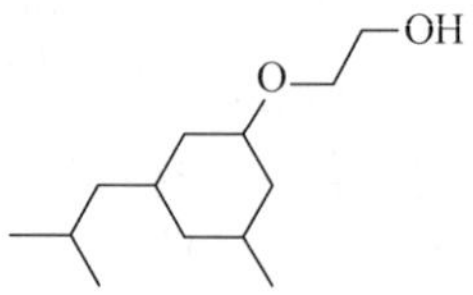

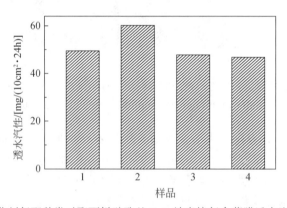

图 4-30　几种非离子乳化剂的分子结构式

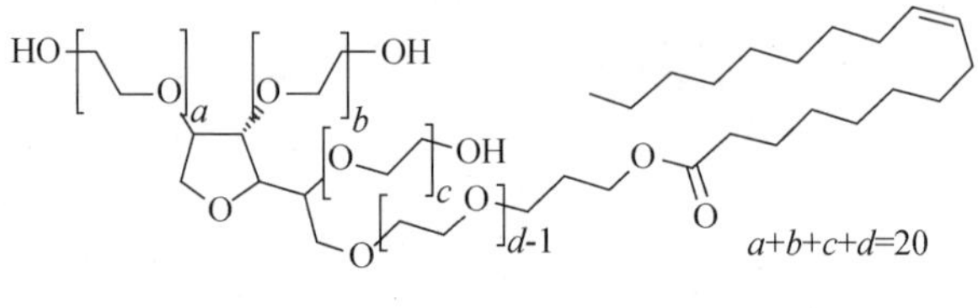

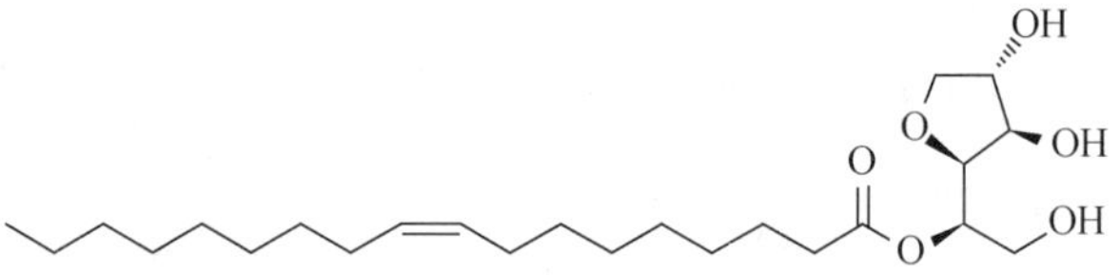

图 4-31　乳化剂复配种类对聚丙烯酸酯基 ZnO 纳米棒复合薄膜透水汽性能的影响

1-SDS，2-SDS/TMN-10，3-SDS/Tween-80，4-SDS/Span-80

表 4-10　阴/非离子表面活性剂比例对聚丙烯酸酯基 ZnO 纳米棒复合乳液转化率的影响

序号	阴离子/非离子 SDS/Span-80（*w*/*w*）	[ZnO]/(g/L)	转化率/%
1	1/0	5	95.94
2	2/1	5	93.21
3	1/1	5	93.87

序号	阴离子/非离子 SDS/Span-80 (w/w)	[ZnO] /(g/L)	转化率 /%
4	1/1.5	5	90.33
5	1/2	5	63.80

的单体转化率逐渐降低,当阴/非离子乳化剂的质量比为 1/2 时,乳液聚合过程中凝胶较多且容易分层。这是因为非离子型乳化剂增多,乳胶粒间的水合作用增强,静电作用力减弱,靠水化层阻止乳胶粒间的团聚占主导地位,乳胶粒间的稳定化作用减弱。

图 4-32 为 SDS 与 Span-80 不同复配比例下制备的聚丙烯酸酯基 ZnO 纳米棒复合乳液的 TEM 照片。从图 4-32 可以看出,随着 SDS/Span-80 复配比例的减小,聚丙烯酸酯基 ZnO 纳米棒复合乳胶粒的形貌有显著变化。当 SDS/Span-80>1 时,所有的 ZnO 纳米棒都包覆在聚丙烯酸酯乳胶粒外围,如图 4-32(a)、(b)所示。聚合过程中随着 SDS 用量的增加,硫酸根阴离子(SO_4^{2-})覆盖每个乳胶粒表面,并干扰 ZnO 表面的正电荷,使纳米 ZnO 和乳胶粒之间产生强的静电作用,ZnO 吸附于乳胶粒表面。实际上,Span-80 浓度的增加会导致乳胶粒表面电化学性能的变化,如图 4-33 所示,

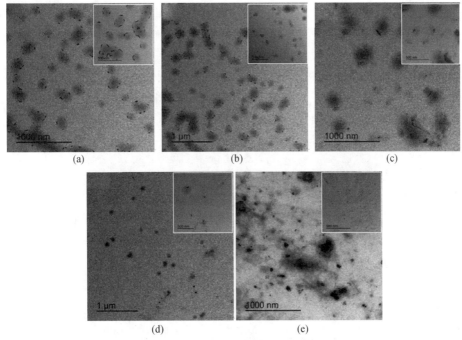

图 4-32　SDS/Span-80 不同复配比例制备的聚丙烯酸酯基 ZnO 纳米棒复合乳液的
TEM 照片(插图为对应的复合乳液的高倍 TEM 照片)
(a) 1:0,(b) 2:1,(c) 1:1,(d) 1:1.5,(e) 1:2

随着非离子表面活性剂用量的增加,复合乳液的 Zeta 电位逐渐升高,乳胶粒表面的负电荷减少。

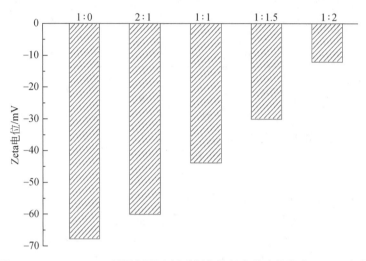

图 4-33　SDS/Span-80 不同复配比例下制备的复合乳胶粒的表面 Zeta 电位

对比图 4-32(c)、(d)、(e)可知,当 SDS/Span-80=1∶1 时,ZnO 纳米棒开始进入聚丙烯酸酯乳胶粒内部。这主要归因于两方面原因,其一,随着非离子表面活性剂比例的增加,阴离子表面活性剂比例的减少,乳胶粒表面由阴离子表面活性剂所产生的负电荷逐渐减少,纳米 ZnO 受到的静电作用力下降;其二,ZnO 纳米棒的"亲水"性质,使得 Span-80 分子中的亲水链端更易吸附于 ZnO 纳米棒表面,疏水链端则悬垂在油相中,在乳化时,悬垂的疏水部分可以增强纳米粒子的疏水性,使其与油滴(单体聚合物)的相容性增加。随之,聚合物链段在 ZnO 纳米棒表面逐渐增长,使得无机纳米粒子被包裹在乳胶粒内部。图 4-34 为使用 SDS 与 Span-80 复配制备聚丙烯

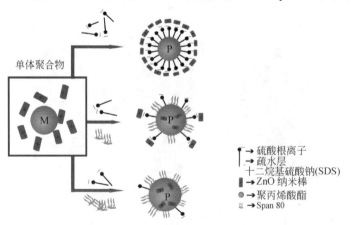

图 4-34　SDS 与 Span-80 复配调控聚丙烯酸酯基 ZnO 纳米棒复合乳胶粒的结构示意

酸酯基 ZnO 纳米棒复合乳液的示意图。这里需要强调的是,当 SDS/Span-80 = 1 : 2 时,虽然多数纳米 ZnO 位于乳胶粒内部,但此时的复合乳液不稳定,纳米 ZnO 的聚集行为比较严重。

图 4-35 为 SDS/Span-80 不同复配比例下制备的聚丙烯酸酯基 ZnO 纳米棒复合乳胶膜的 SEM 照片。薄膜中的白色斑点为 ZnO 纳米粒子,随着 SDS/Span-80 复配比例的减小,ZnO 纳米棒在聚丙烯酸酯基体中的分散性提高,当 SDS/Span-80 = 1 : 1. 5

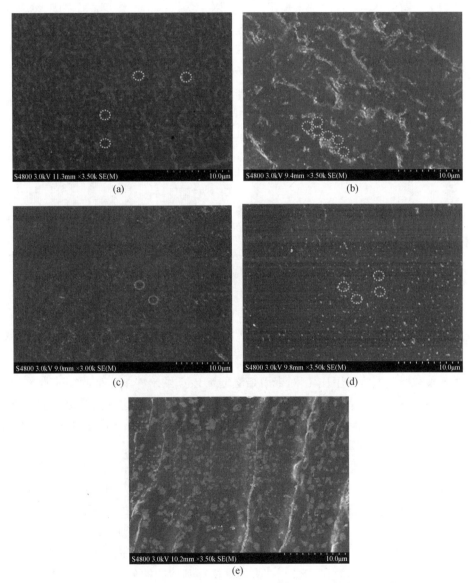

图 4-35　SDS/Span-80 不同复配比例下制备的聚丙烯酸酯基 ZnO 纳米棒复合薄膜的 SEM 照片
(a) 1 : 0,(b) 2 : 1,(c) 1 : 1,(d) 1 : 1.5,(e) 1 : 2

时,所有的 ZnO 纳米粒子均匀分布在薄膜中。然而,当 SDS/Span-80＝1：2 时,乳液的转化率较低,不稳定的复合乳液导致 ZnO 纳米粒子的分布不均,图 4-35(e)显示大量的 ZnO 纳米粒子在薄膜中无规则地聚集。

图 4-36 为乳化剂复配比例对聚丙烯酸酯基 ZnO 纳米棒复合薄膜力学性能的影响。由图 4-36(a)可知,随着 SDS/Span-80 中 Span-80 所占比例的增加,聚丙烯酸酯基 ZnO 纳米棒复合薄膜的抗张强度逐渐下降,当 SDS/Span-80＝1：2 时,由于体系中产生大量凝胶,伴有 ZnO 纳米粒子的大范围聚集,复合薄膜的抗张强度大幅度下降。然而随着 SDS/Span-80 中 Span-80 所占比例的增加,复合薄膜的断裂伸长率逐渐增加,其结果如图 4-36(b)所示,当 SDS/Span-80＝1：1.5 时,复合薄膜的断裂伸长率最佳,这可能归因于 ZnO 纳米粒子被封装在乳胶粒内部,成膜后纳米 ZnO 在复合薄膜中具有良好分散性,因此复合薄膜的断裂伸长率提升。

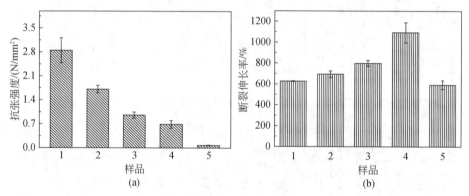

图 4-36　SDS/Span-80 复配比例对聚丙烯酸酯基 ZnO 纳米棒复合薄膜力学性能的影响
(a)抗张强度,(b)断裂伸长率
1-1：0,2-2：1,3-1：1,4-1：1.5,5-1：2

图 4-37 为乳化剂复配比例对聚丙烯酸酯基 ZnO 纳米棒复合薄膜耐水性能的影响。当 SDS/Span-80 为 1：1.5 时,复合薄膜的吸水率最小,这可能是由于在该复配比例下制备的复合乳液中,有较多的 ZnO 纳米棒位于乳胶粒内部,在乳液成膜后纳米 ZnO 均匀地分布在薄膜中,其表面带有的羟基(—OH)与聚丙烯酸酯链间的亲水基相结合,大幅度减少了复合薄膜中亲水基团的暴露,从而使薄膜的耐水性最强。因此,纳米 ZnO 的均匀分散被认为在增强复合薄膜的耐水性方面起到关键性作用。

图 4-38 是乳化剂复配比例对聚丙烯酸酯基 ZnO 纳米棒复合薄膜透水汽性能的影响。如图 4-38 所示,随着表面活性剂中 Span-80 含量的增加,复合薄膜的水蒸气透过率从 48 mg/(10 cm² · 24 h)降低到 35 mg/(10 cm² · 24 h),这主要是因为随着 Span-80 含量的增加,ZnO 纳米粒子在聚丙烯酸酯基体中的分散性逐渐提升,即纳米粒子间的团聚现象明显减少,从而使得复合薄膜中的孔隙率降低,用于水汽扩散的路径减少,复合薄膜的透水汽性能降低,如图 4-39(b)所示。为了更好地解释在

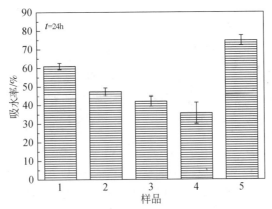

图 4-37　SDS/Span-80 复配比例对复合薄膜吸水率的影响

1-1：0,2-2：1,3-1：1,4-1：1.5,5-1：2

SDS/Span-80＝1：2 条件下,复合薄膜水蒸气透过率显著增加的原因,采用高倍 SEM 观察了复合薄膜的断面,见图 4-38 中插图,可以看出嵌入在聚丙烯酸酯基体中的纳米粒子大面积聚集,表明纳米 ZnO 的聚集更利于水蒸气的透过,这也是薄膜透水汽性能显著提升的关键所在。

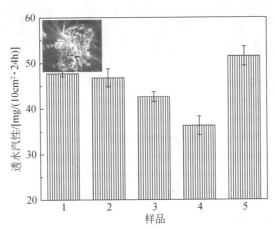

图 4-38　SDS/Span-80 复配比例对复合薄膜透水汽性能的影响

1-1：0,2-2：1,3-1：1,4-1：1.5,5-1：2

为了使更多的 ZnO 纳米棒进入乳胶粒内部,采用疏水性物质对 ZnO 纳米棒表面进行修饰,利用十八烷酸羧基的负电性与 ZnO 纳米粒子表面的正电荷连接,使十八烷酸中疏水性的烷基长链裸露在 ZnO 表面,从而对纳米 ZnO 达到疏水改性的目的。

4. ZnO 纳米棒改性对复合乳液微结构及薄膜性能的影响

图 4-40 为聚丙烯酸酯乳液、聚丙烯酸酯基 ZnO 纳米棒复合乳液和使用十八烷

图 4-39　聚丙烯酸酯基 ZnO 纳米棒复合薄膜透水汽示意图

(a) SDS/Span-80 = 1 : 0, (b) SDS/Span-80 = 1 : 1.5

酸改性 ZnO 纳米棒后制备的聚丙烯酸酯基 ZnO 纳米棒复合乳液的 TEM 照片。

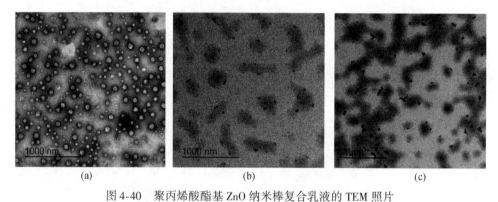

图 4-40　聚丙烯酸酯基 ZnO 纳米棒复合乳液的 TEM 照片

(a) 聚丙烯酸酯乳液, (b)、(c) 聚丙烯酸酯基 ZnO 纳米棒(分别为未使用十八烷酸和使用十八烷酸改性)复合乳液

　　从图 4-40(a) 可以看出,纯聚丙烯酸酯乳胶粒为白色,平均粒径为 200 nm,粒径分布比较均匀;图 4-40(b) 中灰色的球状部分为聚丙烯酸酯乳胶粒,黑色的斑点为 ZnO 纳米棒,可以看到 ZnO 纳米棒分布在乳胶粒周围;对比图 4-40(b) 和(c) 可以看出,使用十八烷酸改性 ZnO 纳米棒后,部分纳米 ZnO 进入乳胶粒的内部,乳胶粒颜色变深,但是仍有部分 ZnO 位于乳胶粒外部。由于在制备复合乳液前,增加了对 ZnO 纳米棒的改性,因此 ZnO 纳米棒受到了更多的机械作用,其形貌变得更加不规则,粒径更小。

　　图 4-41 为聚丙烯酸酯薄膜、聚丙烯酸酯基 ZnO 纳米棒复合薄膜和使用十八烷酸改性 ZnO 纳米棒后制备的聚丙烯酸酯基 ZnO 纳米棒复合薄膜截面的 SEM 照片。从图 4-41(a) 可以看出,纯的聚丙烯酸酯薄膜断面比较光滑,而图 4-41(c) 中直接引入未改性的 ZnO 纳米棒,其在复合薄膜中呈现连续性分布,局部聚集态比较严重,细节如复合薄膜的放大图 4-41(d) 所示。从图 4-41(e) 可以看出,使用十八烷酸改性 ZnO 纳米棒后制备的聚丙烯酸酯基 ZnO 纳米棒复合薄膜,ZnO 纳米粒子在薄膜中呈

现独立分布状态,仅有部分是连续分布。

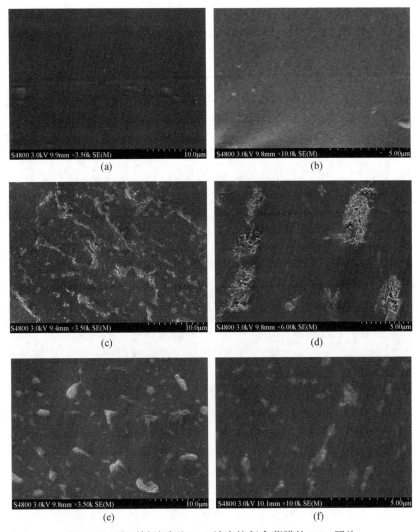

(a)　　　　　　　　　　　(b)

(c)　　　　　　　　　　　(d)

(e)　　　　　　　　　　　(f)

图 4-41　聚丙烯酸酯基 ZnO 纳米棒复合薄膜的 SEM 照片

(a)、(b) 聚丙烯酸酯薄膜,(c)、(d) 聚丙烯酸酯基 ZnO 纳米棒复合薄膜(ZnO 纳米棒未使用十八烷酸改性),
(e)、(f) 聚丙烯酸酯基 ZnO 纳米棒复合薄膜(ZnO 纳米棒使用十八烷酸改性)

图 4-42 是聚丙烯酸酯基 ZnO 纳米棒复合薄膜的力学性能。结合聚丙烯酸酯基 ZnO 纳米棒复合乳液的 TEM 表征,从图 4-42(a)可知,使用未改性 ZnO 纳米棒制备的复合乳液,ZnO 纳米棒位于乳胶粒外部,复合薄膜的抗张强度最佳,这与前面提到的纳米 ZnO 在复合薄膜中形成网状刚性骨架的完整度相关。从图 4-42(b)可以看出,使用十八烷酸改性 ZnO 纳米棒后制备的复合薄膜,ZnO 纳米棒在乳胶粒内外均存在,该复合薄膜的断裂伸长率最优。

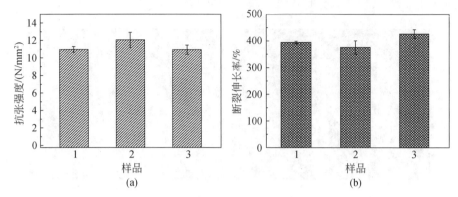

图 4-42　聚丙烯酸酯基 ZnO 纳米棒复合薄膜的力学性能

(a)抗张强度,(b)断裂伸长率

1-聚丙烯酸酯薄膜,2～3-聚丙烯酸酯基 ZnO 纳米棒复合薄膜(分别为 ZnO 纳米棒
未使用十八烷酸和使用十八烷酸改性)

　　图 4-43 是聚丙烯酸酯基 ZnO 纳米棒复合薄膜的耐水性能。由图 4-43 可知,
ZnO 纳米棒的引入对聚丙烯酸酯薄膜的耐水性均有不同程度的提升,而使用十八烷
酸改性 ZnO 纳米棒制备的聚丙烯酸酯基 ZnO 纳米棒复合薄膜的耐水性最佳,一方
面是因为随着复合乳液中水分的挥发,乳胶粒将会脱水交联形成薄膜,在这个过程
中,虽然 ZnO 纳米粒子仍会团聚,但是纳米 ZnO 在乳胶粒内外均有分布,也就阻止
了 ZnO 纳米粒子的大范围团聚,使纳米 ZnO 的分布相对比较均匀,从而降低了复合
薄膜的吸水率;另一方面是因为使用十八烷酸改性 ZnO 纳米棒,疏水链的引入使复
合薄膜的耐水性提升。

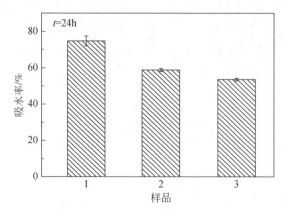

图 4-43　聚丙烯酸酯基 ZnO 纳米棒复合薄膜的吸水率

1-聚丙烯酸酯薄膜,2～3-聚丙烯酸酯基 ZnO 纳米棒复合薄膜(分别为 ZnO 纳米棒
未使用和使用十八烷酸改性)

　　图 4-44 是使用十八烷酸改性 ZnO 纳米棒后聚丙烯酸酯基 ZnO 纳米棒复合薄膜

的透水汽性能。由图 4-44 可知,ZnO 纳米棒的引入均会使聚丙烯酸酯薄膜的透水汽性能有不同程度的提升,而使用未改性的 ZnO 纳米棒制备的聚丙烯酸酯基 ZnO 纳米棒复合薄膜的透水汽性能最佳,结合该复合薄膜断面的 SEM 照片,这可能与 ZnO 纳米粒子的团聚有密切联系,团聚的纳米粒子可以为水蒸气的透过提供更多路径,从而有利于复合薄膜透水汽性能的提升。

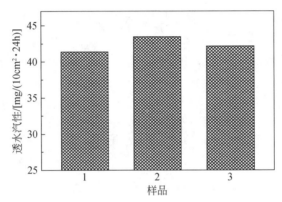

图 4-44　聚丙烯酸酯基 ZnO 纳米棒复合薄膜的透水汽性能

1-聚丙烯酸酯薄膜,2~3-聚丙烯酸酯基 ZnO 纳米棒复合薄膜(分别为 ZnO 纳米棒
未使用十八烷酸和使用十八烷酸改性)

5. 反应型乳化剂对复合乳液微结构及薄膜性能的影响

由上述结果可知,使用疏水化改性的方法对 ZnO 纳米棒进行修饰,再将疏水的 ZnO 纳米棒引入聚丙烯酸酯乳液中,制备以 ZnO 纳米棒为核、聚丙烯酸酯为壳的复合乳液,这种方法不仅繁琐,而且未达到预期目标,仍有部分 ZnO 位于乳胶粒外部,因此,尝试采用反应型乳化剂 DNS-86 代替 SDS/Span-80 作为乳化剂,并改变种子乳液制备工艺制备核壳状聚丙烯酸酯基 ZnO 纳米棒复合乳液,DNS-86 的化学结构式如图 4-45 所示。

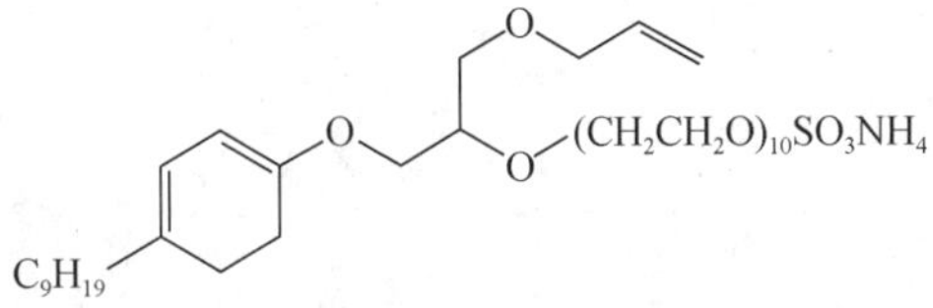

图 4-45　DNS-86 的结构式

图 4-46 为使用 DNS-86 制备聚丙烯酸酯基 ZnO 纳米棒复合乳液的 TEM 照片。由图 4-46(a)可知,纯聚丙烯酸酯乳液的乳胶粒粒径约为 300 nm。将 ZnO 纳米棒引入聚丙烯酸酯乳液中,由图 4-46(b)可知,纳米 ZnO 全部进入乳胶粒内部,这可能是由于 ZnO 纳米棒和 DNS-86 经过超声分散于水中,部分 DNS-86 吸附于 ZnO 纳米棒

表面,提高了其疏水性,而另一部分 DNS-86 快速吸附在油水界面。当继续加入单体并进行超声分散,被改性的纳米 ZnO 迅速在单体中形成分散相。随后,在引发剂的作用下,DNS-86 通过自身的双键与单体发生共聚反应,从而吸附于乳胶粒表面,而 ZnO 纳米棒则被聚合物包裹于乳胶粒内部。由图 4-46(c)可知,当将 DNS-86 和 ZnO 纳米棒加入单体中直接进行乳液聚合时,有部分的 ZnO 纳米棒仍位于乳胶粒外部。

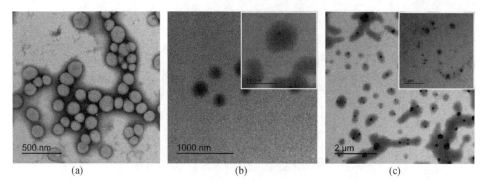

(a)　　　　　　　　　　(b)　　　　　　　　　　(c)

图 4-46　使用 DNS-86 制备的聚丙烯酸酯基 ZnO 纳米棒复合乳液的 TEM 照片
(插图为对应的复合乳液的高倍 TEM 照片)
(a)聚丙烯酸酯乳液,(b)、(c)采用不同工艺制备的聚丙烯酸酯基 ZnO 纳米棒复合乳液

图 4-47 为采用反应型乳化剂制备的聚丙烯酸酯基 ZnO 纳米棒复合薄膜的 SEM 照片。从图 4-47 可以看出,聚丙烯酸酯薄膜的断面比较光滑,而引入 ZnO 纳米棒后复合薄膜的断面都比较粗糙。当 ZnO 纳米棒进入乳胶粒内部,如图 4-47(b)所示,纳米 ZnO 在聚丙烯酸酯基体中均匀分布,无明显的团聚现象,并且与聚丙烯酸酯间有较好的相容性,未出现明显的界面。当纳米 ZnO 在乳胶粒内外均有分布时,如图 4-47(c)所示,ZnO 纳米棒在聚丙烯酸酯基体中整体分布均匀,但是局部有团聚并呈连续状分布。

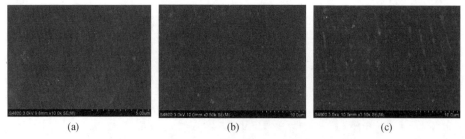

(a)　　　　　　　　　　(b)　　　　　　　　　　(c)

图 4-47　使用 DNS-86 制备聚丙烯酸酯基 ZnO 纳米棒复合薄膜的 SEM 照片
(a)聚丙烯酸酯薄膜,(b)、(c)采用不同工艺制备的聚丙烯酸酯基 ZnO 纳米棒复合薄膜

图 4-48 为采用反应型乳化剂制备的聚丙烯酸酯基 ZnO 纳米棒复合薄膜的力学性能结果。由图 4-48 可知,当 ZnO 纳米棒同时分布于乳胶粒内外时,复合薄膜的抗

张强度提升较大,主要是因为纳米 ZnO 在薄膜中的连续分布,起到了刚性骨架作用,可以使复合薄膜更好地抵抗外界作用力,使复合薄膜的抗张强度得到提升;而当 ZnO 纳米棒完全位于乳胶粒内部时,复合薄膜的断裂伸长率提升较大,这与纳米粒子的均匀分布相关,纳米 ZnO 分布越均匀,受到外力拉伸时,纳米 ZnO 的纳米效应对薄膜的力学性能起到积极作用,使复合薄膜的断裂伸长率得到提升。

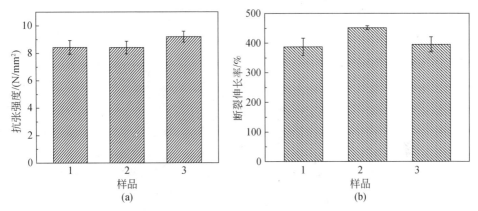

图 4-48　采用反应型乳化剂制备的聚丙烯酸酯基 ZnO 纳米棒复合薄膜的力学性能
(a)抗张强度,(b) 断裂伸长率
1-聚丙烯酸酯薄膜,2~3-采用不同工艺制备的聚丙烯酸酯基 ZnO 纳米棒复合薄膜

图 4-49 为反应型乳化剂对聚丙烯酸酯基 ZnO 纳米棒复合薄膜耐水性的影响。结合聚丙烯酸酯基 ZnO 纳米棒复合乳液的 TEM 照片和复合薄膜的 SEM 照片可知,当 ZnO 纳米棒完全位于乳胶粒内部时,复合薄膜的吸水率较小,耐水性增强。这是因为 ZnO 纳米棒在复合薄膜中分布越均匀,其与聚合物链之间的结合点就越多,暴露的亲水基团数量就越少,水分子进入聚丙烯酸酯基体内部就越困难,因此复合薄

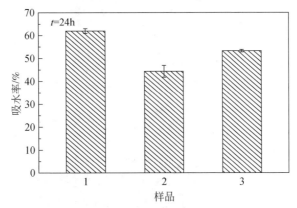

图 4-49　采用反应型乳化剂制备的聚丙烯酸酯基 ZnO 纳米棒复合薄膜的吸水率
1-聚丙烯酸酯薄膜,2~3-聚丙烯酸酯基 ZnO 纳米棒复合薄膜

膜的耐水性增强。

图 4-50 为采用反应型乳化剂制备的聚丙烯酸酯基 ZnO 纳米棒复合薄膜的透水汽性能。由图 4-50 可知,当 ZnO 纳米棒在乳胶粒内外均有分布时,复合薄膜的透水汽性能较优,可能是因为成膜后 ZnO 纳米粒子在聚丙烯酸酯基体中的分布有所聚集,为水汽分子从复合薄膜中透过提供了有利条件,使得复合薄膜的透水汽性能有所提升。

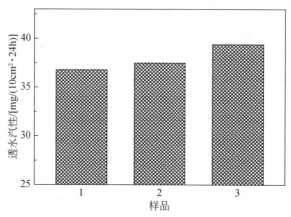

图 4-50　采用反应型乳化剂制备的聚丙烯酸酯基 ZnO 纳米棒复合薄膜的透水汽性能
1-聚丙烯酸酯薄膜,2~3-聚丙烯酸酯基 ZnO 纳米棒复合薄膜

4.3.3.3　成膜机制及抗菌机理探讨

根据上述研究结果可知,聚丙烯酸酯基 ZnO 纳米棒复合乳液的成膜过程如图 4-51 所示。在乳液成膜过程中,随着水分的挥发,复合乳胶粒之间开始发生聚集。当

图 4-51　聚丙烯酸酯基 ZnO 纳米棒复合乳液成膜过程示意

ZnO 纳米棒位于乳胶粒外部时,如图 4-51(a)所示,乳胶粒表面的 ZnO 纳米棒可以有效阻止聚合物乳胶粒间的融合,保留了原始的复合乳胶粒结构,ZnO 纳米棒在复合薄膜中的整体形貌呈现出连续网状结构,但局部也存在许多 ZnO 的聚集体,这是由于网状结构 ZnO 纳米棒的存在相当于在聚丙烯酸酯基体中插入了刚性骨架,因此复合薄膜的抗张强度增加;同时,团聚的纳米 ZnO 在复合薄膜中为水蒸气的透过提供了更多的路径,从而使复合薄膜的透水汽性能也有所提升。当 ZnO 纳米棒位于乳胶粒内部时,如图 4-51(b)所示,ZnO 的分散性良好,成膜后纳米棒均匀分布在聚丙烯酸酯基体中,纳米 ZnO 与聚丙烯酸酯间的界面作用显著增强;同时,减少了亲水基团的暴露,因此复合薄膜的断裂伸长率和耐水性均有提升。

　　图 4-52 为聚丙烯酸酯基纳米 ZnO 复合乳液及薄膜的界面作用及分布机理。图 4-52(a)为 PA30 与纳米 ZnO 之间的相互作用。首先,带负电荷的 PA30 与带正电荷的纳米 ZnO 通过电荷作用相互吸引,PA30 分子包覆在 ZnO 表面;然后,PA30 表面的羧基与纳米 ZnO 发生离子键作用,该反应在一定程度上阻碍了纳米 ZnO 之间的相互聚并。由于 ZnO 表面的 PA30 分子具有静电稳定剂的作用;另外,PA30 分子本身与聚丙烯酸酯具有良好的相容性。因此,通过 PA30 的桥梁作用,PA30 改性 ZnO 可

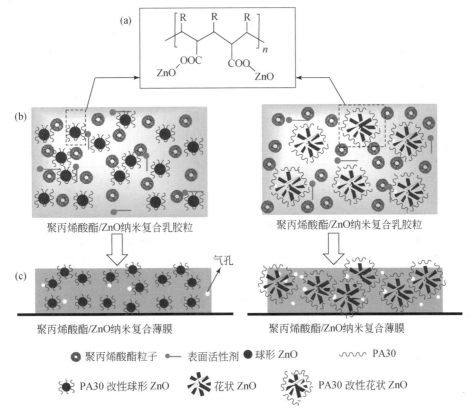

图 4-52　聚丙烯酸酯基纳米 ZnO 复合乳液及薄膜的界面作用及分布机理(见彩图)

均匀地分散在聚丙烯酸酯乳液中。此外,纳米复合乳液中表面活性剂 SDS 的存在也可在一定程度上提高无机纳米粒子在聚丙烯酸酯乳液中的分散稳定性。图 4-52(c)为聚丙烯酸酯基球形 ZnO 纳米复合薄膜和聚丙烯酸酯基花状 ZnO 纳米复合薄膜的结构示意图。随着水分的挥发,聚丙烯酸酯乳胶粒之间相互聚并、挤压,最终获得聚丙烯酸酯基纳米 ZnO 复合薄膜。由于球形 ZnO 尺寸较小,而花状 ZnO 尺寸较大,且其表面疏松多孔,因此,球形 ZnO 可较好地分散在聚丙烯酸酯基体中,而花状 ZnO 的存在可提高聚丙烯酸酯基体表面的孔隙数。

研究中有关纳米 ZnO 粉体、聚丙烯酸酯基纳米 ZnO 复合薄膜及其在皮革涂层中的抗菌性能测定结果表明,球形、花状 ZnO 对白色念珠菌的抗菌效果较好,且聚丙烯酸酯基球形 ZnO 纳米复合薄膜、聚丙烯酸酯基花状 ZnO 纳米复合薄膜对白色念珠菌的抗菌效果也较好,随着纳米 ZnO 用量的增加,复合薄膜的抗菌效果增强。

文献中报道过有关纳米 ZnO 的抗菌机理,但有关纳米 ZnO 抗菌作用的准确机理仍不明确。目前主要有:①体系中强氧化物质的影响;②锌离子的释放作用;③由于反应体系 pH 变化引起细胞膜的破坏。为了更加清楚地了解球形 ZnO、花状 ZnO 的抗菌机理,对处理前后白色念珠菌进行了 TEM 观察。

图 4-53 分别是未处理的白色念珠菌、聚丙烯酸酯基球形 ZnO 纳米复合薄膜和聚丙烯酸酯基花状 ZnO 纳米复合薄膜处理后的白色念珠菌的 TEM 照片。由图 4-53(a)和(d)可知,处理前白色念珠菌细胞为规则的椭圆形结构,细胞长度在 4 μm 左右,直径约为 1.8 μm。采用聚丙烯酸酯基球形 ZnO 纳米复合薄膜处理后白色念珠菌的 TEM 照片中出现了许多破损及变形的细胞[图 4-53(b)、(e)]。而采用聚丙烯酸酯基花状 ZnO 纳米复合薄膜处理后白色念珠菌的 TEM 照片中除破损及变形的细胞外,还出现了大量凋亡的细胞[图 4-53(c)、(f)]。但是,在聚丙烯酸酯基球形 ZnO 纳米复合薄膜、聚丙烯酸酯基花状 ZnO 纳米复合薄膜处理后白色念珠菌细胞中未见纳米 ZnO 粒子。

图 4-54 分别是未处理的白色念珠菌、聚丙烯酸酯基球形 ZnO 纳米复合薄膜和聚丙烯酸酯基花状 ZnO 纳米复合薄膜处理后白色念珠菌的 EDS 谱图。由图 4-54 可知,处理前后白色念珠菌的 EDS 谱图中均出现了 C、O、P、S、K、Na、Mg、Zn 等元素的特征峰。显而易见,C、O、P、S 均为微生物的主要成分。然而,K、Na 等元素的出现可能是由于实验过程中使用的缓冲液中含有磷酸氢二钠、磷酸二氢钾、氯化钠及氯化钾的缘故,而水中含有少量的 Mg^{2+}、Zn^{2+} 导致了 EDS 谱图中出现 Mg、Zn 两种元素的信号峰。

但是,由表 4-11 处理前后白色念珠菌的元素含量可知,聚丙烯酸酯基球形 ZnO 纳米复合薄膜处理后白色念珠菌中锌元素含量为 2.26%,远远高于聚丙烯酸酯基花状 ZnO 纳米复合薄膜处理后白色念珠菌(0.22%)以及未处理的白色念珠菌(0.21%)。表明聚丙烯酸酯基球形 ZnO 纳米复合薄膜中锌离子易于渗透到微生物细胞内部,导致其死亡。然而,正常白色念珠菌细胞内部钙离子含量较高(2.19%),

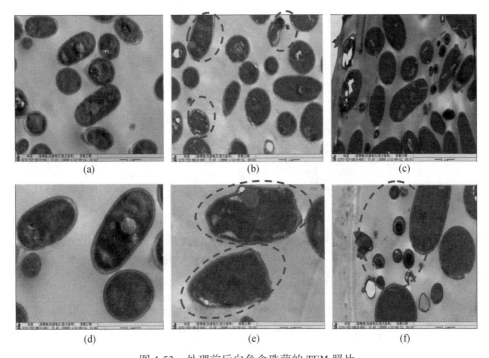

图 4-53 处理前后白色念珠菌的 TEM 照片

（a）、（d）未处理的白色念珠菌，（b）、（e）聚丙烯酸酯基球形 ZnO 纳米复合薄膜处理后的白色念珠菌，

（c）、（f）聚丙烯酸酯基花状 ZnO 纳米复合薄膜处理后的白色念珠菌

而破损及死亡的细胞中几乎未检测到钙离子，这可能是由于细胞渗透压平衡的破坏导致钙离子流失。

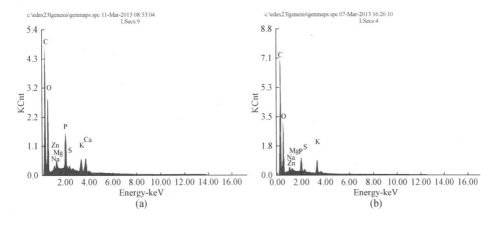

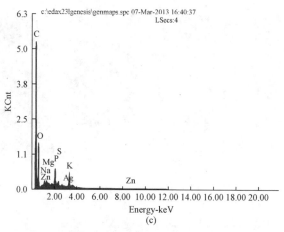

图 4-54　处理前后白色念珠菌的 EDS 谱图

(a)未处理过白色念珠菌,(b)聚丙烯酸酯基球形 ZnO 纳米复合薄膜处理后白色念珠菌,
(c)聚丙烯酸酯基花状 ZnO 纳米复合薄膜处理后白色念珠菌

表 4-11　处理前后白色念珠菌细胞中各元素含量

元素	质量分数/%		
	0	1	2
CK	50.04	55.37	61.28
OK	39.57	36.52	31.84
ZnL	**00.21**	**02.26**	**00.22**
MgK	01.22	00.62	00.67
PK	03.87	02.18	02.60
SK	00.44	00.55	00.64
NaK	00.68	01.10	01.20
KK	01.78	01.40	01.55
CaK	02.19	—	—

注:1-未处理过白色念珠菌;2-聚丙烯酸酯基球形 ZnO 纳米复合薄膜处理后白色念珠菌;3-聚丙烯酸酯基花状 ZnO 纳米复合薄膜处理后白色念珠菌。

　　基于上述测试结果,作者提出了如图 4-55 所示的有关聚丙烯酸酯基球形 ZnO 纳米复合薄膜、聚丙烯酸酯基花状 ZnO 纳米复合薄膜的抗菌机理。聚丙烯酸酯作为载体,本身没有抗菌作用,但是它可有效地防止 ZnO 纳米粒子之间的团聚,并增大纳米 ZnO 和微生物细胞的接触机会。球形 ZnO 尺寸较小,锌离子较容易从复合薄膜表面溶出,溶出的锌离子可通过电荷作用,聚集、吸附在微生物的细胞壁上,破坏细胞壁中的蛋白质,影响细胞内外的渗透压平衡。最终,破坏细胞结构。此外,锌离子可与细胞内部的 DNA、RNA 结合,阻碍微生物的繁殖。因此,锌离子的溶出、释放作用在聚丙烯酸酯基球形 ZnO 纳米复合薄膜的抗菌性能中起主导作用,且复合薄膜的抗菌性随着 ZnO 用量的增加而增强。

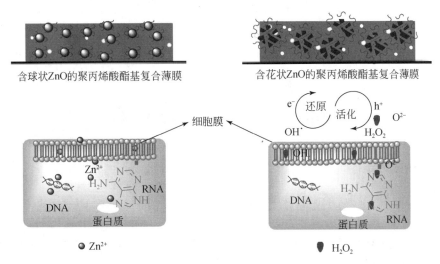

图 4-55　聚丙烯酸酯基球形 ZnO 纳米复合薄膜及聚丙烯酸酯基花状
ZnO 纳米复合薄膜的抗菌机理

聚丙烯酸酯基花状 ZnO 纳米复合薄膜良好的抗菌性能主要是由花状 ZnO 的光催化作用所致。在光照条件下,聚丙烯酸酯基花状 ZnO 纳米复合薄膜表面产生大量电子和空穴。空穴可与 ZnO 表面的—OH 反应,生成羟基自由基(OH·)、超氧负离子(O^{2-})以及双氧水(H_2O_2)。羟基自由基(OH·),超氧负离子(O^{2-})表面带负电,较难渗透到细胞膜表面,但是它可与微生物的外部接触,造成细胞壁、细胞膜的破损。H_2O_2可渗透到细胞内部,破坏细胞内部的蛋白质、磷酸、DNA 等,进而杀死细菌。

4.3.4　小结

采用单原位乳液聚合法成功地制备了聚丙烯酸酯基纳米 ZnO 复合乳液。纳米 ZnO 可均匀地分散在聚丙烯酸酯基体中;花状 ZnO 与聚合物基体的相互作用强于球形 ZnO;随着纳米 ZnO 的加入,复合薄膜的玻璃化转变温度提高,热熔变值降低。采用聚丙烯酸酯基球形 ZnO 纳米复合乳液、聚丙烯酸酯基花状 ZnO 纳米复合乳液涂饰后革样的抗菌效果较好;采用聚丙烯酸酯基花状 ZnO 纳米复合乳液涂饰后革样的透气性最好,较纯聚丙烯酸酯乳液涂饰后革样提高了232.65%。聚丙烯酸酯基球形 ZnO 纳米复合薄膜的抗菌作用由锌离子的溶出作用和 ZnO 的光催化作用共同所致,而聚丙烯酸酯基花状 ZnO 纳米复合薄膜的抗菌作用则以花状 ZnO 的光催化作用为主。

采用单原位乳液聚合法制备聚丙烯酸酯基 ZnO 纳米棒复合乳液时,当 SDS/Span-80 为 2/0 时,ZnO 纳米棒位于乳胶粒外部;当 SDS/Span-80 为 1∶1.5 时,或采用十八烷酸对 ZnO 纳米棒进行改性,ZnO 在乳胶粒内外均有分布;采用 DNS-86 反应型乳化剂进行聚合,并调整种子乳液制备工艺,ZnO 纳米棒全部进入乳胶粒内部。当 ZnO 纳米棒位于乳胶粒外部时,成膜后 ZnO 在薄膜中呈聚集态分布,复合薄膜的抗张强度和透水汽性能优异,断裂伸长率和耐水性不佳;当 ZnO 纳米棒位于乳胶粒内部时,涂膜 ZnO 在薄膜中分布均匀,复合薄膜的断裂伸长率和耐水性显著提升,抗张强度和透水汽性能不佳。

4.4　单原位乳液聚合法制备酪素皮革涂饰材料

4.4.1　合成思路

为改善己内酰胺/聚丙烯酸酯共改性酪素皮革涂饰材料存在的涂层卫生性能及机械性能不足等问题,并赋予涂层抗菌性等功能,同时消除小分子乳化剂对乳液性能的影响,作者在无皂乳液聚合体系中,采用单原位法,即聚丙烯酸酯原位生成,同时分别引入市售纳米 SiO_2 粉体与纳米 ZnO 粉体,制备综合性能优异的酪素基 SiO_2 纳米复合皮革涂饰材料与酪素基 ZnO 纳米复合皮革涂饰材料。主要研究了纳米 SiO_2/纳米 ZnO 种类、用量等因素对乳液性能、涂膜性能及应用性能的影响规律,并探讨了乳胶粒形成机理及成膜机理。

4.4.2　合成方法

1. 酪素基纳米 SiO_2 复合乳液

在装有搅拌器和冷凝装置的 250 mL 三口烧瓶加入酪素、三乙醇胺和去离子水,升温至 65℃,搅拌 2 h 后,升温至 75℃,然后向体系中滴加质量分数为 25% 的己内酰胺水溶液。待反应 2 h 后,加入市售纳米 SiO_2 粉体高速搅拌 30 min,将乳液倒入烧杯中在超声波作用下分散一定时间后再转移至三口烧瓶中继续搅拌 30 min。将称好的丙烯酸酯类单体倒入体系,搅拌 30 min 后滴加 APS 引发剂水溶液,待滴加完毕后,保温反应一定时间,停止反应后室温冷却,出料,即获得单原位法制备的酪素基纳米 SiO_2 复合乳液。考察纳米 SiO_2 种类和用量对复合乳液性能的影响。

2. 酪素基纳米 ZnO 复合乳液

在装有恒速数显控制器、控温仪、回流冷凝管和恒压滴液漏斗的 250mL 三口烧瓶中按照一定的比例加入干酪素、三乙醇胺以及去离子水,于 65℃水浴中溶解酪素,恒温反应 2 h。待酪素完全溶解后,将体系温度升温至 75℃,开始逐滴滴加一定质量分数的己内酰胺水溶液,反应 1 h 后,加入市售纳米 ZnO 粉末,恒温反应 2 h 后,降至室温,冷却出料。考察纳米 ZnO 用量和引入方式对复合乳液性能的影响。

4.4.3　结构与性能

4.4.3.1　酪素基纳米 SiO_2 复合乳液

1. 纳米 SiO_2 种类对复合材料性能的影响

为了考察纳米 SiO_2 种类对复合乳液耐水性的影响,测试了不同种类纳米 SiO_2 引入后复合乳胶膜的吸水率,结果见图 4-56。可知 SiO_2 粉体种类对乳液耐水性影响较大。这主要是由于不同种类的纳米 SiO_2 粉体表面含有的活性基团不同,因而其与聚合物基体发生作用的活性点不同,在这种情况下,纳米 SiO_2 在复合体系中与聚合物作用的方式也不尽相同。当采用 RNS-D 时,酪素基复合薄膜吸水率最小,说明其耐水性最强。这和该纳米粉体表面活性基团有直接关系。对于 RNS-D 来说,其表面含有的活性基团为双键,在引发剂作用下,其较容易产生自由基,并与丙烯酸酯或酪素链段上的活性自由基发生自由基聚合反应,从而参与改性酪素的反应。在这种情况下,会生成以纳米粒子为交联点的网状结构的复合薄膜,致密的网状结构阻止了水分子向薄膜内部渗透的过程,进而提高了薄膜的耐水性。另外,采用 RNS-H 及 RNS-Am 时所得乳液的耐水性仅次于采用 RNS-D 的复合乳液,这和 RNS-H 及 RNS-Am 与聚合物基体之间产生一定氢键作用有关。对于 RNS-H、RNS-Am 来说,其表面分别含有氢键及酰胺键,参与自由基共聚反应的可能性较小,但是可以与聚合物之间发生一定的键合作用,如氢键作用,从而提高有机相与无机相的结合牢度,进而提高复合乳液的相容性,然而,与 RNS-D 相比,以上两种粒子与聚合物的作用力明显减弱。有机相与无机相作用力越强,所形成的复合薄膜越稳定,致密性越强,从而阻碍了水分子的渗透与穿过。

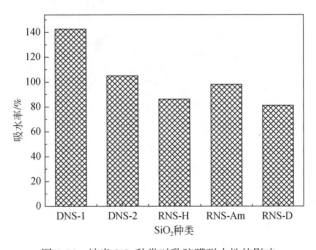

图 4-56　纳米 SiO_2 种类对乳胶膜耐水性的影响

为了进一步分析纳米 SiO₂ 种类对乳胶膜力学性能的影响,对不同种类纳米 SiO₂ 引入后所得复合乳胶膜进行了断裂伸长率及抗张强度的测试,结果见图 4-57。可知 SiO₂ 种类对乳胶膜力学性能影响较为明显。对比发现,当将 RNS-D 引入体系进行原位无皂乳液聚合时,涂膜的力学性能最优。这是由于 RNS-D 含双键,其可以参与自由基聚合反应,参与聚合反应程度越大,无机相和有机相的相容性越强,从而较大程度地发挥出无机纳米粒子特殊的增强增韧性,进而赋予基体薄膜优异的力学性能。

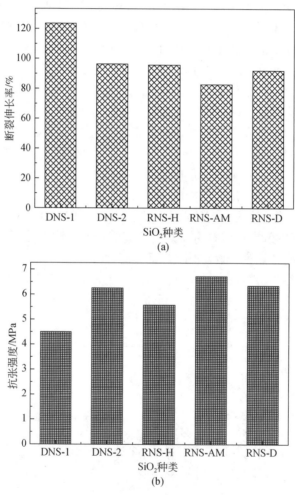

图 4-57　纳米 SiO₂ 种类对乳胶膜力学性能的影响

(a)断裂伸长率,(b)抗张强度

2. 纳米 SiO₂ 用量对复合材料性能的影响

通过以上实验结果,选择 RNS-D 进行下一步实验。为了考察 RNS-D 用量对复合薄膜耐水性的影响,测试了不同 RNS-D 用量下复合薄膜在水中浸泡 24 h 的吸水

率,结果见图 4-58。从图 4-58 可以看出,随着 RNS-D 用量的逐渐增加,乳胶膜的
24 h 吸水率先降低后提高,说明耐水性先增强后减弱。当 RNS-D 加入量小于 0.5%
时,薄膜的吸水率随其用量增大而降低,说明耐水性有所提升。这是由于当 RNS-D
较少时,其在聚合物基体中的分散较为均匀,同时,由于 RNS-D 参与了聚合物基体
的自由基反应,促使无机纳米粒子在复合体系中起到了交联点的作用。在这种情况
下,复合乳胶膜则形成了交联的网状立体结构,从而阻碍了水分子的进入。而当
RNS-D 用量大于 0.5% 时,薄膜耐水性呈现下降的趋势,这是因为过量的无机 SiO₂
粒子在聚合物基体中未能参与聚合,因而纳米粒子容易发生自身团聚现象,进而导
致复合体系中组分之间的相容性较差,从而降低了复合薄膜的致密性,为水分子的
穿过与渗透提供了便利条件,因此导致耐水性下降。

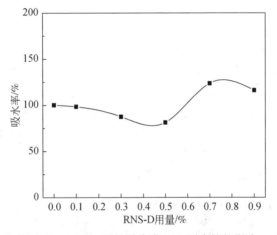

图 4-58　RNS-D 用量对涂膜 24 h 耐水性的影响

图 4-59 显示了 RNS-D 用量对乳胶膜力学性能的影响结果。随着 RNS-D 用量
的增加,乳胶膜的断裂伸长率总体呈现递减趋势,抗张强度呈先增后减的趋势。具
体来看,当 RNS-D 用量小于 0.5% 时,随着 RNS-D 用量的逐渐增加,乳胶膜的断裂伸
长率逐渐降低,抗张强度逐渐升高,说明薄膜的耐挠曲性逐渐减弱,而强度逐渐提
升。这是由于在此用量范围内,RNS-D 在聚合物基体中分散性较好,由于其表面含
有可参与自由基反应的双键,因此其与聚合物之间具有良好的键合牢度和相容性。
在这种情况下,无机纳米粒子作为交联点使乳胶膜形成了网状立体结构。RNS-D 用
量越多,乳胶膜的交联度越大,薄膜的致密性越好,强度增大;但是,交联度过大会使
得高分子中链与链之间的相对滑移性受到限制,从而导致薄膜的断裂伸长率降低。
当 RNS-D 用量大于 0.5% 时,由于其在聚合物基体中的分散性变差,使得纳米粒子
之间造成了一定团聚,由于应力集中而使得薄膜的强度降低。

3. 酪素基纳米 SiO₂ 复合皮革涂饰材料的结构

为了考察采用单原位法将纳米 SiO₂(RNS-D)引入前后乳胶粒的微观形貌变化,

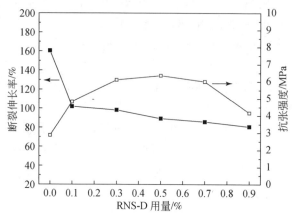

图 4-59　RNS-D 用量对乳胶膜力学性能的影响

对不含 RNS-D 的乳胶粒(即己内酰胺/聚丙烯酸酯共改性酪素)及含有 0.5% 的 RNS-D 的酪素基 SiO₂复合乳胶粒分别进行了 TEM 检测,结果见图 4-60。从图 4-60 可以看出,与不含 SiO₂的乳液相比,采用单原位法制备的复合乳胶粒呈现出更加规整的球形结构。乳胶粒大小为纳米级,且粒径分布均一。说明在该无皂乳液聚合体系中,成功发生了丙烯酸酯类单体及纳米粒子对酪素的改性,且生成了结构稳定均一的复合乳胶粒。然而,在复合乳胶粒周围有少量颜色较深的粒子,这可能是由于有少量的 RNS-D 未能进入胶束内部参与聚合反应,而发生了团聚现象。

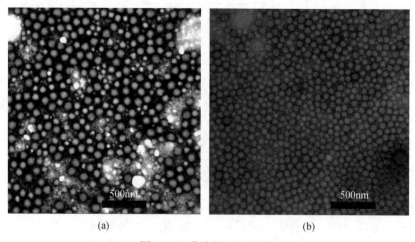

图 4-60　乳胶粒 TEM 照片

(a)不含纳米 RNS-D,(b)含 0.5% RNS-D

　　为更进一步分析单原位乳液中乳胶粒的粒径分布情况,对其进行了 DLS 测试,并与不含 SiO₂乳液的测试结果进行对比,结果如图 4-61 所示。结合之前研究的相关结果,可知和纯酪素相比,改性酪素的粒径有大幅减小,均为 100 nm 以下,且粒径分布指数明显降低,说明无皂乳液聚合成功发生且生成结构稳定的乳胶粒。与不含纳米 SiO$_2$ 的乳液相比,采用单原位法将 RNS-D 引入后乳胶粒粒径变小,这一方面是由于采用了超声分散的缘故,另一方面是因为纳米 SiO$_2$ 粒子 RNS-D 和乳胶粒的有机相之间发生了一定的键合作用,从而更加牢固地键合到乳胶粒表面。

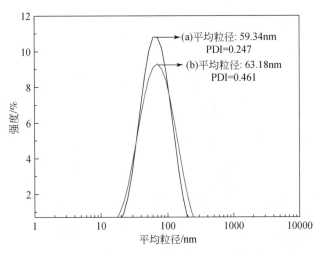

图 4-61 (a)不含 RNS-D 及(b)含 0.5% RNS-D 的乳液 DLS 粒径分布

4. 酪素基纳米 SiO$_2$ 复合皮革涂饰材料的应用性能

为了研究单原位酪素基 SiO$_2$ 纳米复合乳液的应用性能,将优化的乳液应用于山羊服装革涂饰,测试了涂饰革样的性能,并与市场上同类产品的应用性能进行了对比分析。涂饰革样的力学性能,包括断裂伸长率及抗张强度的对比结果见图 4-62。

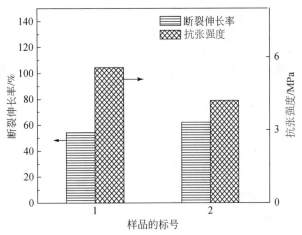

图 4-62 自制乳液与市场同类产品涂饰革样的力学性能对比

1-单原位法制备的酪素基 SiO$_2$ 复合乳液,2-市场上同类的国外产品

　　与国外同类产品相比,采用单原位法所制备的复合乳液更能赋予涂饰革样较为优异的强度,但是革样的耐挠曲性稍逊。自制单原位酪素基 SiO_2 纳米复合乳液与市场同类产品涂饰革样的卫生性能(透气性和透水汽性)的测试结果见图 4-63。通过对比发现,采用自制的改性酪素乳液应用于皮革涂饰,涂饰革样的卫生性能与国外同类产品涂饰革样的卫生性能基本相当。

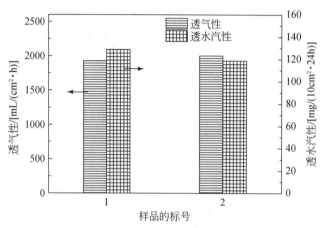

图 4-63　自制乳液与市场同类产品涂饰革样的卫生性能对比
1-单原位法制备的酪素基 SiO_2 复合乳液,2-市场上同类的国外产品

5. 酪素基纳米 SiO_2 复合皮革涂饰材料的形成机理

　　结合以上单原位复合乳胶粒的微观形貌表征及乳液性能检测结果,为了进一步解释乳胶粒的形成机理及其与乳液性能的关系,对采用单原位法制备酪素基 SiO_2 复合乳液的过程进行了机理探讨,该过程中复合乳胶粒形成机理见图 4-64 所示。在整个过程中,CA-CPL 充当乳化剂的角色,疏水基朝内,亲水基朝外,其内部结构为亲

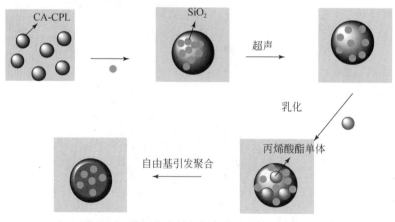

图 4-64　单原位法制备复合乳胶粒的形成机理

油性分子,例如丙烯酸酯及含双键的 RNS-D,为聚合提供场所。通过超声波分散的作用,单体和 RNS-D 均匀分散在乳胶粒核层,继而在引发剂的作用下产生自由基,通过自由基共聚反应对酪素进行改性,最终形成核层均匀分散有无机纳米 SiO₂ 的核壳复合乳胶粒。

4.4.3.2　酪素基纳米 ZnO 复合乳液

1. 纳米 ZnO 用量对复合材料性能的影响

将纳米 ZnO 引入酪素基体中,期望赋予酪素基复合材料优异的抗菌性能,分别考察了 CA-CPL/ZnO 复合乳液对革兰氏阳性菌——大肠杆菌和革兰氏阴性菌——金黄色葡萄球菌的抗菌性能,结果如图 4-65 所示。由图 4-65 可以看出,纳米 ZnO 用量为 0% 时,CA-CPL 所在的培养基培养 48 h 后没有明显的抑菌区域出现,说明不含纳米 ZnO 的乳液易受到大肠杆菌和金黄色葡萄球菌的侵蚀。当在 CA-CPL 基体中引入纳米 ZnO 后,复合乳液对大肠杆菌和金黄色葡萄球菌都具有明显的抑菌效果,且随着纳米 ZnO 用量的增大,抑菌圈宽度变大,抑菌性能增强;当 ZnO 用量增大到 2% 时,复合乳液的抑菌性能最优。另外,通过对比发现,复合乳液对金黄色葡萄球菌的抑制效果优于大肠杆菌,这是因为两种细菌的细胞壁结构不同所导致的。金黄色葡萄球菌的细胞壁主要是由多层结构的肽聚糖组成,其表面拥有大量孔隙,这使得其更易接触纳米粒子从而致使细胞壁被破坏,而大肠杆菌的细胞壁虽然较薄,但是其最外层包含脂多糖、脂蛋白、磷脂质,反而不易受到 ZnO 的攻击。由于复合材料对大肠杆菌的抑菌效果不明显,因此,在后续研究中主要考察复合材料对金黄色葡萄球菌的抑菌作用。

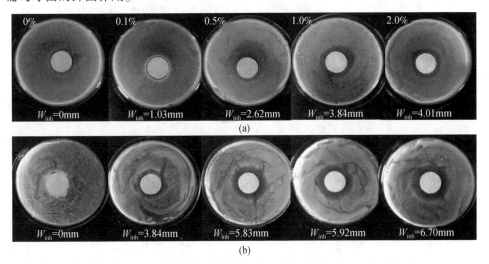

图 4-65　ZnO 用量对酪素基纳米 ZnO 复合乳液抑菌性能的影响

(a)大肠杆菌,(b)金黄色葡萄球菌

表4-12是纳米ZnO含量对CA-CPL/ZnO复合薄膜外观及涂膜手感的影响结果。由表4-12可知,ZnO的用量对复合薄膜遮盖性和涂膜手感的影响较大。随着ZnO用量的增加,复合薄膜的颜色由淡黄色逐渐变为乳白色,遮盖性逐渐增强(图4-66),因此所制备的复合材料用作皮革涂饰时,能在一定程度上遮盖皮坯本身的伤残,从而有利于提升皮革制品的附加值。此外,加入纳米ZnO后,能显著降低CA-CPL薄膜的黏性,改善涂层手感,赋予其干爽特性。然而,当ZnO用量为2%时,复合薄膜变得较硬,这可能是由于无机粒子的刚性性质所致。

表4-12　ZnO用量对酪素基纳米ZnO复合薄膜性能的影响

ZnO用量/%	涂膜外观	涂膜手感
0	淡黄色,透明	柔软,发黏
0.1	淡黄色,透明	柔软,较黏
0.5	淡乳白色,有一定遮盖性(+)	较柔软,干爽
1.0	淡乳白色,有一定遮盖性(+)	较柔软,干爽
2.0	乳白色,有一定遮盖性(++)	较硬,干爽

注:+代表程度,数量越多,表示该项指标效果越强。

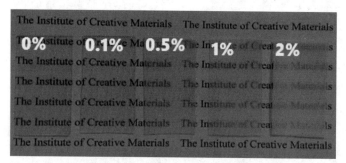

图4-66　ZnO用量对酪素基纳米ZnO复合薄膜遮盖性能的影响

如图4-67所示为ZnO用量对复合薄膜力学性能的影响结果。随着ZnO用量的增大,薄膜的抗张强度逐渐增大,断裂伸长率逐渐降低。纳米ZnO粒子具有相对较高的模量,它作为一种增强剂被广泛引入聚合物基体中,因此随着ZnO用量的增加,复合薄膜的抗张强度逐渐增大。然而,纳米粒子具有较高的表面能,易发生团聚,当粒子用量增大时,聚集程度增加,极易发生应力集中现象,在外力作用下,难以使酪素基体屈服,需要消耗大量的冲击能,从而导致复合薄膜的断裂伸长率降低。

2. ZnO加入方式对乳液性能的影响

酪素溶解条件不同,所形成的胶束尺寸、形貌也不相同。因此研究中考察了纳米ZnO的加入方式对复合材料各项性能的影响,具体考察ZnO加入方式为:酪素溶解形成胶束时加入(于己内酰胺之前,方式1)、己内酰胺接枝到酪素分子时加入(与己内酰胺同时加入,方式2)、己内酰胺接枝改性酪素分子后加入(于己内酰胺之后,

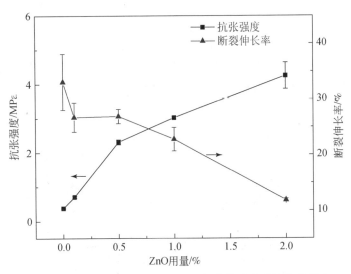

图 4-67　ZnO 用量对 CA-CPL/ZnO 复合薄膜力学性能的影响

方式 3）。

　　ZnO 加入方式对复合乳液抑菌性能的影响如图 4-68 所示。结果表明,不同的纳米 ZnO 加入方式对复合乳液抑菌性能影响较小。纸片扩散抑菌法不仅与有效抗菌物质的扩散速率有关,还与抗菌物质用量有关。而不同 ZnO 加入方式的抗菌性能差异较小,这是因为不同加入方式所制备的复合乳液中纳米 ZnO 的量及其扩散速率差异较小,因此复合乳液的抗菌性能差异较小。

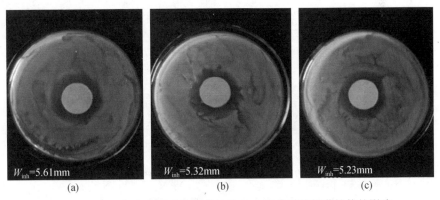

图 4-68　ZnO 加入方式对酪素基纳米 ZnO 复合乳液抑菌性能的影响

(a)方式 1,(b)方式 2,(c)方式 3

　　考察了 ZnO 加入方式对复合薄膜力学性能的影响,结果如图 4-69 所示。从图 4-69 可以看出,ZnO 加入方式对复合薄膜的抗张强度影响较大,而对断裂伸长率影响较小。对比不同的加入方式,当纳米粒子于己内酰胺前加入(方式 1),复合乳胶粒的抗张强度最大,这是因为与方式2、3相比,方式1中纳米粒子加入的时间更长,机械搅拌作用时间也相对较长,则纳米粒子的分散相对于后两种也更均匀,从而使得引入酪素基体的纳米粒子可以更好地进行应力传递作用,使复合薄膜的抗张强度增强。另外,当纳米粒子与酪素同时加入体系,酪素溶解形成胶束时,可包覆较多分散在体系中的纳米粒子,ZnO与酪素分子的结合作用增强。

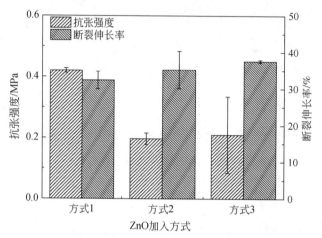

图 4-69　ZnO 加入方式对酪素基纳米 ZnO 复合薄膜力学性能的影响

3. 酪素基纳米 ZnO 复合皮革涂饰材料的结构

为了确定复合物的化学结构,分别对 CA-CPL 和 CA-CPL/ZnO 复合薄膜进行 FT-IR 表征,结果如图 4-70 所示。

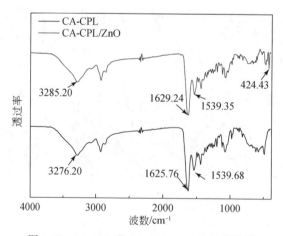

图 4-70　CA-CPL 和 CA-CPL/ZnO 的红外谱图

从图 4-70 可以看出,CA-CPL 的特征峰主要是在 3276.20 cm^{-1}、1625.76 cm^{-1}、1539.68 cm^{-1},这些特征吸收峰分别是 N—H 键、—C ＝O 键(酪素分子骨架中—

CO—NH—键的特征峰)以及—C—N—键振动吸收峰。CA-CPL/ZnO 也出现了相似的特征吸收峰,分别为 3285. 20 cm^{-1}、1629. 24 cm^{-1} 和 1539. 35 cm^{-1},除了这些特征峰,CA-CPL/ZnO 分子还在 424. 43 cm^{-1} 处出现一个新峰,这是 Zn—O 伸缩振动产生的吸收峰。由此可知,采用单原位法成功制备了酪素基纳米 ZnO 复合材料,且 ZnO 的引入未破坏酪素的分子结构。

　　对所制备的 CA-CPL/ZnO 复合乳胶粒分别进行 TEM 和 DLS 表征,结果如图 4-71 所示。由 TEM 表征结果可知,复合乳胶粒粒径在 340～390 nm 之间,分布较均一,形状为不规则球形,并有明显的核壳结构。根据作者前期研究结果可知,复合乳胶粒的壳层为 CA-CPL,核层为被包裹的纳米 ZnO 粒子。DLS 结果表明复合乳胶粒存在两个特征峰,峰 1 主要归属于纳米 ZnO 粒子(粒径为 30～50 nm),尺寸为 60 nm 左右;峰 2 主要归属于 CA-CPL/ZnO 复合乳胶粒子,尺寸为 400 nm 左右,这与 TEM 表征结果基本一致;另外,复合乳液的 Zeta 电位为−35. 6 mV,属阴离子型复合材料。

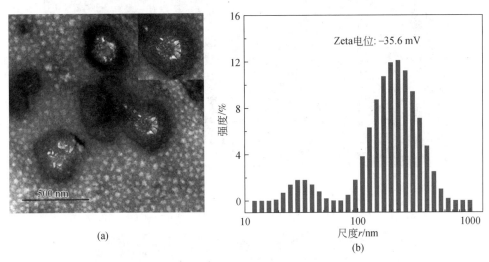

图 4-71　酪素基纳米 ZnO 复合乳胶粒的(a)TEM 照片和(b)DLS 图

　　为了考察纳米 ZnO 的引入对复合薄膜微观形貌的影响,分别对 CA-CPL、CA-CPL/ZnO 复合薄膜的表面和截面进行 ESEM 表征,结果如图 4-72 所示。从图 4-72 可以看出 CA-CPL 薄膜表面光滑、平整。引入纳米 ZnO 后,纳米粒子均匀地聚集在复合薄膜表面,形成不同形貌且有规则的 ZnO 聚集态[图 4-72(c)]。CA-CPL 薄膜截面粗糙、不平整,涂膜不连续[图 4-72(b)]。引入纳米粒子后,复合薄膜截面平整且连续[图 4-72(d)],并出现了较多微米级的微孔,这可能是由于复合薄膜中纳米 ZnO 粒子在冷冻萃断过程中留下的痕迹。为了清楚地了解纳米 ZnO 在复合薄膜截面的分布,对 CA-CPL/ZnO 薄膜截面进行 EDX 分析(Zn 元素分布分析),结果如图 4-73 所示,可以看出,Zn 元素均匀地分散在复合薄膜中,这也说明纳米 ZnO 在酪素基体中可以均匀分散。另外,部分 Zn 元素分布较为密集,这是因为部分纳米粒子有较高的表面能因而发生了团聚现象。

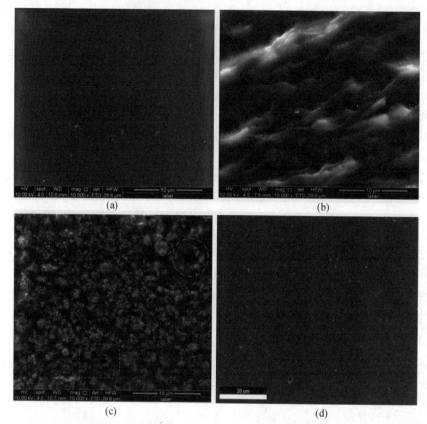

图 4-72　CA-CPL 和 CA-CPL/ZnO 复合薄膜的 ESEM 照片

(a)、(c)薄膜表面,(b)、(d)薄膜截面,(a)、(b)CA-CPL,(c)、(d)CA-CPL/ZnO

图 4-73　CA-CPL/ZnO 复合薄膜截面 EDX 图(Zn 元素分布)

4. 酪素基纳米 ZnO 复合皮革涂饰材料的应用性能

为了进一步考察单原位法所制备的 CA-CPL/ZnO 复合乳液的涂饰应用性能,将 CA-CPL 和 CA-CPL/ZnO 乳液分别应用于山羊服装革的涂饰,对涂饰后革样的力学性能、卫生性能及耐干擦级别进行对比。

图 4-74 显示了采用 CA-CPL 与 CA-CPL/ZnO 复合乳液涂饰革样的力学性能测试结果。从图 4-74 可以看出,引入纳米 ZnO 后,涂饰革样的抗张强度显著增强,从 2.7 MPa 升高到 4.2 MPa,提升了 55.5%,这说明纳米粒子的引入起到了增强作用。然而,涂饰革样的断裂伸长率有所降低,这是因为采用单原位法将纳米 ZnO 引入酪素基体中,部分纳米粒子由于高表面能发生团聚,使得酪素基体难以消除外力作用产生的冲击能,从而使得涂饰革样的断裂伸长率降低。

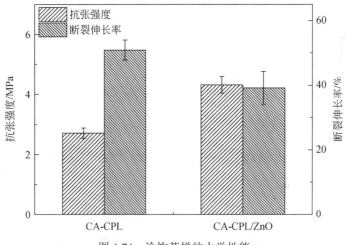

图 4-74　涂饰革样的力学性能

如图 4-75 所示为 CA-CPL 与 CA-CPL/ZnO 复合乳液涂饰革样的卫生性能。由图 4-75 可知,CA-CPL 乳液涂饰革样具有较优异的透气性和透水汽性,而引入纳米 ZnO 后,皮革的透气性和透水汽性有所降低。这可能是由于采用单原位法制备的复合乳液中,部分纳米粒子发生团聚,纳米 ZnO 不能完全均匀分散在酪素体系中,当将其涂饰于坯革表面时,团聚的纳米粒子影响皮革的孔隙大小,阻碍水分子和空气分子的通过,因此涂饰革样的卫生性能有所下降。

5. 酪素基纳米 ZnO 复合皮革涂饰材料的形成机理

通过上述性能测试和结构表征,作者探讨了采用单原位乳液聚合法制备 CA-CPL/ZnO 乳胶粒的形成机理,结果如图 4-76 所示。酪素分子链段存在亲水链和疏水链,所以酪素溶解时易形成胶束结构。将纳米 ZnO 与酪素同时加入体系中,酪素溶解形成胶束时,将 KH570 改性后的纳米 ZnO(为疏水性)包覆于其中。纯酪素乳胶粒粒径大小不均一,因此包覆的纳米粒子的量也不相同。在一定温度下,向体系

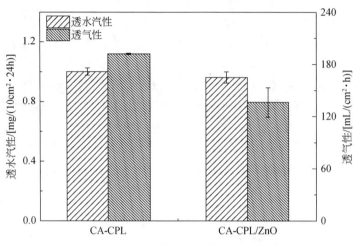

图 4-75　涂饰革样的透气性和透水汽性

中加入己内酰胺水溶液,己内酰胺在水体系下发生开环反应生成氨基己酸,氨基己酸分子链上的—NH 或—COOH 基团与酪素分子侧链的—COOH 或—NH 基团发生缩聚反应接枝到酪素分子上,并包覆酪素胶束。另外,由于所形成的 CA-CPL 分子具有自乳化作用,这对复合乳胶粒的稳定起着非常重要的作用。因此 CA-CPL 可作为自乳化剂,有利于得到分布较窄的复合乳胶粒,并最终得到粒径较为均一的核壳型 CA-CPL/ZnO 复合乳胶粒。

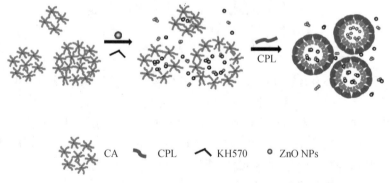

图 4-76　酪素基纳米 ZnO 复合乳胶粒的形成机理示意

4.4.4　小结

当纳米 SiO$_2$ 种类为 RNS-D,其用量为 0.5%,且引发剂用量为3%时,通过单原位无皂乳液聚合法所制备的聚丙烯酸酯改性酪素/纳米 SiO$_2$ 复合乳液性能最佳。TEM 和 DLS 结果显示,所制备的酪素基纳米 SiO$_2$ 乳胶粒呈规则球形,平均粒径为59.34 nm,且分布较为均匀。涂饰应用结果显示,与己内酰胺–丙烯酸酯共改性酪素乳液相比,通过单原位无皂乳液聚合法所制备的酪素基纳米 SiO_2 复合涂饰材料涂饰革样具备较优的抗张强度和卫生性能,但耐挠曲度有一定下降,且乳液稳定性有待提高。

采用单原位法将市售纳米 ZnO 粒子引入己内酰胺改性酪素(CA-CPL)基体中,制备了酪素基纳米 ZnO(CA-CPL/ZnO)复合皮革涂饰材料。得到最优制备工艺为纳米 ZnO 用量为 1%,纳米 ZnO 于己内酰胺前加入体系中、无 PVP 作为改性剂以及硅烷偶联剂 KH570 用量为 1%。TEM 表征结果显示,所得乳胶粒呈核壳结构,粒径约为 400 nm;DLS 测试结果表明,复合材料电位为 –35.6 mV,属阴离子型复合材料;ESEM 表征结果表明,纳米 ZnO 均一地聚集于 CA-CPL/ZnO 薄膜表面。皮革涂饰应用结果表明,纳米 ZnO 的引入有利于提高涂饰革样的抗张强度和耐干擦性能。尽管纳米 ZnO 的引入可在一定程度上提高基体的抗菌性和薄膜的耐水性,但复合材料的抗菌性和稳定性还有待进一步提高。

第5章 双原位乳液聚合法制备皮革涂饰材料的研究

5.1 双原位乳液聚合的概念

双原位乳液聚合法是指将纳米粒子前驱体(如正硅酸乙酯、钛酸丁酯等)和单体共同分散于乳化剂形成的胶束中,然后在酸或碱的催化作用下,使前驱体上的烷氧基发生水解和缩合反应,生成纳米溶胶,然后通过单体的自由基聚合,得到聚合物基无机纳米复合乳液。

5.2 双原位乳液聚合的特点

双原位乳液聚合由于纳米颗粒的生成与聚合物的生成是在同一体系中同步完成的,因此,双原位乳液聚合在发生时应满足以下要求:①纳米粒子的前驱体及纳米颗粒与聚合物及其单体应有较好的相容性;②纳米粒子前驱体生成纳米颗粒的水解缩合条件不能对聚合反应产生影响;③单体发生自由基聚合的条件不能对纳米颗粒的生成产生影响。根据上述要求可知,双原位乳液聚合纳米颗粒在聚合物基体中分布更加均匀,更有利于获得尺寸稳定且性能优异的纳米复合乳液,但是由于无机纳米材料的生成过程与有机基体的聚合过程同步发生,且工艺条件的控制需同时满足无机纳米材料的生成与有机基体的聚合,易于导致聚合过程中凝胶的产生,存在制备过程影响因素过多、工艺复杂、很多的反应体系无法实现等缺点。

5.3 双原位乳液聚合法制备聚丙烯酸酯皮革涂饰材料

5.3.1 合成思路

通过单原位乳液聚合法,将纳米 SiO_2、ZnO 等粒子引入聚丙烯酸酯中,显著地提高了复合薄膜的耐水性、透气性、透水汽性以及抗菌性能等,但是纳米粒子仍有一定的团聚,复合乳液及薄膜的各项性能仍有待提高。针对上述问题,作者采用双原位乳液聚合法,在乳液聚合的过程中,原位生成纳米粒子,制备聚丙烯酸酯基纳米 SiO_2 复合乳液,一方面提高皮革涂层的透明度和光泽度;另一方面期望纳米 SiO_2 粒子与聚合物基体之间形成较强的相互作用,如氢键、共价键等,以克服传统聚丙烯酸酯存在的"热黏冷脆"、不耐溶剂、耐候性差等缺点。此外,在上述研究基础上,通过双原位乳液聚合法,将纳米 ZnO 引入聚丙烯酸酯中制备聚丙烯酸酯基纳米 ZnO 复合乳液,期望利用纳米 ZnO 吸收紫外线的性能,开发耐黄变型聚丙烯酸酯类皮革涂饰产品。

5.3.2　合成方法

1. 聚丙烯酸酯基纳米 SiO_2 复合乳液

在 250 mL 三口烧瓶中首先加入乳化剂[$n(OP-10):n(SDS)=2:1$]与 50 mL 去离子水,加热溶解后加入一定量 TEOS 和偶联剂,15 min 后加入抑制剂,继续反应 10~15 min,加入 1/5 单体、1/4 引发剂,升温至 80℃,30 min 后加入剩余的引发剂和单体,然后升温至 90℃,保温 2 h,降温,出料。考察了单体配比、引发剂用量、乳化剂用量、TEOS 用量、偶联剂用量、抑制剂用量以及反应过程 pH 等因素对乳液性能的影响。

2. 聚丙烯酸酯基纳米 ZnO 复合乳液

将 5% 的复配乳化剂 SDS/PEG-400 水溶液在 40℃下搅拌 10 min 后,将 1/3 前驱体和 1/3 的 MMA 和 BA 的单体混合液加入体系,并于 70℃下保温反应 30 min,然后分别滴加剩余的 2/3 单体混合液和引发剂水溶液及剩余 2/3 前驱体(引发剂质量占总单体质量的 1.0%),滴加时间为 1.5~2 h,滴加完毕后升温至 80℃并持续反应 2 h,最后冷却至室温后出料。考察了 $ZnAc_2$ 用量、硅烷偶联剂种类及硅烷偶联剂 A-151 用量对乳液性能的影响。

5.3.3　结构与性能

5.3.3.1　聚丙烯酸酯基纳米 SiO_2 复合乳液

1. 单体配比的影响

单体配比对聚丙烯酸酯基纳米 SiO_2 复合乳液性能的影响结果如表 5-1 及表 5-2 所示。

表 5-1　不同单体配比下制备的复合乳液的各项性能

单体比例 $n(MMA)/n(BA)$	抗张强度/MPa	撕裂强度/(N/mm)	断裂伸长率/%	溴值(24 h 后)	理论固含量/%	实际固含量/%
1:1	1.853	3.133	44.92	3.40	28.32	21.57
1:2	2.796	1.517	106.86	1.34	28.85	21.95
1:3	0.997	0.397	78.56	0.58	29.27	18.33
1:4	0.910	0	42.46	1.44	29.50	22.18
1:5	0.989	0.848	54.21	3.45	30.00	23.17

注:n 表示物质的量。

表 5-2　不同单体配比下制备的复合乳液的性能分值评定结果(无单位)

单体比例 $n(MMA)/n(BA)$	抗张强度	撕裂强度	断裂伸长率	溴值	总分
1:1	2.78	4.48	0.76	0.85	8.9
1:2	4.2	2.16	4.33	2.15	12.9
1:3	1.5	0.57	1.8	2.5	6.4
1:4	1.37	0	0.72	2.0	4.12
1:5	1.49	1.22	0.92	0.85	4.5

注:n 表示物质的量。

当 MMA 用量一定时,乳液性能随着 BA 用量的增加先提高后降低(表 5-2),MMA 和 BA 的物质的量之比为 1:2 时,乳液性能最佳。MMA 属硬性单体,可使聚合物具有一定的硬度,与基体之间具有良好的附着力,而 BA 属软性单体,当其用量增加时,聚合物的柔韧性提高,但强度会有所下降。研究发现,当二者比例适合时,所形成的聚合物不但表现出良好的物理机械强度和较高的断裂伸长率,而且聚合物的 T_g 也达到了应用要求。

2. 引发剂用量的影响

引发剂用量对聚丙烯酸酯基纳米 SiO_2 复合乳液性能的影响见表 5-3 和表 5-4。可以看出,当引发剂用量由 0.5% 增加到 4.0% 时,乳液性能总体是下降的。其中引发剂用量为 1.5% 时,制备的乳液涂膜破裂,不能进行测试。引发剂是乳液聚合配方中最重要的组分之一,引发剂种类和用量直接影响聚合物的产量和质量以及聚合反应速率。一般地,当自由基聚合中的引发剂量少时,形成的聚合物的相对分子质量高,结构规整,所表现出来的强度和韧性都比较理想;反之,则聚合物的相对分子质量较低,且常常会由于一些链转移反应的发生,使形成的聚合物结构比较复杂,综合性能下降。研究中采用了过硫酸铵为引发剂,聚合温度为 80℃,如果要使反应体系达到一定的聚合速率、聚合物达到一定的相对分子质量及分子量分布,在温度、pH保持不变的条件下,需要一定的时间。但由于反应体系中也存在 TEOS 的水解、缩合,而 TEOS 的水解缩合要求温度不能过高,时间不能太长。所以,当引发剂用量较大时,它形成的活性中心多,在只有部分丙烯酸酯类单体形成聚合物时,TEOS 已基本完成其水解缩合过程,这样,纳米 SiO_2 的生成与单体的聚合不能同步进行,所得的复合树脂综合性能就不会理想。

表 5-3　不同引发剂用量下制备的复合乳液的各项性能

引发剂用量 $n(引发剂)/n(单体)/\%$	抗张强度 /MPa	撕裂强度 /(N/mm)	断裂伸长率/%	溴值 (24 h 后)	理论固含量/%	实际固含量/%
0.5	6.65	7.014	377.75	4.90	28.23	23.41

续表

引发剂用量 n(引发剂)/n(单体)/%	抗张强度 /MPa	撕裂强度 /(N/mm)	断裂伸 长率/%	溴值 (24 h 后)	理论固 含量/%	实际固 含量/%
1.5	—	—	—	2.86	28.25	22.25
2.5	1.92	6.65	300.11	1.33	28.24	21.17
4.0	2.055	2.823	178.22	4.58	28.23	21.57

注:n 表示物质的量;—表示聚合物涂膜不能进行力学性能测试。

表 5-4　不同引发剂用量下制备的复合乳液的性能分值评定结果(无单位)

引发剂用量 n(引发剂)/n(单体)/%	抗张强度	撕裂强度	断裂伸长率	溴值	总分
0.5	10	10	6.42	0.59	27
1.5	0	0	0	1.0	1.0
2.5	2.84	9.55	5.14	2.18	19.7
4.0	3.08	4.04	3.03	0.64	10.8

注:n 表示物质的量。

3. 乳化剂用量的影响

乳化剂用量对聚丙烯酸酯基纳米 SiO_2 复合乳液性能的影响见表 5-5 和表 5-6。可以看出,当乳化剂用量从 3.0% 增大到 6.0% 时,乳液性能呈下降趋势。乳化剂在研究中的作用非常关键,它不仅决定了丙烯酸酯类单体与纳米无机材料前驱体之间的分散效果,同时也为有机单体的自由基聚合、TEOS 的水解缩合提供了场所。TEOS 被均匀地"分配"到了各个胶束内,其水解缩合受体系温度、水的量、pH 等因素的影响较小,使其生成纳米级 SiO_2 粒子成为可能。乳化剂用量过大时,虽然可使无机、有机两相前期分散较好,但这时丙烯酸酯类单体的聚合速率也会明显加快,故而在含有 TEOS 的胶束内发生聚合的单体减少,其结果导致所形成的复合材料力学性能、乳液稳定性不理想。反之,乳化剂用量较少时,前期两相之间的分散不均匀,复合乳液性能也不好。

表 5-5　不同乳化剂用量下制备的复合乳液的各项性能

乳化剂用量 n(乳化剂)/n(单体)/%	抗张强度 /MPa	撕裂强度 /(N/mm)	断裂伸长 率/%	溴值 (24 h 后)	理论固 含量/%	实际固 含量/%
3	0.918	6.79	596.56	2.46	27.41	22.19
4	1.764	7.02	178.58	3.40	28.32	21.57
5	1.89	6.68	302.19	2.13	28.92	20.87
6	—	—	—	1.15	29.90	23.06

注:n 表示物质的量;—表示聚合物涂膜破裂,不能进行力学性能测试。

表 5-6　　不同乳化剂用量下制备的复合乳液的性能分值评定结果(无单位)

乳化剂用量 $n($乳化剂$)/n($单体$)/\%$	抗张强度	撕裂强度	断裂伸长率	溴值	总分
3	1.4	9.7	10	1.18	22.3
4	2.65	10	3.04	0.85	16.5
5	2.84	9.55	5.14	1.36	18.9
6	0	0	0	2.52	2.52

注:n 表示物质的量。

4. TEOS 用量的影响

TEOS 用量对聚丙烯酸酯基纳米 SiO_2 复合乳液性能的影响见表 5-7 和表 5-8。可以发现,乳液性能在 TEOS 用量从 1% 变化到 5% 时几乎呈直线下降。TEOS 用量直接决定了复合材料中无机组分的量。研究中 TEOS 可分为两部分:一部分被包裹在表面活性剂形成的胶束内,另一部分则游离在胶束外,当体系温度、pH 和水的量一定时,胶束内部的 TEOS 分子开始水解、缩合,并与丙烯酸酯类单体的自由基聚合同时进行,较好地实现了无机和有机材料之间的原位聚合;而胶束外的 TEOS 也分为两部分,其中一部分与游离丙烯酸酯类单体一起进入胶束内部发生水解、缩合;另一部分则在胶束外就发生了水解、缩合。由于丙烯酸酯类单体的聚合只能在胶束内部发生,所以这部分 TEOS 的水解、缩合不但不能与有机材料复合,甚至由于体系温度、pH 过高导致了局部凝胶现象的发生,使乳液中产生大量的沉淀。

表 5-7　　不同 TEOS 用量下制备的复合乳液的各项性能

TEOS 用量 $n($TEOS$)/n($单体$)/\%$	抗张强度 /MPa	撕裂强度 /(N/mm)	断裂伸长率/%	溴值 /(24 h 后)	理论固含量/%	实际固含量/%
1	4.519	2.920	97.21	3.52	28.99	20.73
3	3.077	3.540	97.46	2.65	26.74	19.45
5	2.624	2.811	98.41	2.46	27.57	22.08
7	1.853	3.133	44.92	3.40	28.32	21.57

注:n 表示物质的量。

表 5-8　　不同 TEOS 用量下制备的复合乳液性能的分值评定结果(无单位)

TEOS 用量 $n($TEOS$)/n($单体$)$	抗张强度	撕裂强度	断裂伸长率	溴值	总分
1	6.78	4.2	1.65	0.82	13.5
3	4.62	5.1	1.66	1.1	12.5
5	3.94	4.02	1.67	1.2	10.8
7	2.78	4.5	0.76	0.85	8.9

注:n 表示物质的量。

5. 偶联剂用量的影响

偶联剂用量对聚丙烯酸酯基纳米 SiO_2 复合乳液性能的影响见表 5-9 和表 5-10。可以看出,乳液的综合性能在偶联剂用量为 5% 时最佳,之后又有所下降。偶联剂在反应中主要作用是防止纳米 SiO_2 粒子的团聚,同时也可增加有机–无机两相之间的化学键结合。其分子一端与有机高分子交联,另一端则可发生类似 TEOS 的水解、缩合反应,暴露出的—OH 与纳米 SiO_2 表面的—OH 发生氢键或共价键作用,整个分子形成了无机相–有机相之间的"桥键"。但当其用量过大时,由于形成的"桥键"过多,可能会使最终形成的聚合物脆性增加,力学性能下降。研究中发现当偶联剂用量为 9% 时,所得乳液出现大量黏稠状物质,聚合物不能进行力学性能测试。

表 5-9　不同偶联剂用量下制备的复合乳液的各项性能

偶联剂用量 n(偶联剂)$/n$(单体)/%	抗张强度 /MPa	撕裂强度 /(N/mm)	断裂伸长率/%	溴值 (24 h 后)	理论固含量/%	实际固含量/%
1	—	—	—	1.44	26.35	21.21
3	1.853	3.133	44.92	3.40	28.32	21.57
5	4.910	5.078	72.88	3.75	27.80	19.60
7	4.878	2.427	59.28	1.02	28.50	24.13

注:n 表示物质的量;—表示聚合物涂膜破裂,不能进行力学性能测试。

表 5-10　不同偶联剂用量下制备的复合乳液性能分值的评定结果(无单位)

偶联剂用量 n(偶联剂)$/n$(单体)/%	抗张强度	撕裂强度	断裂伸长率	溴值	总分
1	0	0	0	2.01	2.01
3	2.78	4.48	0.76	0.85	8.9
5	7.37	7.26	1.24	0.77	16.6
7	7.32	3.47	1	2.84	14.6

注:n 表示物质的量。

6. 抑制剂用量的影响

抑制剂用量对聚丙烯酸酯基纳米 SiO_2 复合乳液性能的影响见表 5-11 和表 5-12。可以看出,复合树脂的综合性能随着抑制剂用量从 0 变化到 4% 呈先提高后下降的趋势,在抑制剂用量为 1.5% 左右时比较好,当大于 3% 后基本上保持不变。抑制剂在反应中的主要作用是作为无机材料前驱体水解缩合的抑制剂和有机单体聚合的 pH 调节剂来使用。所以当其用量较少时,对无机材料前驱体的水解缩合抑制效果不明显;用量较大时,则一方面抑制效果过大,使无机材料的水解缩合速率滞后于丙烯酸酯类单体的自由基聚合速率,另一方面,使体系 pH 过高,乳液制备过程不稳定。

表 5-11　不同抑制剂用量下制备的复合乳液的各项性能

抑制剂用量 n(抑制剂) /n(单体)/%	抗张 强度/MPa	撕裂强度 /(N/mm)	断裂伸 长率/%	溴值 (24 h 后)	理论固 含量/%	实际固 含量/%
0	1.853	3.133	44.92	3.40	28.32	21.57
1	1.994	3.314	163.825	2.65	26.74	17.45
2	4.001	2.000	109.315	1.46	27.57	17.08
3	—	—	—	2.70	28.32	21.57
4	—	—	—	3.52	28.99	20.73

注:n 表示物质的量;—表示聚合物涂膜破裂,不能进行力学性能测试。

表 5-12　不同抑制剂用量下制备的复合乳液性能分值的评定结果(无单位)

抑制剂用量 n(抑制剂) /n(单体)/%	抗张强度	撕裂强度	断裂伸长率	溴值	总分
0	2.78	4.48	0.76	0.85	8.9
1	3	4.74	2.79	1.98	12.5
2	6	2.86	1.86	1.07	11.8
3	0	0	0	0.85	0.85
4	0	0	0	0.82	0.82

注:n 表示物质的量。

7. 体系 pH 的影响

体系 pH 对聚丙烯酸酯基纳米 SiO_2 复合乳液性能的影响见表 5-13 和表 5-14。可以看出 pH 过高或过低都将增加体系中各种酯类单体的水解,所以研究中对 pH 主要在 4.0~10.0 这一范围进行研究。pH 在反应过程中的影响主要体现在两个方面:一方面是对引发剂过硫酸铵分解速率的影响,另一方面是对 TEOS 水解缩合的影响。研究发现,在聚合过程中,体系 pH 会随反应的进行一直下降,当降低到 3.0~4.0 时,聚合反应很不稳定,最终乳液性能测试结果不理想;当体系 pH 为 8.0 时,乳液制备过程中出现大量沉淀,测试不能进行。

表 5-13　不同体系 pH 下制备的复合乳液的各项性能

pH	抗张强度 /MPa	撕裂强度 /(N/mm)	断裂伸长 率/%	溴值 (24 h 后)	理论固 含量/%	实际固 含量/%
4	—	—	—	0.945	28.39	17.49
6	3.080	2.795	270.50	0.93	28.25	17.84
7	1.853	3.133	44.92	3.40	28.32	21.57
8	/	/	/	/	/	/
10	4.611	1.745	121.56	4.32	28.31	20.48

注:—表示聚合物涂膜破裂,不能进行力学性能测试;/表示聚合过程失败。

表 5-14　不同体系 pH 下制备的复合乳液性能分值的评定结果(无单位)

pH	抗张强度	撕裂强度	断裂伸长率	溴值	总分
4	0	0	0	3.1	3.1
6	4.62	4	4.6	3.12	16.3
7	2.78	4.48	0.76	0.85	8.9
8	0	0	0	0	0
10	6.91	2.5	2.07	0.67	12.15

注:pH=8 时样品凝胶,不能测试。

8. 聚丙烯酸酯基纳米 SiO_2 复合乳液的结构

图 5-1 为聚丙烯酸酯基纳米 SiO_2 复合乳液的多媒体显微镜观察结果。由图 5-1 可见,出现的小黑点大部分为表面活性剂形成的乳胶粒,比较清晰地表明采用乳液聚合原位生成的聚丙烯酸酯基纳米 SiO_2 复合乳液的树脂颗粒大小均匀,无团聚现象,同时也间接说明无机与有机两相间达到了较好的复合效果。

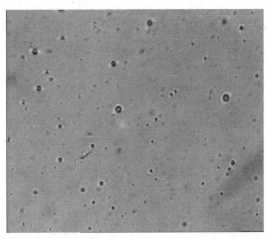

图 5-1　聚丙烯酸酯基纳米 SiO_2 复合乳液的多媒体显微镜观察结果(×4000)

图 5-2 和图 5-3 为聚丙烯酸酯基纳米 SiO_2 复合乳液的 TEM 照片,结果表明聚丙烯酸酯基纳米 SiO_2 复合乳液涂饰材料中,纳米 SiO_2 粒子分散均匀,粒径为 10 ~ 15 nm,没有出现团聚现象。同时也发现纳米 SiO_2 粒子分布比较密集,一方面说明了对纳米 SiO_2 粒子表面成功改性;另一方面由于纳米 SiO_2 粒子比较密集,所以制备的纳米复合涂饰材料中有机–无机两相之间交联点势必增多,间接验证了纳米复合材料的抗张强度、断裂伸长率等指标不理想的原因。

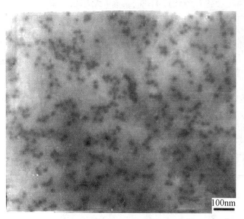

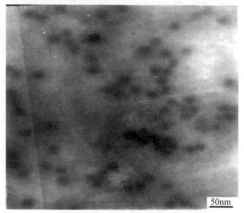

图 5-2 聚丙烯酸酯基纳米 SiO₂复合乳液　　　图 5-3 聚丙烯酸酯基纳米 SiO₂复合乳液
　　　TEM 照片(Ⅰ)(×100000)　　　　　　　　TEM 照片(Ⅱ)(×300000)

图 5-4 为聚丙烯酸酯基纳米 SiO_2 复合乳液的红外光谱图,可以看出,在 2970 ~ 2850 cm^{-1} 出现较强的吸收峰,可能是—CH_3、—CH_2 中的 C—H 伸缩振动频率;在 1730 cm^{-1} 和 1160 cm^{-1} 附近出现很尖锐的峰,说明了有—C ═O 的存在,另外,在 1090 ~ 1020 cm^{-1} 的吸收峰,说明有—Si—O—Si—结构的生成。可见,纳米复合涂饰材料内部已形成了—Si—O—Si—无机高分子链,纳米无机材料较好地实现了对聚丙烯酸酯的改性。

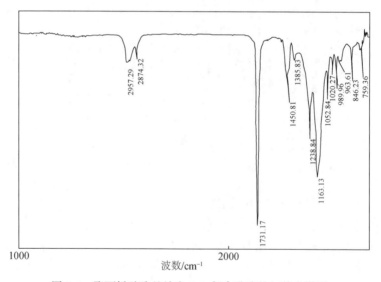

图 5-4 聚丙烯酸酯基纳米 SiO_2 复合乳液的红外光谱图

图 5-5 和图 5-6 分别是聚丙烯酸酯和聚丙烯酸酯基纳米 SiO_2 复合涂饰材料的

DSC 曲线,对比可知,聚丙烯酸酯基纳米 SiO_2 复合乳液的 T_g($-24℃$)较聚丙烯酸酯的 T_g($-36℃$)有所提高。聚合物的 T_g 一般受其分子链的柔顺性、几何立构、分子间作用力等影响。纳米 SiO_2 加入后,使聚合物分子–纳米 SiO_2–聚合物分子之间发生了交联,抑制了聚合物链段的运动,使聚合物的 T_g 增高。

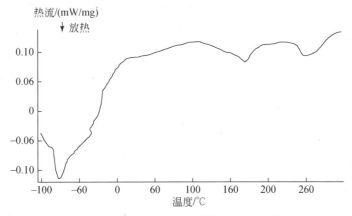

图 5-5　聚丙烯酸酯涂饰材料的 DSC 曲线

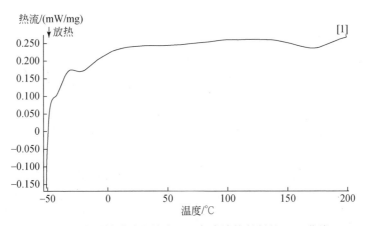

图 5-6　聚丙烯酸酯基纳米 SiO_2 复合涂饰材料的 DSC 曲线

此外,因无机纳米相的影响,纳米复合涂饰材料中可结晶的聚合物链段的运动受到了限制,造成了晶体不完善、结晶度不高,甚至无法结晶,相比图 5-5、图 5-6 所示的纳米复合涂饰材料已观察不到晶体的熔融吸收峰,这使得聚丙烯酸酯基纳米 SiO_2 复合乳胶膜的透明性远远大于单纯聚丙烯酸酯涂膜的透明性。同时,由图 5-6 还可以发现,聚丙烯酸酯基纳米 SiO_2 复合薄膜只出现一个玻璃化转变温度,说明纳米复合涂饰材料中无机材料与有机材料之间并不是简单的物理共混,而是发生了一定的结合。

图 5-7 为加入交联剂 CK 后聚丙烯酸酯基纳米 SiO_2 复合乳液的 DSC 曲线。可

知加入交联剂 CK 后聚丙烯酸酯基纳米 SiO_2 复合乳液的 T_g（-15℃）提高，且 DSC 图上显示在 0～50℃ 范围内出现了多个熔融吸收峰，证明在此温度范围纳米复合树脂的结晶度随着温度的升高反而增加，这可能是由于交联剂的加入，使本来已经达到部分交联的聚合物分子链段进一步交联，使其运动彻底受到限制，此时未交联或交联度较小的聚合物分子链段便有了相对较大的活动空间，容易结晶，但随着温度的升高，当温度大于 50℃ 后，起初被彻底限制运动的聚合物分子链也开始运动，所以未交联或部分交联的分子链段运动受限，难以形成结晶，体系结晶度逐渐下降，直至 DSC 图上观察不到晶体的熔融吸收峰。

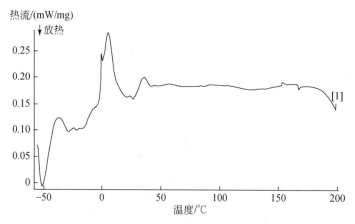

图 5-7　加入交联剂 CK 后聚丙烯酸酯基纳米 SiO_2 复合涂饰材料的 DSC 曲线

9. 成膜机制及探讨

由上述结果可知聚丙烯酸酯基纳米 SiO_2 复合乳液的形成机理如下。TEOS 的水解也被称为 Sol-Gel 法，所谓 Sol-Gel 法是指金属有机或无机化合物经过溶液、溶胶、凝胶而固化，再经过热处理而形成氧化物或其他化合物固体的方法。TEOS 的水解缩合反应一般分三步，第一步是 TEOS 水解形成羟基化的产物和相应的醇，羟基化的产物也称硅酸；第二步是硅酸之间或硅酸与 TEOS 之间发生缩合反应形成胶体状态混合物。第三步形成的低聚合物继续聚合形成硅三维网络结构，反应过程如下。

第一步：水解反应

$$Si(OC_2H_5)_4 + 4H_2O \Longrightarrow Si(OH)_4 + 4C_2H_5OH$$

第二步：缩合反应

$$
\begin{array}{c}
\text{OH} \\
| \\
\text{HO—Si—OH}
\end{array}
+
\begin{array}{c}
\text{OH} \\
| \\
\text{HO—Si—OH}
\end{array}
\longrightarrow
\begin{array}{c}
\text{OH} \quad\ \text{OH}\\
|\qquad\ | \\
\text{HO—Si—O—Si—OH}
\end{array}
+ H_2O
$$

（各硅原子下方均带 OH）

第三步：聚合反应

$$X(Si—O—Si) \longrightarrow (—Si—O—Si—)_x$$

　　在 TEOS 的实际反应过程中,第一步水解反应和第二步缩合反应是同时进行的,所以称这两步生成的混合物为溶胶,第三步聚合反应生成的三维网络结构称为凝胶。

　　在乳液聚合体系中,乳化剂一般被吸附在单体球滴表面,使单体珠滴稳定地悬浮在介质中;或者被吸附在乳胶粒表面上,使聚合物乳液体系稳定。由于乳胶粒主要是由胶束形成,故上述机理通常也叫做乳胶粒形成的胶束机理。

　　乳液聚合反应实际上发生在乳胶粒内部。因为乳胶粒表面吸附了一层乳化剂分子,使其表面带上某种电荷,静电斥力使乳胶粒不能相互发生碰撞而聚并到一起,这样就形成了一个稳定的体系。无数个彼此孤立的乳胶粒稳定地分散在介质中,在每个乳胶粒中都进行着聚合反应,都相当于一个间歇引发本体聚合的反应器。而单体珠滴仅仅作为储存单体的仓库,单体源源不断地由单体珠滴通过水相扩散到乳胶粒中,以补充聚合反应对单体的消耗。

　　丙烯酸酯类单体的自由基聚合反应与 TEOS 的水解缩合反应分别属于"链式聚合反应"和"逐步聚合反应",两者反应条件、聚合物形成过程均不同,故可以在同一体系下同时进行反应。当纳米 SiO_2 微粒均匀地分散在复合树脂中,则其表面的 —OH 与丙烯酸树脂聚合物链可产生氢键作用,同时硅烷偶联剂的存在可能使复合材料内部有机–无机组分之间存在共价键的结合。其理想结构如图5-8 所示。

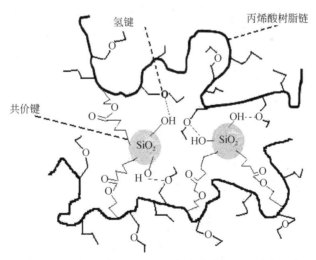

图 5-8　聚丙烯酸酯基纳米 SiO_2 复合薄膜的理想结构示意

5.3.3.2　聚丙烯酸酯基纳米 ZnO 复合乳液

1. 醋酸锌用量的影响

为了获得一种具有优异耐黄变性能的丙烯酸酯类皮革涂饰材料,作者采用双原位乳液聚合法,通过纳米 ZnO 前驱体 ZnAc$_2$ 在碱性条件下水解生成 ZnO,同时采用乳液聚合工艺合成聚丙烯酸酯,制备了聚丙烯酸酯基纳米 ZnO 复合乳液。

表 5-15 为 ZnAc$_2$ 用量对聚丙烯酸酯基纳米 ZnO 复合乳液及薄膜外观的影响。由表 5-15 可知,ZnAc$_2$ 用量对聚丙烯酸酯基纳米 ZnO 复合乳液的外观及凝胶率均无显著影响,乳液均呈乳白色、蓝光明显,凝胶率都在 0.7% 以下,复合薄膜均平整光滑且不发黏。

表 5-15　ZnAc$_2$ 用量对聚丙烯酸酯基纳米 ZnO 复合乳液及薄膜外观的影响

ZnAc$_2$ 用量/%	复合乳液的外观	凝胶率/%	复合薄膜的外观
0	乳白色,蓝光明显	0	平整光滑不发黏
1	乳白色,蓝光明显	0.58	平整光滑不发黏
3	乳白色,蓝光明显	0.45	平整光滑不发黏
5	乳白色,蓝光明显	0.55	平整光滑不发黏
7	乳白色,蓝光明显	0.65	平整光滑不发黏

图 5-9 为 ZnAc$_2$ 用量对聚丙烯酸酯基纳米 ZnO 复合薄膜力学性能的影响。由图 5-9 可知,聚丙烯酸酯基纳米 ZnO 复合薄膜的力学性能低于聚丙烯酸酯。这是因为加入 ZnAc$_2$ 后,生成的纳米 ZnO 未能均匀地分散在基体中,导致薄膜力学性能有所降低。随着 ZnAc$_2$ 用量的逐渐增加,聚丙烯酸酯基纳米 ZnO 复合薄膜的抗张强度和断裂伸长率均呈先升高后降低的趋势,在前驱体用量为 3.0% 时复合薄膜的力学性能较优。这是因为随着 ZnAc$_2$ 用量的增加,生成的纳米 ZnO 粒子在基体中分散的均匀程度不同,对复合薄膜的力学性能产生不同的影响。

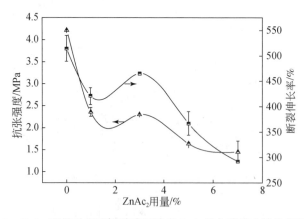

图 5-9　ZnAc$_2$ 用量对聚丙烯酸酯基纳米 ZnO 复合薄膜力学性能的影响

图 5-10 为 ZnAc$_2$ 用量对聚丙烯酸酯基纳米 ZnO 复合薄膜 24 h 吸水率的影响。由图 5-10 可知,随着 ZnAc$_2$ 用量的增加,聚丙烯酸酯基纳米 ZnO 复合薄膜的 24 h 吸

水率呈现逐渐升高的趋势,即薄膜耐水性能逐渐下降。这是因为随着 ZnAc$_2$用量的增加,生成的纳米 ZnO 粒子就会增多,而纳米 ZnO 的表面含有大量羟基,因此体系中羟基的数量就会增加,复合薄膜的吸水率升高,耐水性能下降。

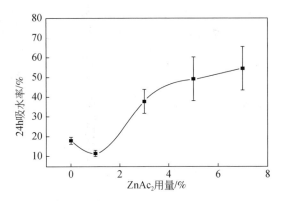

图 5-10　ZnAc$_2$用量对聚丙烯酸酯基纳米 ZnO 复合薄膜 24 h 吸水率的影响

图 5-11 为 ZnAc$_2$用量对聚丙烯酸酯基纳米 ZnO 复合薄膜黄变因数(YF)的影响。由图 5-11 可知,随着 ZnAc$_2$用量的增加,聚丙烯酸酯基纳米 ZnO 复合薄膜的黄变因数逐渐降低,即复合薄膜的黄变程度降低,耐黄变性能提高。这是因为随着 ZnAc$_2$用量的增多,体系中水解生成的纳米 ZnO 粒子就会增多,纳米 ZnO 的紫外屏蔽功能就会愈加显著,从而使得复合薄膜在紫外光作用下发生黄变的程度减弱,复合薄膜的耐黄变性能大幅提升。

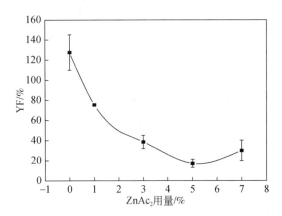

图 5-11　ZnAc$_2$用量对聚丙烯酸酯基纳米 ZnO 复合薄膜黄变因数的影响

综合 ZnAc$_2$用量对聚丙烯酸酯基纳米 ZnO 复合乳液稳定性以及复合薄膜力学性能、耐水性能、耐黄变性能的影响,当 ZnAc$_2$用量为 3.0% 时,复合乳液聚合稳定性佳,复合薄膜力学性能较优,耐水性能以及耐黄变性能均处于中上水平。

2. 氨水加入方式的影响

研究中催化剂 $NH_3 \cdot H_2O$ 的作用是催化 $ZnAc_2$ 发生水解反应,生成纳米 ZnO 粒子,所以其加入方式对纳米 ZnO 的生成过程具有显著影响。

表 5-16 为 $NH_3 \cdot H_2O$ 加入方式对聚丙烯酸酯基纳米 ZnO 复合乳液及薄膜外观的影响。由表 5-16 可知,$NH_3 \cdot H_2O$ 加入方式对聚丙烯酸酯基纳米 ZnO 复合乳液及薄膜外观无显著影响,均是乳白色且蓝光明显的乳液和平整光滑且不发黏的薄膜。同时,乳液的凝胶率均较低,在 1.0% 以下,即乳液的聚合稳定性均较好。

表 5-16　$NH_3 \cdot H_2O$ 加入方式对聚丙烯酸酯基纳米 ZnO 复合乳液及薄膜外观的影响

$NH_3 \cdot H_2O$ 加入方式	复合乳液的外观	凝胶率/%	复合薄膜的外观
1	乳白色,蓝光明显	0.65	平整光滑不发黏
2	乳白色,蓝光明显	0.78	平整光滑不发黏

注:1-催化剂 $NH_3 \cdot H_2O$ 在前驱体加入之前加入,2-催化剂 $NH_3 \cdot H_2O$ 在乳液聚合之后加入。

图 5-12 为 $NH_3 \cdot H_2O$ 对聚丙烯酸酯基纳米 ZnO 复合薄膜力学性能的影响。由图 5-12 可知,$NH_3 \cdot H_2O$ 以第 1 种方式加入体系中(在前驱体加入之前加入)时,聚丙烯酸酯基纳米 ZnO 复合薄膜的抗张强度和断裂伸长率均高于 $NH_3 \cdot H_2O$ 以第 2 种方式(在乳液聚合之后加入)加入体系中时复合薄膜的抗张强度和断裂伸长率。这是因为 $ZnAc_2$ 水解生成纳米 ZnO 的过程为:在 $NH_3 \cdot H_2O$ 的作用下 Zn^{2+} 形成络合物 $[Zn(NH_3)_n]^{2+}$,然后络合物缓慢释放出 Zn^{2+},从而得到 $Zn(OH)_2$,$Zn(OH)_2$ 脱水最终生成纳米 ZnO。当 $NH_3 \cdot H_2O$ 以第 1 种方式加入时(在前驱体加入之前加入),由于 $NH_3 \cdot H_2O$ 已均匀分散在整个体系中,因此后期加入的 $ZnAC_2$ 中 Zn^{2+} 立刻与 $NH_3 \cdot H_2O$ 形成络合物,这样在短时间内能够参与反应并生成纳米 ZnO 的 Zn^{2+} 数目有限,从而控制了 $ZnAc_2$ 的水解速度,生成的纳米 ZnO 粒子粒径较小,同时生成的聚合物会包裹部分生成的纳米 ZnO 粒子,最终形成纳米 ZnO 分散在聚合物基体中的复合乳液,这样纳米 ZnO 的纳米效应就能完全发挥出来,对复合薄膜的力学性能产生积极作用。但当 $NH_3 \cdot H_2O$ 以第 2 种方式加入时(在乳液聚合之后加入),由于 $NH_3 \cdot H_2O$ 首先分散在水相中,水相中的 OH^- 浓度急剧升高,Zn^{2+} 在 OH^- 作用下生成的纳米 ZnO 分散在水相中,这样一来被聚合物包裹的纳米 ZnO 粒子就会减少,纳米 ZnO 的纳米效应无法发挥出来。因此,第 1 种方式加入 $NH_3 \cdot H_2O$ 得到的复合薄膜的力学性能优于第 2 种催化剂加入方式。

图 5-13 为 $NH_3 \cdot H_2O$ 的加入方式对聚丙烯酸酯基纳米 ZnO 复合薄膜 24 h 吸水率的影响。由图 5-13 可知,$NH_3 \cdot H_2O$ 以第 1 种方式(在前驱体加入之前加入)加入时,聚丙烯酸酯基纳米 ZnO 复合薄膜的 24 h 吸水率为 24.7%;以第 2 种方式(在乳液聚合之后加入)加入时,复合薄膜的 24 h 吸水率为 32.0%,前者低于后者,由此表明 $NH_3 \cdot H_2O$ 以第 1 种方式加入时复合薄膜的耐水性优于第 2 种方式加入时的

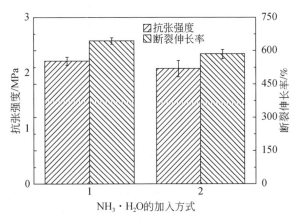

图 5-12　NH$_3$·H$_2$O 加入方式对聚丙烯酸酯基纳米 ZnO 复合薄膜力学性能的影响

1-催化剂 NH$_3$·H$_2$O 在前驱体加入之前加入,2-催化剂 NH$_3$·H$_2$O 在乳液聚合之后加入

耐水性。这是因为先加入 NH$_3$·H$_2$O,再向体系中加入 ZnAC$_2$ 时,纳米 ZnO 能够更好地分散在聚合物基体中,得到均一的复合薄膜。而若在 ZnAC$_2$ 体系中加入催化剂(即乳液聚合之后加入 NH$_3$·H$_2$O),水相中的纳米 ZnO 就会增多,能够被聚合物包裹的纳米 ZnO 粒子就会减少,那么纳米 ZnO 表面的—OH 对复合薄膜的耐水性就会造成负面影响。因此,第 1 种方式加入催化剂得到的复合薄膜的耐水性优于第 2 种方式加入催化剂得到的复合薄膜。

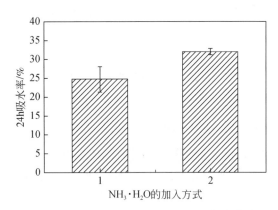

图 5-13　NH$_3$·H$_2$O 加入方式对聚丙烯酸酯基纳米 ZnO 复合薄膜 24 h 吸水率的影响

1-催化剂 NH$_3$·H$_2$O 在前驱体加入之前加入,2-催化剂 NH$_3$·H$_2$O 在乳液聚合之后加入

图 5-14 为 NH$_3$·H$_2$O 的加入方式对聚丙烯酸酯基纳米 ZnO 复合薄膜黄变因数的影响。由图 5-14 可知,NH$_3$·H$_2$O 以第 1 种方式(在前驱体加入之前加入)加入时,聚丙烯酸酯基纳米 ZnO 复合薄膜的黄变因数为 10.93%;以第 2 种方式(在乳液聚合之后加入)加入时,复合薄膜的黄变因数为 51.05%,前者低于后者,由此表明

$NH_3 \cdot H_2O$ 以第 1 种方式加入时复合薄膜的耐黄变性能优于第 2 种方式加入时的耐黄变性能。这是因为先加入 $NH_3 \cdot H_2O$,再向体系中加入 $ZnAC_2$ 时,大部分 $NH_3 \cdot H_2O$ 会在初期逐渐向胶束内部渗透扩散,$NH_3 \cdot H_2O$ 大多在胶束内部催化前驱体 $ZnAC_2$ 发生水解生成纳米 ZnO。而若向 $ZnAC_2$ 体系中加入 $NH_3 \cdot H_2O$ 时(即后加入 $NH_3 \cdot H_2O$),大部分 $NH_3 \cdot H_2O$ 在胶束外部催化水解 $ZnAC_2$,仅有小部分能够进入胶束内部催化胶束内部的 $ZnAC_2$ 生成纳米 ZnO 粒子,也就是说,此时体系中胶束外部的 $NH_3 \cdot H_2O$ 要多于先加 $NH_3 \cdot H_2O$ 情况下体系中胶束外部的 $NH_3 \cdot H_2O$,在涂膜过程中,$NH_3 \cdot H_2O$ 会在紫外线的作用下发生氧化,分解成发色基团,从而导致复合薄膜的耐黄变性大大下降。另一方面,胶束内部被聚合物均匀包裹的纳米 ZnO 能够有效屏蔽紫外线,防止聚合物在紫外光作用下发生氧化,第 1 种方式加入 $NH_3 \cdot H_2O$ 时胶束内部生成的纳米 ZnO 粒子多于第 2 种方式加入 $NH_3 \cdot H_2O$ 时胶束内部生成的纳米 ZnO 粒子,因此第 1 种方式加入 $NH_3 \cdot H_2O$ 时复合薄膜中被聚合物包裹的纳米 ZnO 数量更多,薄膜的耐黄变性能更优。

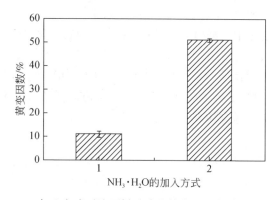

图 5-14　$NH_3 \cdot H_2O$ 加入方式对聚丙烯酸酯基纳米 ZnO 复合薄膜黄变因数的影响

1-催化剂 $NH_3 \cdot H_2O$ 在前驱体加入之前加入,2-催化剂 $NH_3 \cdot H_2O$ 在乳液聚合之后加入

综合 $NH_3 \cdot H_2O$ 的加入方式对聚丙烯酸酯基纳米 ZnO 复合乳液稳定性、复合薄膜力学性能、耐水性能和耐黄变性能等的影响,$NH_3 \cdot H_2O$ 以第 1 种方式加入(前驱体加入之前加入)时,耐黄变性能突出,且复合乳液稳定性良好,复合薄膜的力学性能、耐水性能均较优。

3. 硅烷偶联剂种类的影响

为了使体系中生成的纳米 ZnO 粒子能够更好地分散在复合乳液中,同时与体系中有机相之间产生一定的键合作用,研究将硅烷偶联剂引入聚合体系中,并优化了硅烷偶联剂种类及其用量,以得到稳定性和性能更优的复合乳液。

研究中初步筛选了三种常用的硅烷偶联剂:乙烯基三甲氧基硅烷(A-171)、乙烯基三乙氧基硅烷(A-151)和乙烯基三异丙氧基硅烷(AC-76),其结构式见表 5-17。

表 5-17　硅烷偶联剂的结构式

简写	全称	结构式
A-171	乙烯基三甲氧基硅烷	$CH_2\!=\!CH\!-\!Si\!-\!OCH_3$（上OCH₃，下OCH₃）
A-151	乙烯基三乙氧基硅烷	$H_3C\!-\!H_2C\!-\!O\!-\!Si\!-\!CH\!=\!CH_2$（上O—H₂C—CH₃，下H₃C—H₂C—O）
AC-76	乙烯基三异丙氧基硅烷	结构式

表 5-18 为硅烷偶联剂种类对聚丙烯酸酯基纳米 ZnO 复合乳液及薄膜外观的影响。由表 5-18 可知,硅烷偶联剂种类对聚丙烯酸酯基纳米 ZnO 复合乳液及薄膜的外观影响不大,乳液均呈乳白色且有明显蓝光,薄膜均柔软半透明且微发黏。并且引入硅烷偶联剂后,复合乳液的聚合稳定性相差不大,无明显的凝胶,其中引入 A-151 后聚合稳定性最优。

表 5-18　硅烷偶联剂种类对聚丙烯酸酯基纳米 ZnO 复合乳液及薄膜外观的影响

硅烷偶联剂种类	复合乳液的外观	凝胶率/%	复合薄膜的外观
无	乳白色,蓝光明显	0.65	柔软半透明,不发黏
A-171	乳白色,蓝光明显	无凝胶,但容器壁粘附一层白色物质	柔软半透明,微发黏
A-151	乳白色,蓝光明显	0.3	柔软半透明,微发黏
AC-76	乳白色,蓝光明显	无凝胶,但容器壁粘附一层白色物质	柔软半透明,微发黏

图 5-15 为硅烷偶联剂种类对聚丙烯酸酯基纳米 ZnO 复合薄膜力学性能的影响。由图 5-15 可知,体系中引入硅烷偶联剂 A-151 后,复合薄膜的断裂伸长率和抗张强度与未引入硅烷偶联剂时相当,且随着硅烷偶联剂中与 Si 相连的支链链长的增加,复合薄膜的抗张强度先增加后降低,断裂伸长率先降低后增加。这是因为硅烷偶联剂支链不同,对复合薄膜的抗张强度和断裂伸长率有不同的影响。支链不合

适时(A-171 或 AC-76),复合薄膜的力学性能较差;而支链合适时(A-151),复合薄膜的抗张强度和断裂伸长率较优。

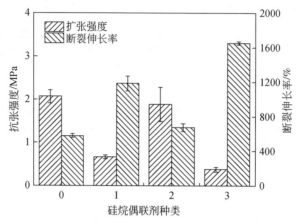

图 5-15　硅烷偶联剂种类对聚丙烯酸酯基纳米 ZnO 复合薄膜力学性能的影响

0-无,1-A-171,2-A-151,3-AC-76

图 5-16 为硅烷偶联剂种类对聚丙烯酸酯基纳米 ZnO 复合薄膜 24 h 吸水率的影响。由图 5-16 可知,引入硅烷偶联剂后,复合薄膜的 24 h 吸水率均有所升高,耐水性下降,比较 3 种硅烷偶联剂,引入 A-151 后的复合薄膜 24 h 吸水率低于其他两种。这是因为引入硅烷偶联剂后,硅烷偶联剂水解后每个分子会形成 3 个硅醇键,但这 3 个硅醇键并不都与纳米 ZnO 表面的—OH 形成氢键,因此每个分子会有 1～2 个醇键暴露在外侧,其较强的亲水性造成了复合薄膜吸水率升高,耐水性下降。硅烷偶联剂中烷氧基的水解缩合反应使体系的交联点增加,烷氧基链长越短,体系形成的交联密度越大。比较 3 种硅烷偶联剂的支链,A-151 支链为甲氧基,A-171 支链为乙氧基,AC-76 支链为异丙氧基,A-151 支链最短,体系中形成的交联密度最大,水分子渗透入薄膜内部的驱动力最小,复合薄膜的 24 h 吸水率最低,耐水性最优。

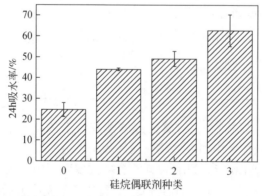

图 5-16　硅烷偶联剂种类对聚丙烯酸酯基纳米 ZnO 复合薄膜 24 h 吸水率的影响

0-无,1-A-171,2-A-151,3-AC-76

图 5-17 为硅烷偶联剂种类对聚丙烯酸酯基纳米 ZnO 复合薄膜黄变因数的影响。由图 5-17 可知,引入 A-151 或 AC-76 后,复合薄膜的黄变因数均较低,耐黄变性能较优。这是因为比较 3 种硅烷偶联剂的支链,A-151 和 AC-76 的支链较长,经其改性后的纳米 ZnO 表面形成的交联密度较小,暴露出来的纳米 ZnO 较多,对紫外光的吸收作用较强,复合薄膜的黄变因数较小,耐黄变性能较好。

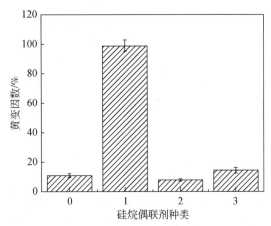

图 5-17　硅烷偶联剂种类对聚丙烯酸酯基纳米 ZnO 复合薄膜黄变因数的影响

0- 无,1- A-171,2- A-151,3- AC-76

综合以上硅烷偶联剂种类对聚丙烯酸酯基纳米 ZnO 复合乳液稳定性、复合薄膜力学性能、耐水性能和耐黄变性能等影响,硅烷偶联剂为 A-151 时,复合乳液稳定性佳,复合薄膜的力学性能、耐水性能优异,尤其是耐黄变性能。

4. A-151 用量的影响

表 5-19 为 A-151 用量对聚丙烯酸酯基纳米 ZnO 复合乳液及薄膜外观的影响。由表 5-19 可知,A-151 用量对聚丙烯酸酯基纳米 ZnO 复合乳液的外观无显著影响,均呈乳白色且有明显蓝光。A-151 用量较小时(1.0% ~ 3.0%),复合乳液的凝胶率基本不变,随着 A-151 用量的增加,复合乳液的凝胶率有所增加,复合薄膜的发黏程度逐渐增加,在用量为 3.0% 时凝胶率最低,聚合稳定性最好,复合薄膜的发黏程度较低。这是因为随着 A-151 用量的增加,在反应过程中 A-151 水解后产生的 Si—OH 具有亲水性,薄膜中的亲水基团增加,因此凝胶率增加,复合薄膜发黏。

表 5-19　A-151 用量对聚丙烯酸酯基纳米 ZnO 复合乳液及薄膜外观的影响

A-151 用量/%	复合乳液的外观	凝胶率/%	复合薄膜的外观
1	乳白色,蓝光明显	0.02	柔软半透明,不发黏
2	乳白色,蓝光明显	0.33	柔软半透明,微发黏
3	乳白色,蓝光明显	0.30	柔软半透明,微发黏

续表

A-151 用量/%	复合乳液的外观	凝胶率/%	复合薄膜的外观
4	乳白色,蓝光明显	1.62	柔软半透明,发黏
5	乳白色,蓝光明显	1.92	柔软半透明,发黏

图 5-18 为 A-151 用量对聚丙烯酸酯基纳米 ZnO 复合薄膜力学性能的影响。由图 5-18 可知,随着 A-151 用量的增加,聚丙烯酸酯基纳米 ZnO 复合薄膜的抗张强度逐渐增加,但断裂伸长率逐渐降低。这是因为随着 A-151 用量的增加,其水解后生成的 Si—OH 与纳米 ZnO 粒子和聚合物之间形成了一定的交联结构,因此复合薄膜的抗张强度逐渐增加,但复合薄膜的柔韧性下降,从而导致断裂伸长率降低。

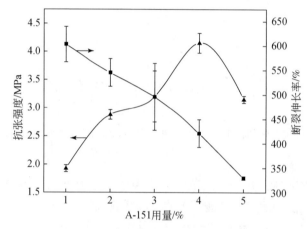

图 5-18　A-151 用量对聚丙烯酸酯基纳米 ZnO 复合薄膜力学性能的影响

图 5-19 为 A-151 用量对聚丙烯酸酯基纳米 ZnO 复合薄膜 24 h 吸水率的影响。由图 5-19 可知,随着 A-151 用量的增加,聚丙烯酸酯基纳米 ZnO 复合薄膜的 24 h 吸

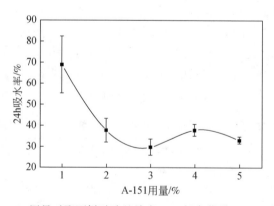

图 5-19　A-151 用量对聚丙烯酸酯基纳米 ZnO 复合薄膜 24 h 吸水率的影响

水率逐渐降低,耐水性逐渐提高。这是因为随着 A-151 用量的增加,体系的交联度逐渐增加,水分子较难进入复合薄膜内部,因此复合薄膜的 24 h 吸水率逐渐降低,耐水性逐渐提高。在 A-151 用量为 3.0% 时,复合薄膜的耐水性达到较优水平。

图 5-20 为 A-151 用量对聚丙烯酸酯基纳米 ZnO 复合薄膜黄变因数的影响。由图 5-20 可知,随着 A-151 用量的增加,聚丙烯酸酯基纳米 ZnO 复合薄膜的黄变因数先降低后增加,即耐黄变性能先提高后下降。这是因为随着 A-151 用量的增加,体系中的交联密度越大,能够承受紫外光作用的能力逐渐增强,复合薄膜的黄变因数降低,耐黄变性能提高。但进一步增加 A-151 的用量,由于 A-151 的分子空间位阻作用,体系中未能参与反应的双键数目增多,在紫外光的作用下薄膜发生黄变,耐黄变性能随之降低。

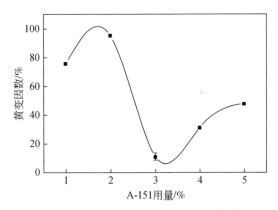

图 5-20　A151 用量对聚丙烯酸酯基纳米 ZnO 复合薄膜黄变因数的影响

综合 A-151 用量对聚丙烯酸酯基纳米 ZnO 复合乳液稳定性、复合薄膜力学性能、耐水性能和耐黄变性能的影响,当 A-151 用量为 3.0% 时,耐黄变性能最优,且复合乳液稳定性佳,复合薄膜的力学性能、耐水性能达到较优水平。

5. 聚丙烯酸酯基纳米 ZnO 复合乳液的结构

图 5-21 为纯聚丙烯酸酯薄膜和双原位乳液聚合法制备的聚丙烯酸酯基纳米 ZnO 复合薄膜的红外光谱图。由图 5-21 可知,纯聚丙烯酸酯薄膜和双原位法聚丙烯酸酯基纳米 ZnO 复合薄膜的红外光谱图中都在 2958 cm^{-1} 和 2874 cm^{-1} 处出现了亚甲基—CH$_2$—上 C—H 键的特征吸收峰,1732 cm^{-1} 处 C≡O 的伸缩振动峰,以及 1450 cm^{-1} 和 1390 cm^{-1} 处—CH$_2$—的变形振动峰。与谱图(a)相比,谱图(b)中 1596 cm^{-1} 处出现的新的吸收峰属于复合薄膜中 NH$_3^+$ 的不对称变形振动峰。1220 cm^{-1} 处出现了 C—H 键的不对称变形振动峰,该 C—H 键是与纳米 ZnO 粒子之间发生氢键作用的—CH$_3$ 上的 C—H 键;843 cm^{-1} 处的吸收峰属于与纳米 ZnO 粒子之间发生氢键作用的—CH$_2$—的面内摇摆振动峰,谱图(b)中新出现的吸收峰证明薄膜中纳米 ZnO 的存在,因此乳液聚合过程中纳米 ZnO 粒子已成功生成。

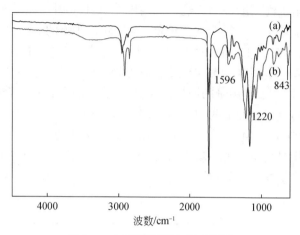

图 5-21　不同薄膜的红外光谱图

(a)纯聚丙烯酸酯薄膜,(b)双原位乳液聚合法制备的聚丙烯酸酯基纳米 ZnO 复合薄膜

图 5-22 为纯聚丙烯酸酯乳液和双原位乳液聚合法制备的聚丙烯酸酯基纳米 ZnO 复合乳液的动态激光光散射结果。由图 5-22 可知,聚丙烯酸酯基纳米 ZnO 复合乳液的平均粒径为 131.8 nm,而纯聚丙烯酸酯乳液的平均粒径为 64.2 nm,前者大于后者,这可能是因为复合乳液中的纳米 ZnO 粒子发生了团聚或者纳米 ZnO 粒子被聚合物部分包裹的缘故。但是,复合乳液的粒径分布指数(PDI=0.104)与纯聚丙烯酸酯乳液的粒径分布指数(PDI=0.217)相比变窄,这可能是因为纳米 ZnO 被有机聚合物包裹得较均匀,使得 PDI 较窄。

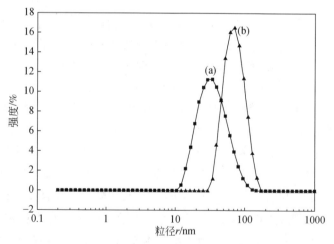

图 5-22　不同乳液的动态激光光散射结果

(a)纯聚丙烯酸酯乳液,(b)双原位乳液聚合法制备的法聚丙烯酸酯基纳米 ZnO 复合乳液

图 5-23 为纯聚丙烯酸酯乳液和聚丙烯酸酯基纳米 ZnO 复合乳液的 TEM 照片,

其中,纯聚丙烯酸酯乳液在观察前进行了磷钨酸染色,由于纳米 ZnO 经染色后,其与乳胶粒对电子束有不同的衍射效应导致 ZnO 无法被观察到,因此聚丙烯酸酯基纳米 ZnO 复合乳液未进行染色。由图 5-23(a)可知,纯聚丙烯酸酯乳液的平均粒径为 60~70 nm,但粒径分布不是很均匀;图 5-23(b)中白色球状部分是聚丙烯酸酯乳胶粒,灰色部分为纳米 ZnO,可以看到乳胶粒的平均粒径大约为 130 nm,纳米 ZnO 粒子分布在乳胶粒周围,粒径大约为 50 nm。该结果与 DLS 的结果一致。

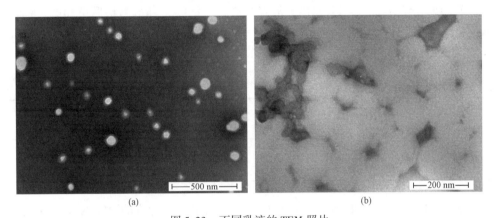

图 5-23　不同乳液的 TEM 照片

(a)纯聚丙烯酸酯乳液,(b)双原位乳液聚合法制备的聚丙烯酸酯基纳米 ZnO 复合乳液

图 5-24 为纯聚丙烯酸酯薄膜和聚丙烯酸酯基纳米 ZnO 复合薄膜截面的 SEM 照片。由图 5-24(a)可以看出,纯聚丙烯酸酯薄膜的截面较光滑,而图 5-24(b)中出现了大量的纳米 ZnO 粒子,结合 FT-IR 的结果可知,纳米 ZnO 粒子已成功引入聚丙烯酸酯基体中。

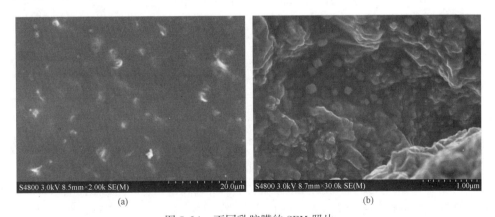

图 5-24　不同乳胶膜的 SEM 照片

(a)纯聚丙烯酸酯薄膜,(b)双原位乳液聚合法制备的聚丙烯酸酯基纳米 ZnO 复合薄膜

6. 聚丙烯酸酯基纳米 ZnO 复合乳液的应用

将双原位乳液聚合法制备的聚丙烯酸酯基纳米 ZnO(PA/纳米 ZnO)复合乳液应用于皮革涂饰,并与纯聚丙烯酸酯(PA)乳液涂饰后的革样性能进行对比。

表 5-20 为 PA 乳液涂饰后革样和双原位乳液聚合法 PA/纳米 ZnO 复合乳液涂饰后革样的透气性测试结果。由表 5-20 可知,PA 乳液涂饰后革样的透气性为 11.26 mL/(cm² · h),双原位法 PA/纳米 ZnO 复合乳液涂饰后革样的透气性为 17.12 mL/(cm² · h),采用双原位乳液聚合法合成的复合乳液涂饰后革样的透气性较 PA 乳液相比提高了 52.04%。这是因为将纳米 ZnO 粒子引入聚合物中,纳米粒子之间的空隙使得气体分子容易通过,从而提高了革样的透气性。

表 5-20　不同乳液涂饰后革样的透气性能

样品	透气性 /[mL/(cm² · h)]	相对 PA 乳液涂饰后革样吸水率的提高率/%
PA 乳液涂饰后革样	11.26	—
双原位乳液聚合法合成的 PA/纳米 ZnO 复合乳液涂饰后革样	17.12	52.04

表 5-21 为 PA 乳液涂饰后革样和双原位乳液聚合法合成的 PA/纳米 ZnO 复合乳液涂饰后革样的透水汽性测试结果。由表 5-21 可知,PA 乳液涂饰后革样的透水汽性为 133.50 mg/(10 cm² · 24 h),双原位乳液聚合法合成的 PA/纳米 ZnO 复合乳液涂饰后革样的透水汽性为 163.00 mg/(10 cm² · 24 h),采用复合乳液涂饰后革样的透水汽性相较于 PA 乳液提高了 22.10%。这是因为纳米 ZnO 表面含有的羟基加快了水分子在皮革中的传递作用,从而提高了革样的透水汽性。

表 5-21　不同乳液涂饰后革样的透水汽性能

样品	透水汽性 /[mg/(10cm² · 24 h)]	相对 PA 乳液涂饰后革样透水汽性的提高率/%
PA 乳液涂饰后革样	133.50	—
双原位乳液聚合法 PA/纳米 ZnO 复合乳液涂饰后革样	163.00	22.10

图 5-25(a)为 PA 乳液涂饰后革样和双原位乳液聚合法合成的 PA/纳米 ZnO 复合乳液涂饰后革样抗张强度的测试结果。图 5-25(b)为 PA 乳液涂饰后革样和双原位乳液聚合法合成的 PA/纳米 ZnO 复合乳液涂饰后革样断裂伸长率的测试结果。

由图 5-25(a)可知,双原位乳液聚合法合成的 PA/纳米 ZnO 复合乳液涂饰后革样横向和纵向的抗张强度与 PA 乳液相比变化不大;且由图 5-25(b)可知,双原位乳液聚合法合成的 PA/纳米 ZnO 复合乳液涂饰后革样横向和纵向的断裂伸长率与 PA 乳液相比变化亦不大。

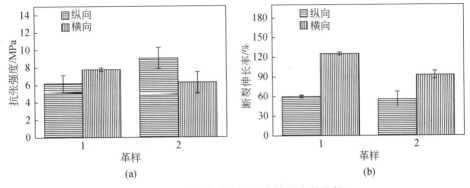

图 5-25　不同乳液涂饰后革样的力学性能

(a) 抗张强度, (b) 断裂伸长率

1-PA 乳液涂饰后革样, 2-双原位乳液聚合法合成的 PA/纳米 ZnO 复合乳液涂饰后革样

表 5-22 为 PA 涂饰后革样和双原位乳液聚合法合成的 PA/纳米 ZnO 复合乳液涂饰后革样不同时间吸水率的测试结果。吸水率越高表明革样的耐水性越差。

表 5-22　不同乳液涂饰后革样的耐水性能

样品	15 min 吸水率/%	24 h 吸水率/%	相对 PA 乳液涂饰后革样吸水率的降低率/%	
			15 min	24 h
PA 乳液涂饰后革样	74.58	211.20	—	—
双原位乳液聚合法合成的 PA/纳米 ZnO 复合乳液涂饰后革样	47.59	200.65	36.19	4.99

由表 5-22 可知, 与 PA 乳液涂饰后革样相比, PA/纳米 ZnO 复合乳液涂饰后革样的 15 min 和 24 h 吸水率分别降低了 36.19% 和 4.99%, 即耐水性有所提高。这是因为加入纳米 ZnO 粒子后, 其表面带有的羟基与聚丙烯酸酯分子链形成氢键作用, 减少了纳米 ZnO 表面亲水基团的暴露, 水分子不易进入革样内部, 革样的吸水率就会下降, 耐水性提高。

将 PA 乳液涂饰后革样和双原位乳液聚合法合成的 PA/纳米 ZnO 复合乳液涂饰后革样置于紫外灯下照射 8 h, 结果涂层均未出现起壳、裂纹, 尤其是黄变的现象, 说明在本涂饰配方下自制的 PA 和双原位乳液聚合法 PA/纳米 ZnO 复合乳液均有良好的耐黄变性能。

表 5-23 为纯聚丙烯酸酯乳液涂饰后革样(a)和双原位乳液聚合法聚丙烯酸酯基纳米 ZnO 复合乳液涂饰后革样(b)的耐干/湿擦性能测试结果。由表 5-23 可知, 双原位乳液聚合法聚丙烯酸酯基纳米 ZnO 复合乳液涂饰后革样的耐干擦为 4~5 级, 耐湿擦为 1~2 级, 与 PA 乳液涂饰后革样的耐干/湿擦性能相当。

表 5-23　不同乳液涂饰后革样的耐干/湿擦性能

样品	耐干擦等级	耐湿擦等级
纯聚丙烯酸酯乳液涂饰后的革样	4	1~2
双原位法聚丙烯酸酯基纳米 ZnO 复合乳液涂饰后的革样	4~5	1~2

5.3.4　小结

采用双原位乳液聚合法进行聚丙烯酸酯基纳米 SiO_2 复合涂饰材料的原位生成,加入硅烷偶联剂后,反应过程平稳,制备的乳液稳定性、透明度均比较好,硅烷偶联剂在一定程度上防止了纳米 SiO_2 的团聚;加入抑制剂后,TEOS 的水解缩合速率减缓,保证了纳米 SiO_2 的生成与丙烯酸酯类单体自由基聚合同步发生。同时,采用双原位乳液聚合法成功制备了聚丙烯酸酯基纳米 ZnO 复合乳液,得到了稳定性优异的复合乳液。复合薄膜的力学性能和耐水性均良好,黄变因数为 10%,耐黄变性能较为突出。与纯聚丙烯酸酯乳液相比,聚丙烯酸酯基纳米 ZnO 复合乳液涂饰后革样的透气性和透水汽性分别提高了 52.04% 和 22.10%,耐水性能也有一定的提高。

5.4　双原位乳液聚合法制备酪素皮革涂饰材料

5.4.1　合成思路

如前章所述,采用单原位乳液聚合法在酪素基材中引入聚丙烯酸酯,同时引入市售的纳米 SiO_2 粉体,制备了具有核壳结构的酪素基 SiO_2 纳米复合乳液,所得乳液作为涂膜组分应用于皮革涂饰材料,可赋予涂饰革样优异的疏水性和卫生性能等。然而,由于市售纳米 SiO_2 粉体表面活性基团较少,导致其在有机基体中的分散性差,且相容性较差。因此,该方法所得乳液离心稳定性较差,且当储存静置 6 个月以上,容器底部便会出现少许沉淀。本章中,为克服上述单原位乳液存在的稳定性缺陷,获得性能优异且稳定性佳的复合乳液,作者采用双原位乳液聚合法合成酪素基 SiO_2 纳米复合乳液,即在聚丙烯酸酯链段原位生成的前提下,采用纳米 SiO_2 的前驱体正硅酸乙酯(TEOS)代替市售纳米 SiO_2 粉体,在聚合过程中原位生成纳米粒子;同时,引入硅烷偶联剂以增加有机-无机相之间的结合牢度。研究中采用的硅烷偶联剂是含有双键的 γ-甲基丙烯酰氧基丙基三甲氧基硅烷(KH-570),其在聚合过程中可以起到桥键作用,将有机相和无机相有机地联接起来,从而对复合体系的稳定性起到了重要的促进作用。具体来讲,一方面,在引发剂的作用下,含有双键的硅烷偶联剂可以和酪素主链或侧链上活泼原子发生自由基聚合反应,从而接枝到酪素链上;另一方面,TEOS 与 KH-570 均可以发生水解,生成大量硅羟基,两者之间可以通过发生缩合反应形成具有交联网状结构的复合材料。TEOS 与 KH-570 的水解、缩合过程如图 5-26 所示。研究中主要探讨了在该方法下合成条件参数的改变对乳液及涂膜性能的影响规律,并对复合乳胶粒进行了结构与微观形貌的表征。

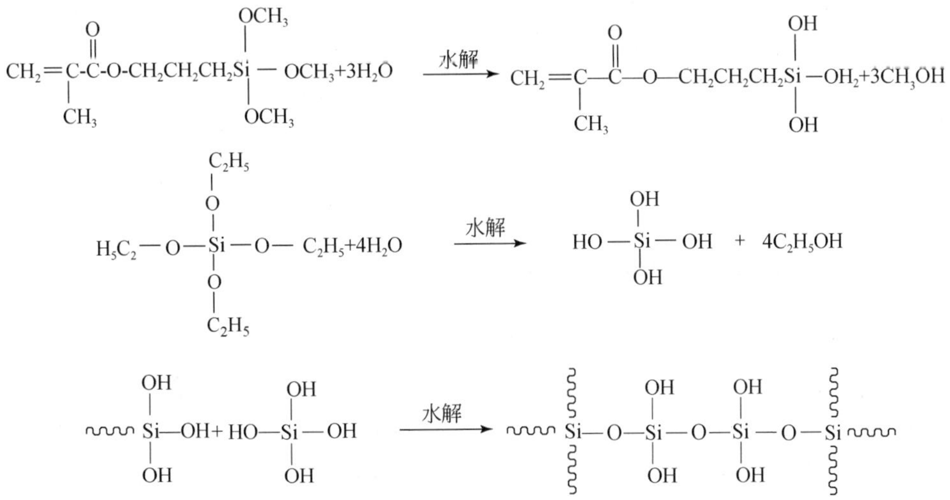

图 5-26　TEOS 与 KH570 水解、缩合方程式

同理,单原位乳液聚合法制备酪素基纳米 ZnO 复合材料的工艺简单易行,纳米粒子的引入在不同程度上可以提高酪素基材的抗菌性能和拉伸强度。然而,采用单原位乳液聚合法所制备的 CA-CPL/ZnO 乳液的抗菌性和薄膜的耐水性还有待提高。因此,后续考察了新的合成工艺——双原位乳液聚合法,即在原位生成 CA-CPL 有机相的同时,将纳米 ZnO 前驱体——醋酸锌[Zn(AC)$_2$]引入酪素体系中,使其在一定 pH 下原位水解生成纳米粒子,代替市售纳米 ZnO 粉体,以期进一步增强有机相和无机相之间的相容性,提高复合材料抗菌性能和耐水性能。

5.4.2　合成方法

1. 酪素基纳米 SiO$_2$ 复合乳液

首先将一定量的酪素、三乙醇胺与去离子水按照一定比例加入 250 mL 装有搅拌棒、温度计、冷凝回流装置及恒压滴液漏斗的三口烧瓶中,在 65℃ 条件下搅拌一定时间。升温至 75℃ 时,同时以恒定速度滴加一定量的质量分数为 40% 的己内酰胺水溶液与 KH-570。待 KH-570 滴加完毕后,滴加一定量的 TEOS,滴加完毕后保温反应 2 h。然后,按一定比例将一定量的 BA、MMA 及 VAc 的混合单体与质量分数为 10% 的 APS 水溶液同时滴加入反应器中,保持反应 2 h。逐渐自然降温至室温,出料,即可获得双原位酪素基 SiO$_2$ 纳米复合乳液。考察 TEOS 用量、KH-570 用量对复合乳液性能的影响。

2. 酪素基纳米 ZnO 复合乳液

在装有恒速数显控制器、控温仪、回流冷凝管和恒压滴液漏斗的 250mL 三口烧瓶中按照一定的比例加入干酪素、三乙醇胺以及去离子水,于 65℃ 水浴中溶解酪素,恒温反应 2h。待酪素完全溶解后,将体系升温至 75℃,开始逐滴滴加己内酰胺水溶液和硅烷偶联剂,反应 1h 后,调节体系 pH,滴加 $Zn(AC)_2$ 水溶液,恒温反应 2h 后,将温度降至室温,冷却出料。考察 pH、ZnO 前驱体用量、硅烷偶联剂种类对复合乳液性能的影响。

5.4.3　结构与性能

5.4.3.1　酪素基纳米 SiO_2 复合乳液

1. TEOS 用量的影响

主要以聚合反应的稳定性、改性产物的稳定性等为考察指标,首先通过探索实验初步筛选出 TEOS 的用量范围。探索实验结果显示,当 TEOS 用量小于 10% 时可得到稳定乳液,而当其用量大于 10% 时乳液会出现沉淀。因此,选取了 TEOS 用量为 4%、5%、6%、8% 及 10% 进行了单因素实验。

为了获得纳米 SiO_2 的引入对复合乳胶膜性能的影响规律,对不同 TEOS 用量下所得乳液涂膜的力学性能(包括断裂伸长率及抗张强度)及 24 h 耐水性进行了测试。TEOS 用量对乳胶膜力学性能的影响结果见图 5-27。从图 5-27 可以发现,随着 TEOS 用量的逐渐增大,乳胶膜的断裂伸长率和抗张强度均呈先增后减的趋势。这是由于当 TEOS 用量小于 8% 时,水解生成的纳米 SiO_2 粒子数量较少,因此其在有机体中的分散程度较好,这有利于更彻底地发挥纳米粒子的增强增韧效应。而当其用量大于 8% 时,水解生成的纳米 SiO_2 粒子数量增大,分散均匀程度下降进而导致部分纳米粒子发生自身团聚,使得纳米粒子的团聚成为应力集中点,从而影响了薄膜的力学性能。综合涂膜的断裂伸长率和抗张强度的数据,可知当 TEOS 用量为 5% 时,膜的综合力学性能较优。也就是说,在此用量下无机纳米粒子与聚合物基体的相容性最优,纳米 SiO_2 增强增韧的特殊效应也得以最大程度地发挥。

图 5-28 显示了 TEOS 用量对复合乳胶膜 24 h 耐水性能的影响结果。随着 TEOS 用量逐渐增大至 8%,乳胶膜的吸水率逐渐降低,说明膜的耐水性逐渐增强;但当其用量增至 10% 时,乳胶膜的吸水率增大,说明膜的耐水性降低。乳胶膜的耐水性变差一方面可以通过 TEOS 用量较大时,生成的纳米 SiO_2 粒子会发生团聚及团聚导致的有机相与无机相相容性变差的原因来解释,另一方面,当 TEOS 用量过大时,过量的 TEOS 水解生成的表面含有—OH 的纳米 SiO_2 会游离在聚合物基体中,极性基团的存在增加了基体对水分子的亲和力和吸引力,从而使得薄膜的吸水率增加,导致耐水性下降。

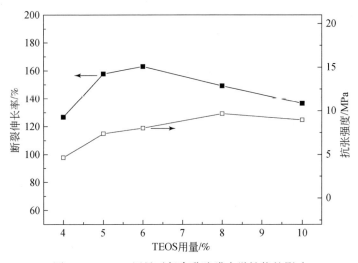

图 5-27　TEOS 用量对复合乳胶膜力学性能的影响

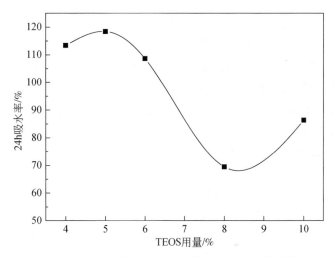

图 5-28　TEOS 用量对复合乳胶膜 24 h 耐水性能的影响

2. KH-570 用量的影响

为了获得 KH-570 对复合乳液性能的影响规律,考察了不同 KH-570 用量下乳胶膜的力学性能,结果见图 5-29。从图 5-29 可以看出,KH-570 的引入对于复合薄膜的力学性能影响较大。基本趋势为随着 KH-570 用量增加,薄膜断裂伸长率降低和抗张强度提升。这是因为偶联剂在体系中起着连接无机相和有机相的桥梁作用,也促使了纳米复合材料形成以纳米 SiO_2 为交联点的网状结构。这种网状结构的形成虽然可在一定程度上提升薄膜的刚性或强度,却也导致分子链之间的相对滑移或运动受到限制,从而降低薄膜的柔韧性。

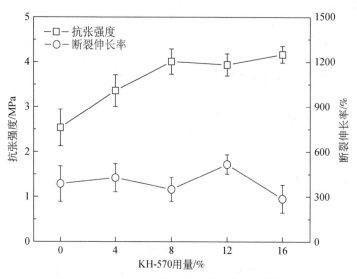

图 5-29　KH-570 用量对乳胶膜力学性能的影响

为了更清楚地阐明在双原位反应过程中单体是否成功参与了聚合过程,作者对 TEOS、KH-570、复合薄膜与对比薄膜(不含 SiO$_2$)分别进行了 FT-IR 的表征,结果分别见图 5-30 及图 5-31。通过对比两图,结合之前对纯酪素、己内酰胺及丙烯酸酯类单体的 FT-IR 表征结果可知,在 1600 cm^{-1} 处没有发现有残留碳碳双键的特征峰,说明单体完全参与了自由基聚合反应;同时,1700 cm^{-1} 附近酯键的特征峰增强,表明聚丙烯酸酯链段生成且接枝到了酪素上;另外,680 cm^{-1} 及 1080 cm^{-1} 附近来源于 Si—

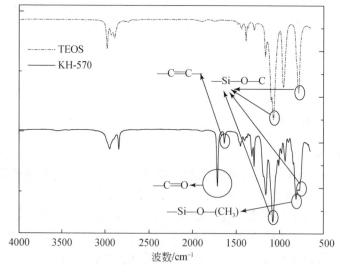

图 5-30　TEOS 与 KH-570 的 FT-IR 谱图

O—Si 的特征峰及 3300 cm^{-1} 处来源于 Si—OH 振动峰的出现也进一步说明了 TEOS 和 KH-570 成功参与反应,TEOS 生成的含有—OH 的纳米 SiO$_2$ 与 KH-570 水解生成的—OH 进行了有效地缩合反应,因此可以证明成功获得了酪素基 SiO$_2$ 复合材料。

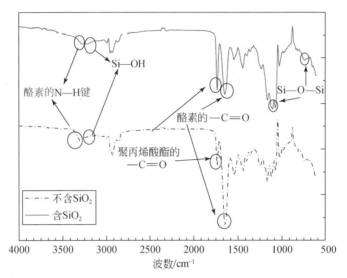

图 5-31　不含 SiO$_2$ 的改性酪素与酪素基 SiO$_2$ 复合材料的 FT-IR 谱图

为了验证是否成功获得核壳型酪素基 SiO$_2$ 纳米复合乳胶粒,同时考察 KH-570 的引入对复合乳胶粒微观形貌及粒径的影响,采用 TEM 对双原位乳液聚合法获得的乳胶粒,包括含有 KH-570 与不含有 KH-570 的乳胶粒分别进行了表征,结果见

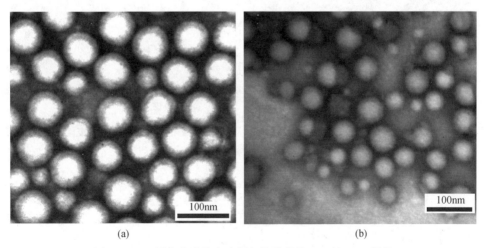

(a)　　　　　　　　　　　　(b)

图 5-32　双原位乳液聚合法制备的酪素基 SiO$_2$ 的 TEM 照片

(a)含有 KH-570,(b)不含 KH-570

图 5-32。可以看到在图 5-32(a)中,采用 KH-570 时所获得的乳胶粒呈现均一的核壳结构,且形状为规则的球形。乳胶粒粒径在 80 nm 左右,这与不含 SiO₂ 的己内酰胺/聚丙烯酸酯共改性酪素乳胶粒相比,粒径增加了 10 nm 左右,说明成功生成了包裹有无机 SiO₂ 壳层的核壳复合乳胶粒,且壳层的厚度大约为 10 nm。与图 5-32(a)中含有 KH-570 的复合乳胶粒相比,图 5-32(b)中的不含 KH-570 时乳胶粒的粒径大小差异明显,且核壳结构规整度较差,说明壳层 SiO₂ 粒子包覆程度不均。这是由于作为无机物质和有机物质的界面之间的"分子桥"KH-570 既可与有机基体发生作用,也可以和无机纳米粒子发生反应。因此,若不采用 KH-570,体系中的无机纳米 SiO₂ 粒子与有机体之间的键合作用力较弱,有机相与无机相之间的界面作用力较小,导致复合基体中组分之间的相容性较差,从而影响了乳胶粒的粒径大小及胶体的稳定性。

3. 酪素基纳米 SiO₂ 复合涂饰材料的结构

为了考察复合薄膜的微观形貌,作者对复合乳胶粒涂膜的微观结构进行了 SEM 表征,结果见图 5-33。发现双原位乳液聚合法制备的酪素基 SiO₂ 复合乳胶膜的结构较为紧实,这是由于 SiO₂ 在复合薄膜中起到了交联点的作用,促使薄膜形成了较为致密的网状交联结构。同时,可以明显看到在薄膜表面有均匀分布的凸起粒子,可能是纳米 SiO₂ 粒子。为了验证该想法,对凸起粒子进行光电子能谱(EDX)分析(图 5-34),通过分析发现其中含有较高含量的硅元素,可以确定其主要为 SiO₂ 粒子。结合 TEM 结果,可以证实确实得到了含有 SiO₂ 壳层的核壳复合乳胶粒。

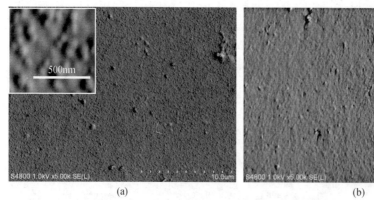

图 5-33　酪素基复合薄膜的表面及截面 SEM 照片
(a)乳胶膜表面, (b) 乳胶膜截面

XPS 是重要的表面分析技术之一,它不仅能探测物质表面的化学组成,而且可以确定各元素的化学状态,在化学、材料科学及表面科学中得以广泛应用。它可作为一种非常有效的手段来分析薄膜表面的化学组成。研究中为了获得酪素基薄膜表面的主要化学组成,采用 XPS 对其进行了表面分析,结果如图 5-35 所示。从

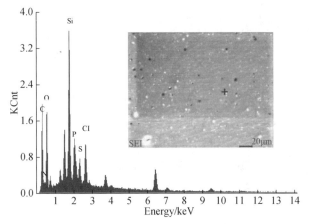

Element	Wt%	At%
CK	39.34	50.61
NK	07.96	08.78
OK	30.09	29.06
SiK	11.57	06.37
PK	04.06	02.02
SK	02.38	01.15
ClK	04.61	02.01
Matrix	Correction	ZAF

图 5-34　薄膜表面凸起的 EDX 结果

图 5-35可以看出,在 530.6 eV、399.6 eV、283.4 eV、167.1 eV 与 100.8 eV 结合能处出现的峰分别归属于 O 1s、N 1s、C 1s、S 2p 与 Si 2p。图 5-35 中也包含了除过氢原子外的各原子在表面组成中的浓度。通过计算得知,在聚丙烯酸酯改性酪素薄膜表面,硅元素的浓度为 1.45%,这可能由于合成反应是在玻璃容器内发生的,因而薄膜中带有少量玻璃中的硅成分。而在聚丙烯酸酯改性酪素/SiO_2 纳米复合薄膜表面,硅元素的浓度为 3.67%(a),初步推断薄膜表面含有 SiO_2 组分。说明 TEOS 成功发生了水解反应和缩合反应,且获得了壳层含有 SiO_2 的复合乳胶粒。借助 XPS 数据来阐明 SiO_2 与聚合物基体之间的作用力和作用性质。对于纯 SiO_2 来说,其 XPS 谱图中会在结合能为 284.5 eV 与 286.0 eV 处出现 C 1s 峰,532.6 eV 处出现 O1s 峰,且在 103.2 eV 结合能处出现 Si 2p 峰。根据报道,对应的结合能不同,则表明该原子

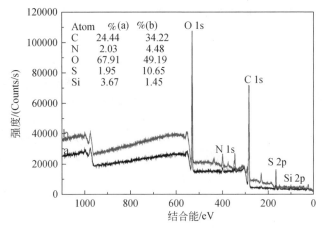

Atom	%(a)	%(b)
C	24.44	34.22
N	2.03	4.48
O	67.91	49.19
S	1.95	10.65
Si	3.67	1.45

图 5-35　酪素基薄膜的 XPS 谱图

(a)含有 SiO_2,(b)不含 SiO_2

所处的价态不同。对于 Si 2p，Si—O 基团、Si—C 基团及 SiO$_2$，其结合能不同，分别为 101.1 eV、102.4 eV 和 103.4 eV。因此，可以根据出峰对应的结合能来判断原子所处的价态和其存在的状态。在研究中，作者以 C 1s 出峰在 284.8 eV 处为校准标准，对所测结果进行了校正。通过对比，发现所测数据和标准数据相差 1.4 eV 的偏差，因此实际数据的计算应以现有数据加上偏差值。在酪素基 SiO$_2$ 复合薄膜表面，Si 2p 的结合能为 100.684 eV，加上偏差，则其实际结合能为 102.084 eV。根据分析，说明 Si 的存在形式大多为 Si—O 基团。因此，可以推断出在膜的表面形成了以 SiO$_2$ 粒子为交联点的网状结构。同时，在结合能为 101.1 eV 处没有出现 Si—C 峰，说明表面没有 KH-570 存在，也就是说有机链段和无机粒子之间没有发生实质性的化学作用。

4. 酪素基纳米 SiO$_2$ 复合涂饰材料的形成机理

为了更清楚地解释乳胶粒的生成过程与稳定机理及 KH-570 在该复合体系中所起的作用，对酪素基 SiO$_2$ 纳米复合乳胶粒形成机理进行了探讨，并建立了相关模型示意图。其中，采用 KH-570 与不采用 KH-570 的情况下复合乳胶粒形成机理示意图分别见图 5-36(a) 与图 5-36(b)。在图 5-36(a) 中，当采用 KH-570 时，其在 CA-CPL

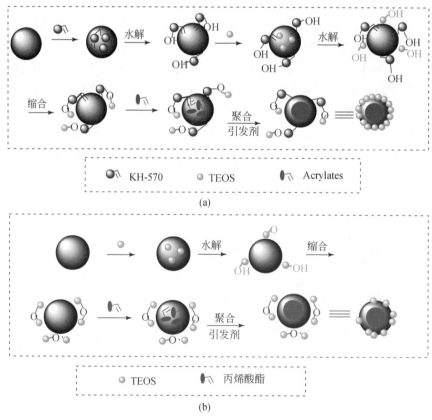

图 5-36　酪素基 SiO$_2$ 纳米复合乳胶粒形成机理示意

(a) 含 KH-570，(b) 不含 KH-570

体系中充当乳化剂的角色,亲水基朝外,疏水基朝内,形成胶束结构。这种胶束结构可以为亲油性单体,如 KH-570、BA、MMA 等提供聚合场所。当 KH-570 加入体系初期,其疏水性较强,因而进入胶束内部,然而,随着其水解的进行,不断生成羟基,亲水性逐渐增强,因而逐渐向胶束外层扩散。这样一来,在胶束外部则含有大量羟基。随着 TEOS 的加入,相似的水解过程会发生,因此其也会逐渐扩散至乳胶粒外层,并含有大量羟基。在这种情况下,羟基的缩合作用则促使体系形成以 SiO_2 粒子为交联点的网状结构。接着,丙烯酸酯类单体进入胶束内部,并在引发剂作用下发生聚合反应,从而将聚丙烯酸酯链段接枝到酪素链段上;同时,在引发剂的作用下也会引发硅烷偶联剂和酪素之间发生共聚反应,从而将硅烷链段引入酪素链段。最终获得具有明显核壳结构的酪素基 SiO_2 复合乳胶粒。然而,在图 5-36(b)中,当不采用 KH-570 时,TEOS 水解生成的纳米 SiO_2 未能很好地键合在乳胶粒表面,从而使得 SiO_2 壳层包裹程度不均匀,因此乳胶粒核壳结构的规整度遭到一定破坏。综上所述,在硅烷偶联剂的作用下,更有利于形成壳层包裹均匀且完整的均一复合乳胶粒。

5.4.3.2　酪素基纳米 ZnO 复合乳液

1. pH 的影响

首先考察了 pH 对 CA-CPL/ZnO 复合乳液外观及稳定性的影响,结果如图 5-37 和表 5-24 所示。由图 5-37 可知,当 pH 较小时(pH≤8.5),复合乳液出现明显的分层现象;当 pH 逐渐增大时(8.5<pH<10.0),复合乳液为乳白色,有少量白色沉淀,但无明显分层现象,稀释稳定性较好;当 pH 较大时(pH=10.0),复合乳液为淡黄色,静置、离心、稀释后复合乳液稳定。

图 5-37　不同 pH 下酪素基纳米 ZnO 复合乳液的外观图

表 5-24　pH 对酪素基纳米 ZnO 复合乳液稳定性的影响

pH	静置稳定性	离心稳定性	稀释稳定性
8.0	不稳定	—	—
8.5	不稳定	—	—
9.0	不稳定	不稳定	稳定
9.5	不稳定	不稳定	稳定
10.0	稳定	稳定	稳定

注:—代表乳液出现分层而无法进行测量。

由上述结果可知,pH 对复合乳液的稳定性能影响较大,这是由于在不同的 pH 下,体系中生成的物质也不尽相同。纳米 ZnO 生成过程如下所示:

$$Zn(AC)_2 + 2OH^- \longrightarrow Zn(OH)_2$$

$$Zn(OH)_2 \longrightarrow ZnO + H_2O$$

生成 ZnO 时需消耗体系的 OH^-,使体系的 pH 降低。酪素蛋白质的等电点为 4.6,当体系 pH 较低时($pH \leqslant 8.5$),随着纳米粒子的不断生成,其周围体系的 pH 不断下降,逐渐接近酪素的等电点,容易使得部分酪素发生沉淀。而当体系 pH 较高时($pH = 10.0$),生成的纳米 $Zn(OH)_2$ 与多余的 OH^- 结合生成可溶性的锌盐,因而复合乳液也较稳定,具体反应如下所示:

$$Zn(OH)_2 + 2OH^- \longrightarrow [Zn(OH)_4]^{2-}$$

不同 pH 对复合材料抑菌性能的影响如图 5-38 所示。结果表明,当 pH 较低时,复合材料的抑菌作用较弱,随着 pH 的不断升高,抑菌圈增大,复合乳液的抑菌作用增强。这可能是因为当 pH 较低时($pH \leqslant 8.5$),生成的有效抗菌物质——纳米 ZnO 的量较少。当 pH 适中时($8.5 < pH < 10.0$),ZnO 前驱体基本全部水解生成纳米 ZnO,因此抗菌作用也相对较强。在较高 pH 下($pH = 10.0$),复合材料的抑菌作用更明显,一方面是因为所形成的 Zn^{2+} 具有一定的抗菌性能,另一方面是高 pH 条件本身不适合细菌生长,如金黄色葡萄球菌的适宜生长 pH 范围为 5.5 ~ 8.0,若体系 pH 较大,细菌生长受到抑制,因而抗菌作用增强。

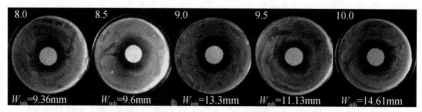

图 5-38　pH 对酪素基纳米 ZnO 复合乳液抑菌性能的影响

pH 对复合薄膜性能的影响如表 5-25 所示。在低 pH 下($pH \leqslant 8.5$),所得的复合材料仍具有涂膜性能,但所得薄膜凹凸不平,光泽度较弱,这也说明低 pH 下复合乳液虽然发生分层现象,但其仍具有涂膜性。在合适的 pH 条件下($8.5 < pH < 10.0$),复合乳液分布均匀,所得薄膜连续且透明,涂膜干爽有光泽,还具有较好的力学性能,如 pH 为 9.0 时,复合薄膜的抗张强度可达 2.95MPa,断裂伸长率为 59.35%。而当 pH 较高时,复合薄膜涂膜不连续,黏性较大,这是因为在高 pH 下,纳米粒子溶解成为可溶性的锌盐,体系离子浓度增大,易使复合材料黏度增大,分子分散不均匀,致使酪素基复合材料涂膜不连续。对比不同 pH 对复合材料抑菌性及涂膜力学性能的影响,当 pH 为 9.0 时,复合乳液的抗菌性能、涂膜性能较优。

表 5-25　pH 对酪素基纳米 ZnO 复合薄膜性能的影响

pH	涂膜外观	光泽度	涂膜手感	抗张强度/MPa	断裂伸长率/%
8.0	涂膜不平整,半透明,连续	光泽度(-)	干爽	—	—
8.5	涂膜不平整,半透明,连续	光泽度(-)	干爽	—	—
9.0	淡黄色,透明,连续	光泽度(++)	干爽	2.95	59.35
9.5	淡黄色,透明,连续	光泽度(++)	干爽	2.76	79.10
10.0	淡黄色,透明,有裂纹	光泽度(++)	发黏	—	—

注:+、-分别代表该项指标效果的高和低;—代表薄膜凹凸不平或复合乳液黏性太大而无法进行成膜及测量。

2. ZnO 前驱体用量的影响

ZnO 前驱体用量对复合乳液外观及乳液的稳定性能的影响如图 5-39、表 5-26所示,结果表明,当前驱体用量小于 1% 时,复合乳液具有较好的静置、离心稳定性;当前驱体用量为 1.5% ~ 2.0% 时,复合乳液中生成的多余的纳米粒子沉积于烧杯底部,且用量越大,沉淀量越多,静置、离心稳定性较差;而前驱体用量较大到 2.5% 时,复合乳液发生明显的分层现象。此外,前驱体用量在一定范围内(0% ~ 2%),复合乳液具有优异的稀释稳定性能。

图 5-39　前驱体用量不同时酪素基纳米 ZnO 复合乳液的外观图

表 5-26　前驱体用量对酪素基纳米 ZnO 复合乳液稳定性的影响

前驱体用量/%	静置稳定性	离心稳定性	稀释稳定性
0	稳定	稳定	稳定
1.0	稳定	稳定	稳定
1.5	不稳定	不稳定	稳定
2.0	不稳定	不稳定	稳定
2.5	不稳定	—	—

注:—表示乳液发生明显分层无法进行测量。

ZnO 前驱体用量对复合乳液粒径分布的影响如图 5-40 所示,结果表明,随着前驱体用量的增大,复合乳胶粒粒径明显增大。当前驱体用量较少时,体系中 $c(OH^-)$ >$c(Zn^{2+})$,相对较高的碱浓度使生成的 ZnO 变成可溶性的锌盐;而前驱体用量较大时，$c(Zn^{2+})$ 增大，颗粒间的碰撞概率增大，使纳米 ZnO 在晶核上不断生长，此外，酪素胶束可以作为模板控制纳米 ZnO 粒子的尺寸和形貌，纳米 ZnO 在酪素胶束表面不断生长，导致复合乳液的粒径也不断增大。

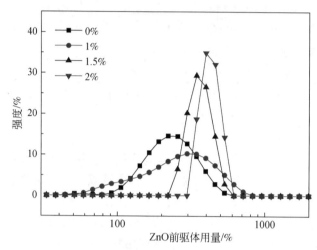

图 5-40　前驱体用量对酪素基纳米 ZnO 复合乳液粒径分布的影响

　　前驱体用量对复合材料抑菌性能的影响如图 5-41 所示。由图 5-41 可知，在培养 48 h 后，不含纳米粒子（即 CA-CPL）的培养基没有出现明显的抑菌区域。而引入 ZnO 后，出现明显的抑菌圈，说明复合乳液对金黄色葡萄球菌具有明显的抑制作用。当前驱体用量为 1% 时，体系中复合材料具有一定的抑菌性能，则说明 Zn^{2+} 具有一定的抗菌作用，这是因为 Zn^{2+} 能进入细胞质，破坏细胞内有效物质，从而导致细胞失活。随着前驱体用量的增大，复合材料的抑菌作用也不断增强，这是由于水解生成的纳米 ZnO 的量增大的缘故。

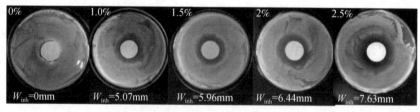

图 5-41　前驱体用量对酪素基纳米 ZnO 复合乳液抑菌性能的影响

　　图 5-42 是 ZnO 前驱体用量对酪素基纳米 ZnO 复合薄膜力学性能的影响。由图 5-24 可知，当引入纳米粒子时［$Zn(AC)_2$ 用量为 1%］，复合薄膜的抗张强度有所增加，然而随着前驱体用量大于 1% 时，复合薄膜的抗张强度减小，且低于纯 CA-CPL 薄膜。与此同时，在引入纳米 ZnO 后，复合薄膜的断裂伸长率较纯 CA-CPL 薄膜有所降低，这是由于无机纳米粒子和酪素高分子有机基材间存在界面相互作用。

对比 Zn(AC)$_2$ 用量为 1.5% 和 2.0% 薄膜的力学性能,2.0% 相对较优,这是因为 Zn(AC)$_2$ 用量为 2.0% 时生成的纳米 ZnO 量较多,所生成的纳米粒子对基体更易起到增强增韧的作用。

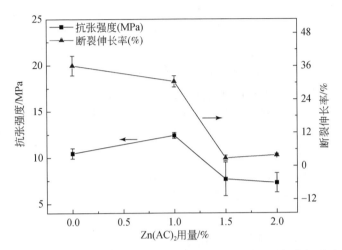

图 5-42 前驱体用量对酪素基纳米 ZnO 复合薄膜力学性能的影响

ZnO 前驱体用量对复合薄膜耐水性能影响结果如表 5-27 所示。由结果可知,CA-CPL 薄膜耐水性能较差,1h 内薄膜便完全溶解。当引入 ZnO 后,复合薄膜的耐水性能明显提高,且随着前驱体用量的增大,耐水性能不断增强,当前驱体用量增大到 2.0% 时,复合薄膜的耐水性能最大,吸水率减少到 49.9%。这是由于①硅烷偶联剂作为中间桥梁接枝到酪素分子上,其分子中所含的疏水链段使得酪素分子中的疏水作用增强;②复合乳胶膜后,ZnO 纳米粒子间的间隙可以捕捉空气,所形成的整体增强了复合薄膜的疏水作用。另外,与单原位乳液聚合法所制备的酪素基纳米 ZnO 复合薄膜的耐水性能相比,采用双原位乳液聚合法制备的复合薄膜耐水性能明显增强。

表 5-27 前驱体用量对酪素基纳米 ZnO 复合薄膜耐水性能的影响

前驱体用量/%	0	1.0	1.5	2.0	2.5
吸水率/%	1h 内完全溶解	232.0	125.0	43.9	复合薄膜部分脱落

3. 硅烷偶联剂种类的影响

采用硅烷偶联剂对纳米粒子进行表面改性是目前运用最多、用法最广的一种纳米粒子表面改性方法。为考察不同官能团、不同链长的硅烷偶联剂引入后对复合乳液性能的影响,研究中分别考察了偶联剂 KH-570、KH-560、KH-550、A-151 对酪素基纳米 ZnO 复合材料的影响。

对比 4 种不同偶联剂的官能团,可以得知,KH-560 含有活性环氧基团,该活性基团可与蛋白质分子中的—NH$_2$、—OH 等亲核基团发生 SN2 开环反应,以增强 ZnO 纳米粒子与酪蛋白间的结合力,具体机理如图 5-43 所示。酪蛋白分子中氨基上的 N 原子电负性较大,是较强的带电子亲核试剂,易进攻环氧基团中低电子云密度的 C 原子,使 C—O 键断裂,环氧基开环,其中 C—N 键的生成和 C—O 键的断裂同时发生,KH-560 接枝到酪素分子上[反应(a)];然后,KH-560 中的硅烷基团充分水解生成硅醇基团[反应(b)];由于前驱体生成的纳米粒子表面带有大量羟基(—OH),偶联剂水解生成的—Si(OH)$_3$与纳米粒子表面(—OH)进行缩合[反应(c)],纳米粒子以 KH-560 为桥键,接枝到酪素分子上。因此采用 KH-560 偶联剂表面改性后的纳米 ZnO 可通过分子间作用力与酪蛋白分子结合,且作用力较强。

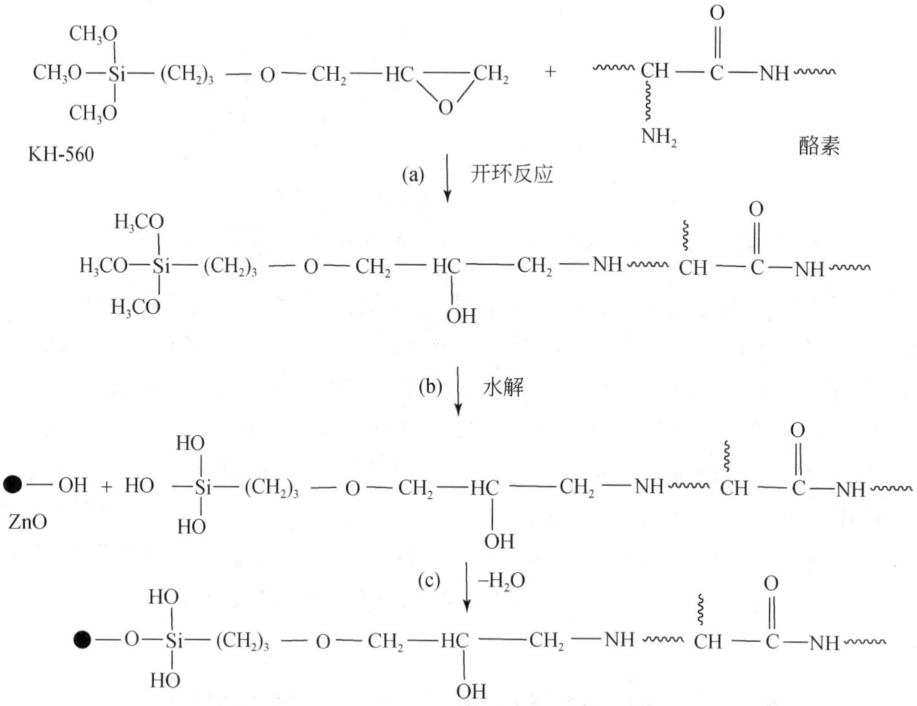

图 5-43　偶联剂 KH-560 与酪素的反应机理

不同种类的硅烷偶联剂对薄膜力学性能的影响如图 5-44 所示。结果发现,KH-570、KH-550 相对于 KH-560 改性薄膜的抗张强度有所提高,而断裂伸长率相对降低,其中采用 A-151 改性无机粒子所制备的复合薄膜的力学性能最低,这与硅烷偶联剂支链链长有关。对比 4 种硅烷偶联剂,其中 KH-560 链段最长。偶联剂 KH-560 分子结构中的环氧基团在碱性环境下发生开环反应,与酪蛋白分子中的氨基发生亲核反应,接枝到酪素分子侧链上,使酪素侧链增长,增加了酪素分子链间的相对滑动,提升酪素薄膜的断裂伸长率。而 A-151 的链段最短,酪素分子链间距离较小,相对滑动受限,因而复合薄膜的力学性能相对最差。

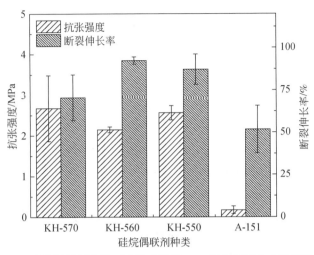

图 5-44　硅烷偶联剂种类对酪素基纳米 ZnO 复合薄膜力学性能的影响

　　为了考察不同硅烷偶联剂对 CA-CPL/ZnO 薄膜耐水性能的影响,测试了 4 种复合薄膜 24 h 的吸水率,结果见表 5-28。从表 5-28 可以看出,硅烷偶联剂 KH-570、KH-560、KH-550 改性薄膜的耐水效果较好,其中 KH-560 改性薄膜的吸水率最小,即耐水性能最优;而采用 A-151 改性薄膜在浸泡 24 h 后,部分复合薄膜发生溶解,并在蒸馏水中扩散,这也说明 A-151 复合薄膜与酪素分子的结合力最弱。如前所述,采用 KH-560 为表面改性剂所制备的酪素基复合薄膜耐水性能最优,这是因为 KH-560 能有效发挥桥键作用以增加有机相和无机相的界面结合强度,改善 ZnO 无机纳米粒子与酪素基体之间的相容性,因此以纳米 ZnO 为交联点的分子链结合更致密,从而使水分子不易渗入分子内部。另外 KH-560 在一定程度上减少了酪素分子上的亲水基团——羟基的数量,也进一步降低了复合薄膜的吸水率。

表 5-28　硅烷偶联剂种类对酪素基纳米 ZnO 复合薄膜耐水性能的影响

硅烷偶联剂种类	KH-570	KH-560	KH-550	A-151
吸水率/%	43.9	12.38	55.39	复合薄膜部分溶解

　　4. 酪素基纳米 ZnO 复合材料的结构

　　图 5-45 为 CA-CPL 和 CA-CPL/ZnO 复合材料的 FT-IR 谱图。从图 5-45 可以看出,CA-CPL 和 CA-CPL/ZnO 复合材料有明显特征峰,2 种复合材料均出现了以下吸收峰:3278.20 cm^{-1}、1629.86 cm^{-1} 以及 1536.98 cm^{-1},分别为—N—H 键的振动吸收峰、—C ═O 键和—C—N—键的伸缩振动峰。另外,采用双原位法将纳米 ZnO 引入酪素基体中,复合材料在 1405.86 cm^{-1}、1024.21 cm^{-1} 出现了新的特征峰,这两个新峰的出现说明了锌离子和酪素骨架产生一定的键合作用。

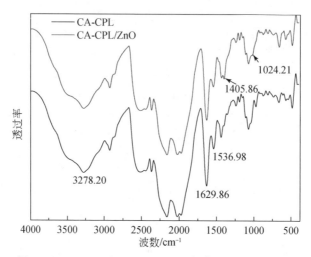

图 5-45　CA-CPL 和 CA-CPL/ZnO 复合材料的红外谱图

为了考察双原位乳液聚合法制备 CA-CPL/ZnO 乳胶粒的微观形貌和尺寸,对其进行 TEM 表征,结果如图 5-46 所示。CA-CPL/ZnO 复合乳胶粒粒径为 210 ~ 240 nm,粒径分布较均一。复合乳胶粒形貌为不规则球状。另外,从 TEM 照片可以看出,复合乳胶粒呈现多层结构,壳层是由几十纳米尺寸的粒子组装而成,这是因为在碱性体系中,酪素乳液整体带负电荷,带正电的 Zn²⁺ 或锌配合物通过静电引力吸附在酪素胶束表面,以酪素胶束为模板,ZnO 前驱体在胶束上进行生长生成纳米ZnO,纳米 ZnO 经过层层生长,在胶束表面形成具有不同层次的 ZnO 粒子层,最终得到具有多层结构的复合乳胶粒。

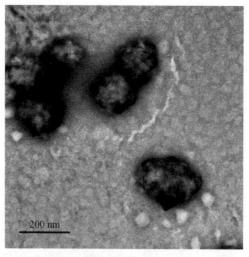

图 5-46　酪素基纳米 ZnO 复合乳胶粒的 TEM 照片

　　图 5-47 显示了 CA-CPL 和 CA-CPL/ZnO 复合乳胶粒的粒径和电位大小。CA-CPL 乳胶粒的平均粒径为 291 nm，CA-CPL/ZnO 的平均粒径为 259 nm，由此可看出，引入纳米粒子后，复合乳液粒径变小，分布变窄，这也说明采用双原位乳液聚合法将纳米粒子引入酪素基体中，有利于获得粒径较小、分布较均匀的复合乳液。另外，DLS 结果也说明，采用双原位乳液聚合法制备的 CA-CPL/ZnO 复合乳液 Zeta 电位为 −28.4 mV，呈阴离子性。

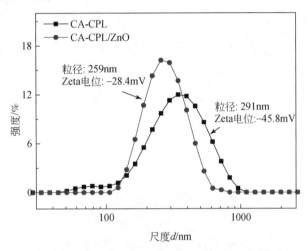

图 5-47　CA-CPL 和 CA-CPL/ZnO 复合乳胶粒 DLS 表征

　　图 5-48 展示了 CA-CPL 和 CA-CPL/ZnO 复合薄膜的 ESEM 照片。由图 5-48 可知，CA-CPL 薄膜表面平整且光滑，对比 CA-CPL 薄膜，CA-CPL/ZnO 薄膜表面呈现一种多孔性结构。另外，CA-CPL 和 CA-CPL/ZnO 薄膜截面具有相似的形态外观，光滑且平整。为了进一步验证纳米 ZnO 在薄膜中的分布情况，对 CA-CPL/ZnO 薄膜截面[图 5-48(d)]进行 EDX 表征，对 Zn 元素进行分析，结果如图 5-49 所示。从图 5-49 可以看出，纳米 ZnO 均匀地分散在酪素基体中。

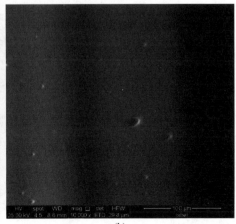

(a)　　　　　　　　　　　　　　　　　(b)

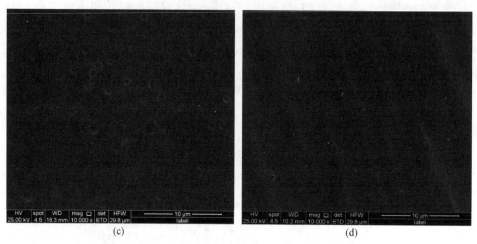

(c)　　　　　　　　　　　　　　　(d)

图 5-48　CA-CPL 和 CA-CPL/ZnO 复合薄膜的 ESEM 照片

(a)、(c)薄膜表面,(b)、(d)薄膜截面,(a)、(b)CA-CPL,(c)、(d)CA-CPL/ZnO

图 5-49　CA-CPL/ZnO 复合薄膜截面 EDX 图(Zn 元素分布)

5. 酪素基纳米 ZnO 复合材料的应用性能

图 5-50 显示了 CA-CPL 与 CA-CPL/ZnO 复合乳液涂饰革样的力学性能测试结果。从图 5-50 可以看出,引入纳米 ZnO 后,涂饰革样的抗张强度和断裂伸长率均增强。其中,抗张强度提升了 87.77%,断裂伸长率提升了 13.70%,这说明双原位乳液聚合法有利于获得相容性较好的复合体系,同时纳米粒子在有机体中的分散性较强,因此 ZnO 纳米粒子引入酪素基皮革涂饰材料中,能起到明显的增强增韧作用。

CA-CPL 与 CA-CPL/ZnO 复合乳液涂饰后革样卫生性能的对比结果如图 5-51所示。由图 5-51 可知,CA-CPL/ZnO 涂饰革样的透气性较不含无机纳米粒子的革样有所提升,提高了 7.5%,这是因为采用双原位乳液聚合法制备酪素基纳米 ZnO 复合乳液,可实现纳米粒子在基材中的均匀分散,使复合粒子较均一。另外,复合乳胶

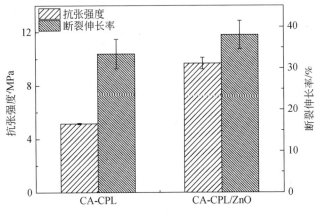

图 5-50　涂饰革样的抗张强度和断裂伸长率

粒的粒径相对较小,比表面积较大,有利于薄膜表面的孔隙增多,使得空气分子易通过。CA-CPL 与 CA-CPL/ZnO 涂饰革样的透水汽性分别为 0.75 mL/(10 cm² · 24 h) 和 0.77 mL/(10 cm² · 24 h),基本相当。

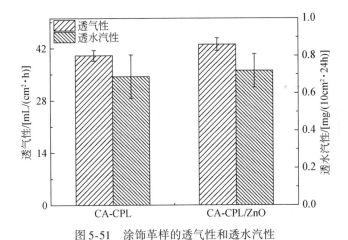

图 5-51　涂饰革样的透气性和透水汽性

6. 酪素基纳米 ZnO 复合材料的形成机理

为了更清楚地解释双原位酪素基纳米 ZnO 乳胶粒的生成过程和稳定机理,结合实验结果探讨了 CA-CPL/ ZnO 乳胶粒形成机理,结果如图 5-52 所示。首先,酪素胶束在碱性条件下溶解,形成胶束。在一定温度和机械作用力下,加入 CPL 和 KH-560,己内酰胺与酪素大分子发生亲核反应,通过缩聚反应接枝到酪素分子侧链上,成较均一的乳胶粒。同时,硅烷偶联剂 KH-560 上环氧基团在碱性条件下发生开环反应,与 CA-CPL 分子上的氨基发生 SN2 反应,且 KH-560 的硅烷基水解成硅醇基。当引入 Zn(AC)₂后,调节体系 pH,前驱体水解生成纳米 ZnO,使纳米粒子表面带有羟基,水解后的 KH-560 与 ZnO 表面的羟基发生缩合反应,使纳米 ZnO 接枝到酪素分子链中。此外,在碱性条件制备的酪素溶解液整体带负电荷,加入 ZnO 前驱体后,带正电荷的 Zn^{2+} 通过静电作用力吸附于带负电的酪素乳胶粒表面,ZnO 以酪素胶束为模板,在其表面进行成核生长,因此形成了多层结构的复合乳胶粒 ZnO,纳米 ZnO 经过层层生长,在胶束表面形成具有不同层次的 ZnO 粒子层,最终得到具有多层结构的复合乳胶粒。

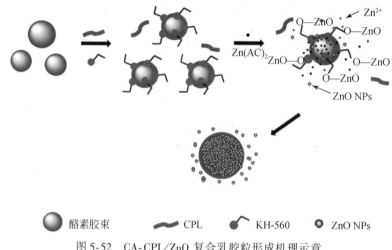

图 5-52　CA-CPL/ZnO 复合乳胶粒形成机理示意

5.4.4　小结

采用双原位乳液聚合法将纳米 SiO_2 引入己内酰胺-丙烯酸酯共改性酪素体系中,获得核壳结构规整的酪素基 SiO_2 纳米复合乳液。复合乳胶粒粒径约为 80 nm 左右,粒子大小分布均一。其中,SiO_2 均匀包裹于壳层。与未引入 SiO_2 的酪素基材料相比,采用该方法制备的酪素基复合材料稳定性更优,粒径更小,且涂膜具有更为优异的耐热稳定性、耐水性及力学性能。与常规复配法获得的复合乳液相比,采用双原位乳液聚合法获得的乳胶粒粒子大小及分布均一性均较优,乳胶粒稳定性更优,且乳胶膜具有更为优异的耐热稳定性、耐水性及力学性能。

为改善单原位酪素基 ZnO 复合乳液的抗菌性和薄膜的耐水性,同时进一步提高有机相和无机相之间的相容性,采用双原位乳液聚合法制备了 CA-CPL/ZnO 复合皮革涂饰材料。以复合乳液的稳定性能和抗菌性能、复合薄膜的力学性能和耐水性能为考察指标,得到了最优制备工艺:体系的 pH 为 9.0、ZnO 前驱体用量为 2%、硅烷偶联剂 KH-560 为纳米粒子表面改性剂且其用量为 3.5%。TEM 表征结果显示,最优工艺下所制备的 CA-CPL/ZnO 复合乳胶粒粒径大小为 259 nm,呈多层核壳结构;DLS 测试结果表明,复合材料 Zeta 电位为 -28.4mV;FESEM 结果表明,纳米 ZnO 均匀分布在复合薄膜中。皮革涂饰应用结果表明,采用双原位乳液聚合法将纳米 ZnO 引入改性酪素基体中,有利于改善涂饰革样的力学性能、卫生性能及耐干擦性能。与单原位乳液聚合法制备的复合乳液相比,双原位乳液聚合法制备的复合材料抗菌性能和耐水性能有所提升,且得到的乳胶粒粒径从 400 nm 减小到 259 nm。

第6章 Pickering 乳液聚合法制备皮革涂饰材料的研究

6.1 Pickering 乳液聚合的概念

20世纪初,Ramsden 和 Pickering 在研究含有细微固体颗粒的石蜡和水乳液体系时发现,微米尺寸的胶体粒子能在两相界面形成粒子膜,从而阻止乳液滴发生聚并。这种由固体颗粒吸附于油水界面来稳定的乳液被称为 Pickering 乳液或 Pickering 乳状液,所用乳化剂被称为 Pickering 乳化剂,有时也称为颗粒乳化剂。

在 Pickering 乳液中,固体粒子自发聚集在油水界面,隔开油相和水相而达到稳定乳液的目的。与传统表面活性剂稳定的乳液相比,Pickering 乳液有其自身优势,第一,对人体的毒害作用远小于表面活性剂,且环境友好;第二,乳液稳定性强;第三,乳状液的类型易于改变,油水体积比不需太大变化,即可使乳液转相;第四,无气泡。因此,Pickering 乳液可减少或替代传统表面活性剂类乳化剂的使用,避免表面活性剂带来的不利影响。

6.2 Pickering 乳液聚合的特点

Pickering 乳液聚合法是使用固体粒子作为乳液稳定剂进行乳液聚合的方式。与传统的乳液聚合方式不同,Pickering 乳液聚合可在不使用表面活性剂的情况下制备有机/无机复合粒子。由于无机纳米粒子具有很大的比表面积,已有大量文献报道了其在 Pickering 乳液中可以充当很好的乳化剂。近些年来,Pickering 乳液聚合技术成为高分子/无机纳米粒子复合物领域研究的热点之一,所制备的复合物具有高分子核、无机纳米壳形貌,有可能兼具高分子的韧性、高模量以及无机物的高强、耐热等特性。

Pickering 乳液的稳定机理主要有接触角理论、界面膜理论、三维网络结构理论和架桥理论。其中接触角理论最早被提出,该理论认为颗粒粒子在两相界面上的接触 θ 是一个十分重要的参数。对于亲水性粒子,一般接触角 $\theta<90°$,粒子大部分都处于水相;对于疏水性粒子,一般 $\theta>90°$,粒子大部分处于油相。粒子大部分表面处于外部相时会导致单层粒子膜的弯曲。因此,当粒子 $\theta<90°$ 时,油被包覆于水相中,形成 O/W 型乳液;而当 $\theta>90°$ 时,则造成水相分散于油相中,形成 W/O 型乳液(图6-1)。接触角 θ 不仅影响乳液类型,还决定了粒子在两相界面上所占有的面积,并在很大程度上影响乳液的稳定性。

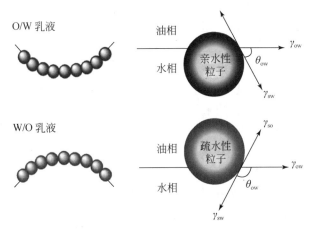

图 6-1　三相接触角理论示意图

　　从理论上来说,当接触角 $\theta = 90°$ 时,颗粒界面吸附能最大,且颗粒从界面置换到水相所需的能量与颗粒从界面置换到油相所需能量相等,乳液体系应该具有很好的稳定性,但此时界面膜的临界毛细管作用力为零,反而使乳液不稳定。

　　固体颗粒单独稳定 Pickering 乳液的稳定性受到多种因素的影响,主要包括颗粒表面性质、颗粒粒度、颗粒浓度、油水比、颗粒的初始分散相、油相极性和水相电解质等。

　　除了单独固体颗粒稳定的 Pickering 乳液,Pickering 乳液还可以由固体颗粒协同表面活性物质稳定。一般而言,由于固体粒子与表面活性物质之间协同稳定乳液能力的存在,加入适量的表面活性物质,能够使 Pickering 乳液的分层和聚结稳定性得到显著提高。在含有固体颗粒的乳液中加入表面活性物质主要有三方面的作用:①改变颗粒表面的润湿性;②促进颗粒的絮凝;③降低油/水界面张力。文献中报道阴离子、阳离子、非离子、两性表面活性剂均可与固体粒子共同稳定 Pickering 乳状液。

　　表面活性剂本身具有表面活性,可以降低界面张力,起到乳化稳定的作用。在固体粒子协同表面活性物质稳定的 Pickering 乳状液中,表面活性剂有时也充当乳化剂的作用。Tigges 等在研究表面活性剂和非表面活性剂分别改性勃姆石作为稳定剂所形成乳液的界面性质时,发现表面活性剂和非表面活性剂在界面上的性质显示出很大的差异性,表面活性剂分隔在固–液和液–液界面之间,充当类似助乳化剂的作用,而非表面活性剂只吸附在固体粒子表面。

6.3　以纳米 SiO_2 粉体为稳定剂制备皮革涂饰材料

6.3.1　合成思路

　　聚丙烯酸酯具有优异的成膜性、良好的保光性和卓越的机械性及黏结性能被广泛应用,但常规乳液聚合法制备的聚丙烯酸酯乳液时常会用到大量的表面活性剂,存在涂膜耐水性差和环境污染的缺点,难以用于高档产品。作者以纳米 SiO_2 粉体代替传统表面活性剂,丙烯酸酯类单体为原料,采用 Pickering 乳液聚合法制备聚丙烯酸酯基纳米 SiO_2 复合乳液,并将复合乳液应用于皮革涂饰工艺中。一方面可以避免传统乳化剂的使用,提高涂膜的耐水性,改善涂饰皮革的各项结合牢度;另一方面将纳米 SiO_2 引入涂膜,改善涂膜的耐热稳定性。

6.3.2 合成方法

作者采用三乙氧基乙烯基硅烷(A-151)对纳米 SiO_2 粉体进行改性,以改性纳米 SiO_2 粉体作为稳定剂稳定丙烯酸酯类单体,进而通过 Pickering 乳液聚合法制备聚丙烯酸酯基纳米 SiO_2 复合乳液(PA/SiO_2-P)。称取 3% 纳米 SiO_2 粉体和水加入烧杯中,超声分散 5 min,加入一定量的硅烷偶联剂三乙氧基乙烯基硅烷(A-151),倒入三口烧瓶,转速 300 r/min,水浴升温至 85℃,保温 2 h。冷却倒入烧杯中,加入 APS、水、MMA、BA、GMA、AA,将其乳化 5 min,形成乳状液。之后将乳状液加入三口烧瓶中,转速 300 r/min,水浴升温至 80℃,保温 2 h。冷却、过滤即得复合乳液。

以乳液凝胶率、单体转化率及乳液离心稳定性为指标,考察硅烷偶联剂 A-151用量、聚合方式、软硬单体质量比和引发剂用量对复合乳液的影响。

6.3.3 结构与性能

1. Pickering 乳状液

图 6-2 为 Pickering 乳状液照片。从图 6-2 可以看出形成了白色、均匀的Pickering 乳状液,说明改性后的纳米 SiO_2 可以很好地稳定乳液。

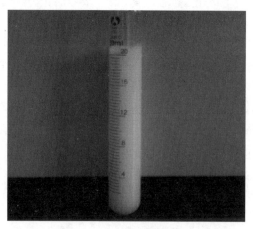

图 6-2　Pickering 乳状液照片

为进一步观察 SiO_2 稳定的乳状液的形貌和大小,采用正置式显微镜分别对表面活性剂十二烷基磺酸钠(SDS)和改性后的 SiO$_2$ 稳定的乳状液进行表征。图6-3 为乳状液的光学显微镜照片,从 SDS 稳定的乳状液显微镜照片图 6-3(a)可以看出,SDS 稳定的乳液滴形状为球形,分散性较好,且大小比较均一,在 5 μm 左右。从图 6-3(b)所示改性 SiO$_2$ 稳定的 Pickering 乳状液显微镜后照片中可以看出,形成的乳液滴也基本为球形,也有被挤压形成的扁球形,分散性较好,但大小不均匀;与 SDS 稳定的乳液滴相比,尺寸明显偏大。对比图 6-3(a)和(b)可知,与表面活性剂 SDS 稳定的 Pickering 乳状液相比,改性 SiO$_2$ 具有稳定 Pickering 乳状液的能力,但稳定能力较弱,形成的液滴较大,均匀程度低。

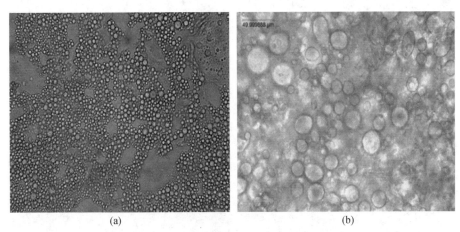

(a)　　　　　　　　　　　　　　　　　(b)

图 6-3　Pickering 乳状液的光学显微镜照片
(a)以 SDS 稳定,(b)以改性 SiO$_2$ 稳定

2. 聚丙烯酸酯基纳米 SiO$_2$ 复合乳液

图 6-4 为 MMA 与 BA 质量比分别为 1∶1、1∶2、1∶3、1∶4 制备的聚丙烯酸酯基纳米 ZnO 复合乳液的 TEM 照片。从图 6-4 可以看出,软硬单体比例的不同会导致乳胶粒的形貌发生变化。当 MMA 与 BA 质量比为 1∶1 时,乳胶粒为核壳结构,黑色的 SiO$_2$ 被包覆在乳胶粒的内部;随着 BA 的增加,当 MMA 与 BA 质量比为 1∶2 时,黑色的 SiO$_2$ 一部分分布在乳胶粒的内部,还有一部分分布在乳胶粒的表面,核壳结构消失,乳胶粒开始变形;当 MMA 与 BA 质量比为 1∶3 时,黑色的 SiO$_2$ 分布乳胶粒的表面和乳胶粒之间的缝隙中,乳胶粒变形更严重,互相挤压成六边形;当 MMA 与 BA 质量比为 1∶4 时,黑色的 SiO$_2$ 分布在乳胶粒的表面和乳胶粒之间的缝隙中,乳胶粒变形比 1∶3 更严重,互相挤压成更紧凑六边形。这可能是因为水包油型乳液中乳胶粒中极性大的单体易富集在外层,极性小的单体易富集在内核,MMA 易富集在外层,BA 易富集在内核,改性二氧化硅表面因为略微改性虽具有双键但仍亲水,改性 SiO$_2$ 对 MMA 的亲和力较 BA 更好,所以纳米 SiO$_2$ 易富集在 MMA 多的外层。当 MMA 的量较多、BA 的量较少时,形成了这种明显的核壳结构。随着 BA 含量的

增加,BA 占据一部分 MMA 的空间,于是二氧化硅开始向更外层的表面迁移,BA 含量越多,迁移现象越明显;同时随着软单体 BA 比例的增加,乳胶粒的形貌由核壳结构的球形逐渐变为六边形,乳胶粒的挤压变形更为严重。这可能是因为软单体 BA 的玻璃化转变温度较低,TEM 制样过程中需要干燥,乳液会干燥涂膜,从而乳胶粒之间发生挤压变形,随着软单体 BA 比例的增加,这种现象更加明显。乳胶粒的直径大约为 800 nm 左右,尺寸较均一。

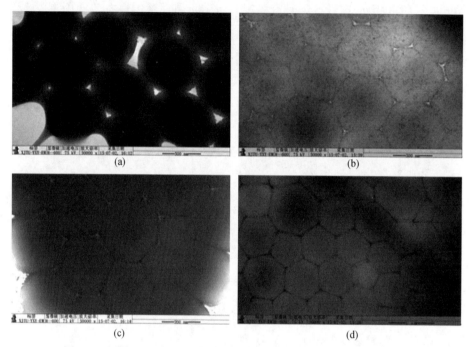

图 6-4　不同 MMA 与 BA 质量比的 PA/SiO$_2$-P 复合乳液的 TEM 照片

(a)1:1,(b)1:2,(c)1:3,(d)1:4

3. 聚丙烯酸酯基纳米 SiO$_2$ 复合乳胶膜

为了观察复合乳胶膜中是否引入了纳米 SiO$_2$ 粒子,对纯聚丙烯酸酯乳液的涂膜和 PA/SiO$_2$-P 复合乳液的涂膜进行了 SEM 观察。图 6-5 为乳液涂膜的 SEM 照片。由图 6-5(a)可以看出聚丙烯酸酯的涂膜表面比较光滑平整。由图 6-5(b)可以看出,PA/SiO$_2$-P 复合乳液的涂膜表面有裂纹,且有白色纳米 SiO$_2$ 粒子的存在。由此说明纳米 SiO$_2$ 均匀分散在 PA/SiO$_2$-P 复合乳液的涂膜中。

为了进一步验证纳米 SiO$_2$ 粒子的存在,对纯聚丙烯酸酯乳液的涂膜和 PA/SiO$_2$-P 复合乳液的涂膜进行了 EDS 面扫描能谱分析。图 6-6 为乳液涂膜的元素分布及 EDS 面扫描能谱分析结果。从图 6-6(a)可以看出,纯聚丙烯酸酯乳液的涂膜中 Si 元素的含量几乎没有,而图 6-6(b)PA/SiO$_2$-P 复合乳液的涂膜中 Si 元素的含量为 2.34%,与制备过程中 3% 的纳米 SiO$_2$ 添加量相对比较接近,且从图 6-6(c)~(d)面扫描 Si 元素的分布中可以看到 Si 元素的存在。以上结果都能表明 PA/SiO$_2$-P 复合乳胶膜中成功引入了纳米 SiO$_2$ 粒子。

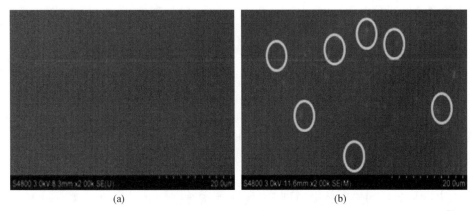

(a)　　　　　　　　　　　　　　(b)

图 6-5　涂膜的 SEM 照片

(a) 聚丙烯酸酯乳液, (b) PA/SiO$_2$-P 复合乳液

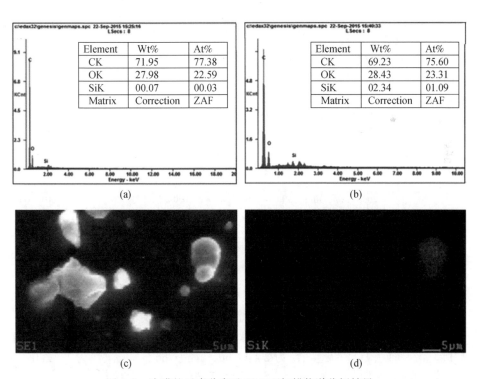

图 6-6　涂膜的元素分布及 EDS 面扫描能谱分析结果

(a) 聚丙烯酸酯乳液元素分布, (b) PA/SiO$_2$-P 复合乳液元素分布, (c) PA/SiO$_2$-P
复合乳胶膜面扫区域, (d) PA/SiO$_2$-P 复合乳胶膜 Si 元素面分布

图 6-7 为聚丙烯酸酯乳液涂膜和 PA/SiO$_2$-P 复合乳胶膜的 TG 曲线。由图 6-7 可知,聚丙烯酸酯乳液涂膜的重量热损失可分为两个区域,分别为失去吸附水的阶段和聚合物链热分解阶段;当温度低于 100℃ 时,有 1.7% 吸附水的重量损失,温度在 150~450℃ 之间有 92.4% 的聚合物分子链的重量损失。聚丙烯酸酯乳液涂膜总的重量损失为 94.1%。而对于 PA/SiO$_2$-P 复合乳液的涂膜来说,热重量损失只有一个区域,即 200~450℃;此时复合乳液有 95.8% 的失重,主要是聚合物链的分解造成。PA/SiO$_2$-P 与聚丙烯酸酯乳液涂膜总的重量损失相差不大。以上结果说明 PA/SiO$_2$-P 复合乳液的涂膜初始热分解温度高于聚丙烯酸酯乳液涂膜。这是由于在该温度范围内,纳米 SiO$_2$ 并没有发生分解。PA/SiO$_2$-P 复合乳胶膜失重率为 10% 时的热分解温度高于此条件下聚丙烯酸酯乳液的热分解温度,分别对应的热分解温度为 299.8℃ 和 347.7℃,因此纳米 SiO$_2$ 的存在提高了复合乳胶膜的热分解温度。DTG 分析表明,聚丙烯酸酯乳液膜的最大重量损失温度为 388.1℃。PA/SiO$_2$-P 复合乳胶膜的最大重量损失温度发生在 391.7℃,也高于聚丙烯酸酯乳液涂膜的最大重量损失温度。这意味着纳米 SiO$_2$ 在一定程度上提高了聚丙烯酸酯乳液涂膜的热稳定性。

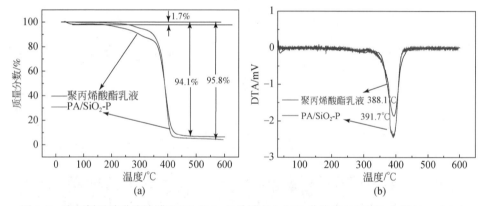

图 6-7　聚丙烯酸酯乳液涂膜和 PA/SiO$_2$-P 涂膜的(a)TG 曲线和(b)DTG 曲线(3% SiO$_2$)

4. 应用性能

将聚丙烯酸酯基纳米 SiO$_2$ 复合乳液(PA/SiO$_2$-P)应用于皮革涂饰工艺中,首先对涂饰后皮革的透气性及透水汽性能进行测试。

表 6-1 为涂饰后革样的透气性及透水汽性测试结果。从表 6-1 可以看出,聚丙烯酸酯乳液涂饰后革样的透气性为 20.48 mL/(cm·h),透水汽性为 1472.00 mg/(10 cm^2·24 h),采用 PA/SiO$_2$-P 复合乳液涂饰后革样的透气性为 309.69 mL/(cm·h),透水汽性为 2033.90 mg/(10 cm^2·24 h)。这表明采用 Pickering 乳液聚合法制备 PA/SiO$_2$-P 复合乳液的涂膜透水汽性、透气性均有所提高。这是因为透水汽可以通过微孔质扩散实现,也可以通过亲水性基团在涂膜中"吸附-扩散-解吸"传递水蒸气分子实现。采用常规聚丙烯酸酯乳液时,涂膜内存在表面活性剂,表面活性剂具

有亲水亲油的基体;当存在涂膜之间时,会吸附水分子,然而无法解吸水分子,因此使得水汽不能很好地透过涂膜。当采用纳米 SiO_2 粒子作为稳定剂时,没有表面活性剂的使用,减少了涂膜中的亲水基团,有利于气体和水分子的透过。

表 6-1　涂饰后革样的透气性及透水汽性

样品	革样 1	单样 2
透气性/$[(mL/(cm \cdot h)]$	20.48	309.69
透水汽性/$[mg/(10\ cm^2 \cdot 24\ h)]$	1472.00	2033.90

注:革样 1 是采用聚丙烯酸酯乳液涂饰后的革样,革样 2 是采用 PA/SiO_2-P 复合乳液涂饰后的革样。

图 6-8 为涂饰后革样的抗张强度、涂饰后革样的断裂伸长率和涂饰后革样的撕裂强度。与坯革相比,聚丙烯酸酯乳液涂饰的革样和 PA/SiO_2-P 复合乳液涂饰后革样的力学性能均有所提高。从图 6-8(a) 可以看出,与聚丙烯酸酯乳液涂饰的革样相比,采用 PA/SiO_2-P 复合乳液涂饰革样的抗张强度相差不大;从图 6-8(b) 和图 6-8(c) 可以看出,断裂伸长率和撕裂强度提高。这可能是由于纳米 SiO_2 具有增强增韧性,因此涂饰后革样的断裂伸长率和撕裂强度均有所提升。

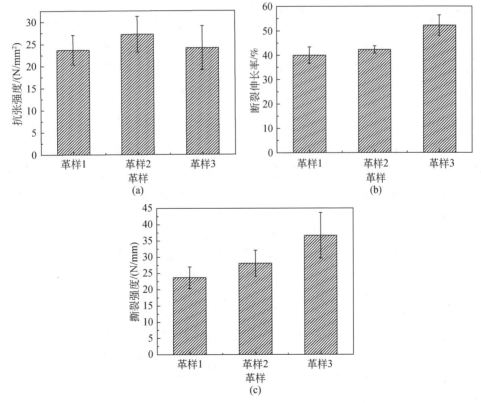

图 6-8　涂饰后革样的(a)抗张强度(b)断裂伸长率(c)撕裂强度
革样 1-坯革,革样 2-聚丙烯酸酯乳液涂饰革样,革样 3-PA/SiO_2-P 复合乳液涂饰革样

　　表6-2为涂饰后革样的耐干/湿擦牢度。从表6-2可以看出,聚丙烯酸酯乳液涂饰后革样的耐干摩擦牢度为3~4级,耐湿擦牢度为1级;采用PA/SiO₂-P复合乳液涂饰后的革样耐干摩擦牢度为4级,耐湿擦牢度为2级。这可能是由于PA/SiO₂-P复合乳液中没有表面活性剂的使用,同时纳米SiO₂粒子是刚性粒子。因此,耐干/湿擦牢度较聚丙烯酸酯乳液涂饰后的革样均有所提高。

表6-2　涂饰后革样的耐干湿擦牢度

样品	耐干擦牢度/级	耐湿擦牢度/级
革样1	3~4	1
革样2	4	2

注:革样1是采用聚丙烯酸酯乳液涂饰后的革样,革样2是采用PA/SiO₂-P复合乳液涂饰后的革样。

　　表6-3为涂饰后革样的柔软度。从表6-3可以看出,与聚丙烯酸酯乳液涂饰的革样相比,采用PA/SiO₂-P复合涂饰材料涂饰革样的柔软度相差不大。

表6-3　涂饰后革样的柔软度

样品	革样1	革样2
柔软度/mm	7.55	7.52

注:革样1是采用聚丙烯酸酯乳液涂饰后的革样,革样2是采用PA/SiO₂-P复合乳液涂饰后的革样。

　　分别对聚丙烯酸酯类涂饰材料涂饰革样和Pickering乳液聚合法制备的PA/SiO₂-P复合乳液涂饰后革样进行耐折牢度的测试,经过100000次耐折测试后涂层均完好无损,并未出现变色、起毛、起壳、破裂、裂纹及掉浆等现象。

6.3.4　小结

　　采用A-151改性后的纳米SiO₂粉体作为Pickering乳化剂,通过Pickering乳液聚合法将其引入聚丙烯酸酯乳液中制备PA/SiO₂-P复合乳液。聚丙烯酸酯乳液涂饰后革样的透气性为20.48 mL/(cm·h),透水汽性为1472.00 mg/(10 cm²·24 h);采用PA/SiO₂-P复合乳液涂饰后革样的透气性为309.69 mL/(cm·h),透水汽性为2033.90 mg/(10 cm²·24 h)。PA/SiO₂-P涂饰革样的耐干/湿擦牢度、透气性及透水汽性更优。与聚丙烯酸酯乳液涂饰的革样相比,采用PA/SiO₂-P复合乳液涂饰革样的抗张强度相差不大,断裂伸长率和撕裂强度提高,耐干/湿擦牢度提高半级,耐湿擦牢度提高1级,柔软度相差不大。

6.4　以纳米SiO₂溶胶为稳定剂制备皮革涂饰材料

6.4.1　合成思路

　　在6.3节研究的基础上,作者以纳米SiO₂溶胶代替传统表面活性剂,稳定丙烯酸酯类单体,采用 Pickering 乳液聚合法制备聚丙烯酸酯基纳米 SiO$_2$ 复合乳液,以期减小乳液凝胶率,提高乳液的稳定性。

6.4.2　合成方法

采用未改性纳米 SiO$_2$ 溶胶作为乳液稳定剂,以丙烯酸酯类单体为原料,通过 Pickering 乳液聚合法制备了聚丙烯酸酯基纳米 SiO$_2$ 复合乳液(PA/SiO$_2$-S)。称取一定量的纳米 SiO$_2$ 溶胶和水加入三口烧瓶中,搅拌 5 min,转速 250 r/min,滴加入一定量的 MMA、BA、GMA 和 AA 的混合液,搅拌 10 min,水浴升温至 75℃,加入一定量的引发剂 APS 和水,保温。

6.4.3　结构与性能

1. 聚合时间对复合乳液的影响

图 6-9 为聚合时间对单体转化率、乳胶粒径的影响。由图 6-9(a)可知,随着时间的延长,单体转化率逐渐增加,在反应初始至 1 h 内转化率增加迅速,2 h 后转化率基本不变。由图 6-9(b)可知,随着反应时间的延长,乳胶粒径不断增大;在 1 h 内增加明显,乳胶粒径在 1 h 之后略有降低,2 h 后粒径基本保持不变。

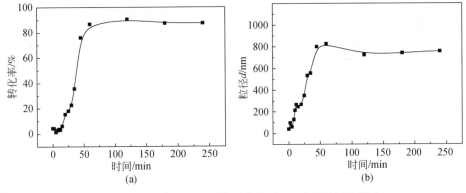

图 6-9　聚合时间对(a)单体转化率和(b)乳胶粒径的影响

为了进一步研究乳液的聚合过程,对聚合过程中乳液的粒径分布及形貌进行了 DLS 和 TEM 表征。图 6-10 为不同聚合时间的 PA/SiO$_2$-S 复合乳液的粒径分布图及 TEM 照片。如图 6-10(a)所示,TEM 照片表明,在聚合 2 min 时,乳胶粒子已经开始成核。乳胶粒子大小不均一,这与粒径分布的结果一致。乳液的粒径分布出现 3 个峰,呈现多分散性。第一个峰平均值是 35 nm,这主要是二氧化硅粒子(10~30 nm)和聚合物核。第二个峰和第三个峰主要是由二氧化硅稳定的单体液滴和一些在聚合初期初级粒子的聚并引起的出峰。图 6-10(b)显示了反应 8 min 时乳胶粒子的形态,乳胶粒长大,但粒径仍不均一。与图 6-10(a)相比,第三个峰消失、第一个峰变弱、第二个峰变强。乳液的粒径分布出现两个峰,也说明了粒径仍不均一,粒径仍呈多分散性。图 6-10(c)显示了反应 10 min 时乳胶粒子的形态,乳胶粒长大,粒径均一,约为 300 nm。乳液的粒径分布只有一个出峰,呈现单分散性。与图 6-10(b)粒径分布相比,第一个峰的消失也意味着成核过程的结束和聚合的第二阶段的开始。随着反应时间的延长,乳胶粒长大,同时一些乳胶粒发生聚并,乳胶粒子的直径增加,粒径分布变窄[图 6-10(d)~(e)]。图 6-10(e)TEM 照片表明,聚合结束后 PA/SiO$_2$-S 复合粒子大小为 690 nm 左右,分散性良好。与图 6-10(a)~(c)相比,体系中游离的 SiO$_2$ 量显著降低,表明游离的 SiO$_2$ 吸附在了乳胶粒子表面。

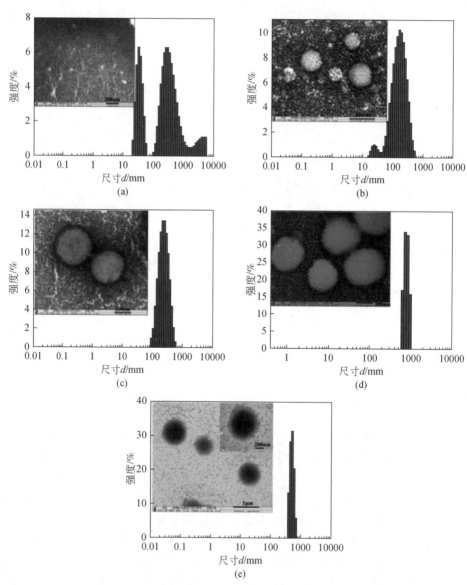

图 6-10　不同聚合时间的 PA/SiO$_2$-S 复合乳液的粒径分布图及 TEM 照片
(a)2 min,(b)8 min,(c)10 min,(d)60 min,(e)240 min

　　基于以上研究,对 PA/SiO$_2$-S 乳液聚合的机理(图 6-11)进行了分析,本研究以纳米 SiO$_2$ 溶胶代替表面活性剂作为稳定剂,稳定油相单体和水相。在搅拌的作用下,SiO$_2$ 吸附在油滴的表面,形成大小不均的 O/W 型 Pickering 乳液滴,然后溶解在水中的引发剂在高温下分解为自由基。在聚合初始阶段[图 6-11(a)],引发剂自由基引发一部分单体聚合形成聚合物核,随着反应的继续,部分单体扩散入水中二次成核吸附游离的 SiO$_2$,同时一些初级粒子发生聚集,乳胶粒子的大小逐渐均一[图 6-11(b)]。当乳胶粒子的大小均一时,聚合反应进入第二阶段[图 6-11(c)],自由基聚合引发链增长,乳胶粒子长大。结合图 6-11(b),聚合物链增长到一定阶段时,不再长大[图 6-11(d)]。图 6-11(e)标志着聚合结束。

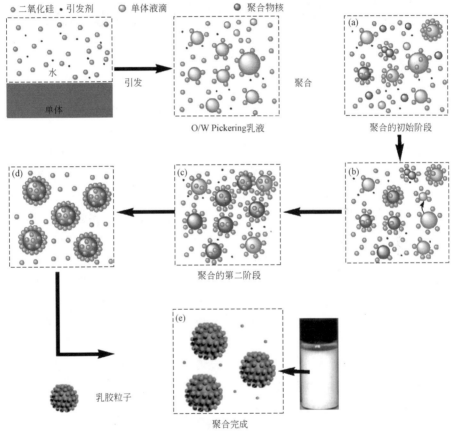

图 6-11　PA/SiO$_2$-S 乳液聚合机理

2. 复合乳胶膜的表征

　　为了观察复合乳胶膜中是否引入了纳米 SiO$_2$ 粒子,对聚丙烯酸酯乳液涂膜和 PA/SiO$_2$-S 复合乳液的涂膜分别进行了扫描电镜分析。图 6-12 为涂膜的 SEM 照片。由图 6-12 可以看出,聚丙烯酸酯的涂膜表面比较光滑平整。从图 6-12(b)可以看出,PA/SiO$_2$-S 复合乳液的涂膜表面有裂纹,且有白色纳米 SiO$_2$ 粒子的存在,说明纳米 SiO$_2$ 粒子均匀分散在 PA/SiO$_2$-S 复合乳液的涂膜中。

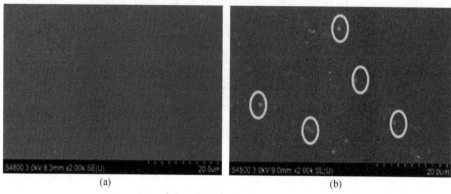

图 6-12　涂膜的 SEM 照片
(a)聚丙烯酸酯乳液涂膜,(b)PA/SiO$_2$-S 复合乳胶膜

为了进一步验证纳米 SiO$_2$ 粒子的存在,对聚丙烯酸酯乳液的涂膜和 PA/SiO$_2$-S 复合乳液的涂膜进行了面扫描能谱分析,图 6-13 为涂膜的元素分布及 EDS 面扫描能谱分析结果。从图 6-13(a)可以看出,聚丙烯酸酯乳液的涂膜中 Si 元素的含量几乎没有;从图 6-13(b)可以看出 PA/SiO$_2$-S 复合乳液涂膜中 Si 元素的含量为 10.24%,与制备过程中 12% 的纳米 SiO$_2$ 添加量比较接近;从图 6-13(c)~(d)Si 元素面扫描的结果中可以看出 Si 元素的存在,且 Si 元素的分布比较均匀。以上结果都能表明复合乳胶膜中成功引入了纳米 SiO$_2$ 粒子。

图 6-14 为聚丙烯酸酯乳液涂膜和 PA/SiO$_2$-S 复合乳胶膜的 TG 曲线。由图 6-14 可知,聚丙烯酸酯乳液涂膜总的重量损失为 94.1%。热重量损失可分为两个区域,分别为失去吸附水的阶段和聚合物链热分解阶段。当温度低于 100℃时,有 1.7% 吸附水的热重量损失,温度在 150~450℃之间有 92.4 的聚合物分子链的热重量损失。而对于 PA/SiO$_2$-S 复合乳液的涂膜来说,热重量损失只有一个区域,从 280~450℃,复合乳液仅有 87.93% 的失重,主要是聚合物链的分解造成的。以上结果说明 PA/SiO$_2$-S 复合乳液的涂膜初始热分解温度高于聚丙烯酸酯乳液涂膜的热分解温度。这是由于在该温度范围内,纳米 SiO$_2$ 并没有发生分解。PA/SiO$_2$-S 复合乳胶膜失重率为 10% 时的热分解温度高于聚丙烯酸酯乳液的热分解温度,分别对应的热分解温度为 299.8℃ 和 369.1℃。因此,纳米 SiO$_2$ 的存在提高了复合乳胶膜的热分解温度。DTG 分析表明,聚丙烯酸酯乳胶膜的最大重量损失温度为 388.1℃。PA/SiO$_2$-S 复合乳胶膜的最大重量损失温度发生在 398.7℃,也高于聚丙烯酸酯乳液涂膜的最大重量损失温度。这意味着纳米 SiO$_2$ 在一定程度上提高了聚丙烯酸酯乳液涂膜的热稳定性。

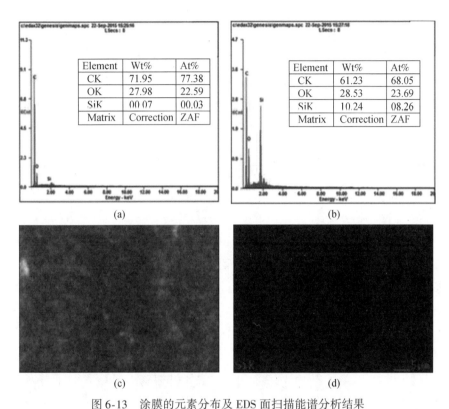

图 6-13　涂膜的元素分布及 EDS 面扫描能谱分析结果

（a）聚丙烯酸酯乳液元素分布，（b）PA/SiO$_2$-S 复合乳液元素分布，（c）PA/SiO$_2$-S 复合乳胶膜面扫区域，

（d）PA/SiO$_2$-S 复合乳胶膜 Si 元素面分布

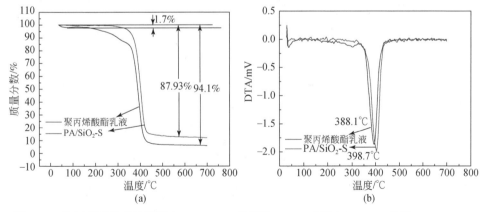

图 6-14　聚丙烯酸酯乳液涂膜和 PA/SiO$_2$-S 涂膜的（a）TG 曲线和（b）DTG 曲线（12% SiO$_2$）

3. 应用性能

将 PA/SiO$_2$-S 复合乳液应用于皮革涂饰工艺中，表 6-4 为涂饰后革样的透气性及

透水汽性测试结果。从表 6-4 可以看出,聚丙烯酸酯乳液涂饰后革样的透气性为 20.48 mL/(cm·h),透水汽性为 1472.00 mg/(10 cm² · 24 h);采用 PA/SiO₂-S 复合乳液涂饰后革样的透气性为 28.15 mL/(cm·h),透水汽性为 1713.20 mg/(10 cm² · 24 h)。采用 Pickering 乳液聚合法制备 PA/SiO₂-S 复合乳液的涂膜透水汽性、透气性略有提高。可能是因为 Pickering 乳液聚合法不使用表面活性剂,减少了涂膜中的亲水基团,从而有利于气体和水汽分子的透过。

表 6-4　涂饰后革样的透气性及透水汽性

样品	革样 1	革样 2
透气性/[mL/(cm·h)]	20.48	28.15
透水汽性/[mg/(10 cm² · 24 h)]	1472.00	1713.20

注:革样 1 是采用聚丙烯酸酯乳液涂饰后的革样,革样 2 是采用 PA/SiO₂-S 复合乳液涂饰后的革样。

图 6-15 为涂饰后革样的抗张强度、涂饰后革样的断裂伸长率和涂饰后革样的撕裂强度。与坯革相比,聚丙烯酸酯乳液涂饰革样和 PA/SiO₂-S 复合乳液涂饰后革样的力学性能均有所提高。从图 6-15(a) 可以看出,与聚丙烯酸酯乳液涂饰的

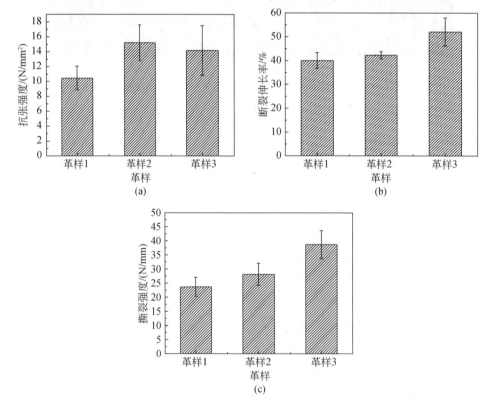

图 6-15　涂饰后革样的(a)抗张强度(b)断裂伸长率(c)撕裂强度

革样 1-坯革,革样 2-聚丙烯酸酯乳液涂饰革样,革样 3-PA/SiO₂-S 复合乳液涂饰革样

革样相比,采用 PA/SiO$_2$-S 复合乳液涂饰的革样的抗张强度相差不大;从图 6-15(b)和图 6-15(c)可以看出,断裂伸长率和撕裂强度均有所提高。可能是纳米 SiO$_2$ 具有增强增韧性,从而使得涂饰后革样的断裂伸长率和撕裂强度有所提升。这与纳米 SiO$_2$ 粉体制备的 PA/SiO$_2$-P 复合乳液涂饰结果一致。

表 6-5 为涂饰后革样的耐干/湿擦牢度。从表 6-5 可以看出,聚丙烯酸酯乳液涂饰后革样的耐干擦牢度为 3~4 级,耐湿擦牢度为 1 级;采用 PA/SiO$_2$-S 复合乳液涂饰后的革样耐干擦牢度为 4 级,耐湿擦牢度为 1~2 级,这可能是因为 PA/SiO$_2$-S 复合乳液中没有表面活性剂的使用,同时纳米 SiO$_2$ 是刚性粒子,因此涂饰革样的耐干/湿擦牢度均有所提高。

表 6-5　涂饰后革样的耐干/湿擦牢度

样品	耐干擦牢度/级	耐湿擦牢度/级
革样 1	3~4	1
革样 2	4	1~2

注:革样 1 是采用聚丙烯酸酯乳液涂饰后的革样,革样 2 是采用 PA/SiO$_2$-S 复合乳液涂饰后的革样。

表 6-6 为涂饰后革样的柔软度。从表 6-6 可以看出,与聚丙烯酸酯类涂饰材料涂饰革样相比,采用 PA/SiO$_2$-S 复合涂饰材料涂饰革样的柔软度略有下降。

表 6-6　涂饰后革样的柔软度

样品	革样 1	革样 2
柔软度/mm	7.55	6.88

注:革样 1 是采用聚丙烯酸酯乳液涂饰后的革样,革样 2 是采用 PA/SiO$_2$-S 复合乳液涂饰后的革样。

此外,分别对聚丙烯酸酯类涂饰材料涂饰后革样和 Pickering 乳液聚合法制备的 PA/SiO$_2$-S 复合乳液涂饰后革样进行耐折牢度的测试,经过 100000 次耐折测试后涂层均完好无损,并未出现变色、起毛、起壳、破裂、裂纹及掉浆等现象。

6.4.4　小结

采用未改性纳米 SiO$_2$ 溶胶作为 Pickering 乳化剂,通过 Pickering 乳液聚合法制备了 PA/SiO$_2$-S 复合乳液。研究了纳米 SiO$_2$ 溶胶稳定制备聚丙烯酸酯/纳米 SiO$_2$ 复合乳液的聚合动力学过程,获得了 PA/SiO$_2$-S 乳液聚合的机理。纳米 SiO$_2$ 溶胶作为稳定剂,在搅拌的作用下,吸附在油滴的表面,形成大小不均的 O/W 型 Pickering 乳液滴;溶解在水中的引发剂在高温下分解为自由基,引发剂自由基引发一部分单体聚合形成聚合物核,随着反应的继续,部分单体扩散入水中二次成核吸附游离的 SiO$_2$,同时一些初级粒子发生聚集,乳胶粒子的大小逐渐均一;当乳胶粒子的大小均一时,自由基聚合引发链增长,乳胶粒子长大;聚合物链增长到一定阶段时,不再长大,聚合结束。聚丙烯酸酯乳液涂饰后革样的透气性为 20.48 mL/(cm·h),透水汽性为 1472.00 mg/(10 cm² · 24 h);采用 PA/SiO₂-S 复合乳液涂饰后革样的透气性为 28.15 mL/(cm · h),透水汽性为 1713.20 mg/(10 cm² · 24 h)。与聚丙烯酸酯涂饰革样相比,PA/SiO₂-S 涂饰革样的断裂伸长率和撕裂强度均有所提高,耐干/湿擦牢度均提高半级,柔软度有所下降。

6.5　以纳米 ZnO 为稳定剂制备皮革涂饰材料

6.5.1　合成思路

将纳米 ZnO 粒子引入聚丙烯酸酯,使得复合乳液在保持聚丙烯酸酯优良性能的同时,能兼具纳米 ZnO 粒子的优点;改善涂膜耐水性,提高涂饰皮革的各项性能。作者采用纳米 ZnO 和烯丙氧基壬基酚聚氧乙烯醚硫酸铵(DNS-86)共同作为乳液稳定剂,选用甲基丙烯酸酯甲酯(MMA)和丙烯酸丁酯(BA)为共聚单体,通过 Pickering 乳液聚合法制备了聚丙烯酸酯基纳米 ZnO 复合乳液,并将其应用于皮革涂饰工艺中。

6.5.2　合成方法

称取一定量纳米 ZnO 加入去离子水中,加入适量表面活性剂后在超声波细胞粉碎机上超声 30 min,加入一定比例的 MMA 和 BA,在乳化机转速为 3000 r/min 下乳化 10 min,移入 250 mL 三口烧瓶,将搅拌速度调至 250 r/min,升温至 70℃,控制滴加速度,将事先配好的 APS 水溶液在 3 h 内滴加完毕,75℃保温 2 h,冷却,过滤。

6.5.3　结构与性能

1. 聚丙烯酸酯纳米 ZnO 复合乳液

图 6-16 为 PA/ZnO-P 的 TEM 照片。由图 6-16 可知,球形复合乳胶粒的平均粒径约为 450 nm,乳胶粒表面局部覆盖着纳米 ZnO 粒子,但是大部分区域没有被纳米 ZnO 覆盖。这可能是油水界面上作为稳定剂的纳米 ZnO 和 DNS-86 相互竞争的结果。DNS-86 比纳米 ZnO 更易吸附在油水界面,导致聚合后的复合乳胶粒表面只有一少部分纳米 ZnO 存在。

2. 聚丙烯酸酯纳米 ZnO 复合乳胶膜

图 6-17 是涂膜的热重曲线。由图 6-17 可知,与聚丙烯酸酯乳液涂膜相比,复合乳胶膜在 400℃前几乎未发生分解,因此纳米 ZnO 的存在提高了复合乳胶膜的起始热分解温度。复合乳胶膜在温度为 700℃时热重量损失率基本恒定为 94.68%,因此涂膜热分解后的残余量为 5.32%。由于纳米 ZnO 在 700℃不会发生分解,因此可以确定涂膜残余大部分为纳米 ZnO。在制备复合乳液过程中加入了将近 7% 的纳米 ZnO,这可

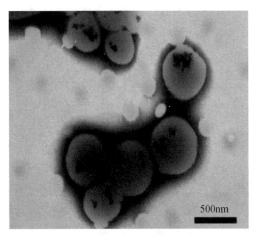

图 6-16　PA/ZnO-P 的 TEM 照片

能是由于凝胶中有部分纳米 ZnO 存在,因此涂膜中纳米 ZnO 的量小于 7%。然而,聚丙烯酸酯乳液涂膜热重量损失率几乎为 100%,表明纳米 ZnO 的引入提高了聚丙烯酸酯的热稳定性。

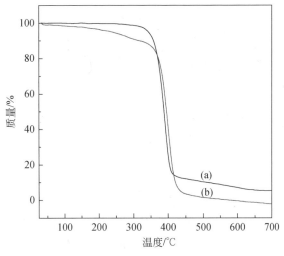

图 6-17　涂膜的热重曲线
(a) PA/ZnO-P,(b) 聚丙烯酸酯乳液

　　图 6-18 是 PA/ZnO-P 涂膜断面的 SEM 照片。由图 6-18 可知,复合乳胶膜断面存在较多白色纳米 ZnO 粒子,且其中部分纳米 ZnO 粒子呈现较大的聚集体。图 6-19 是 PA/ZnO-P 涂膜断面扫 EDS 结果。由图 6-19 可知,涂膜中 Zn 元素的含量为 4.26%。

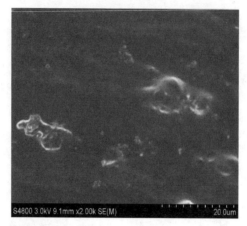

图 6-18   PA/ZnO-P 涂膜断面的 SEM 照片

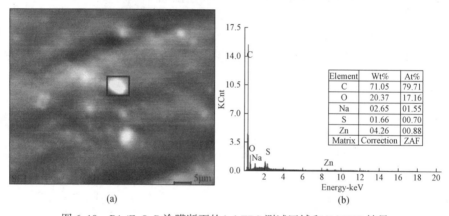

Element	Wt%	At%
C	71.05	79.71
O	20.37	17.16
Na	02.65	01.55
S	01.66	00.70
Zn	04.26	00.88
Matrix	Correction	ZAF

(a)   (b)

图 6-19   PA/ZnO-P 涂膜断面的(a)EDS 测试区域和(b)EDS 结果

3. 应用性能

将 Pickering 乳液聚合法制备复合乳液 PA/ZnO-P 与原位乳液聚合法制备的复合乳液 PA/ZnO-I、常规聚丙烯酸酯乳液分别应用于皮革工艺中,对其性能进行对比。表 6-7 为采用 PA/ZnO-P、PA/ZnO-I 和常规聚丙烯酸酯乳液涂饰后革样的透气性。由表 6-7 可知,与常规聚丙烯酸酯乳液涂饰革样相比,PA/ZnO-P 和 PA/ZnO-I 涂饰革样的透气性有大幅提高;PA/ZnO-P 涂饰革样的透气性与 PA/ZnO-I 涂饰革样基本相当。这可能是由于复合乳液中纳米 ZnO 粒子的存在使涂饰在皮革表面的聚丙烯酸酯涂膜致密性下降,存在的孔隙便于气体分子的通过,从而提高了革样的透气性。两种复合乳液涂饰革样的透气性相差不大,表明采用原位乳液聚合法和 Pickering 乳液聚合法制备的复合乳液对涂饰革样的透气性影响不大。

表 6-7　涂饰后革样的透气性

样品	透气性/[mL/(cm² · h)]
PA/ZnO-P 涂饰革样	1107.95
PA/ZnO-I 涂饰革样	1028.57
聚丙烯酸酯乳液涂饰革样	69.23

表 6-8 为采用 PA/ZnO-P、PA/ZnO-I 和常规聚丙烯酸酯乳液涂饰革样的透水汽性测试结果。由表 6-8 可知,与常规聚丙烯酸酯乳液涂饰革样相比,PA/ZnO-P 和 PA/ZnO-I 涂饰革样的透水汽性均有所提升;PA/ZnO-P 涂饰革样的透水汽性与 PA/ZnO-I 涂饰革样基本相当。两种复合乳液涂饰革样的透水汽性均比聚丙烯酸酯乳液涂饰革样稍高,这可能是由于复合乳胶膜中纳米 ZnO 的存在引入了亲水基团,使得水分子在皮革中的传递作用加快,同时涂膜的致密性下降增大了聚合物膜的孔隙,有助于水汽分子的透过,从而提高了成革的透水汽性。

表 6-8　涂饰后革样的透水汽性

样品	透水汽性/[mg/(10 cm² · 24 h)]
PA/ZnO-P 涂饰革样	307.56
PA/ZnO-I 涂饰革样	307.84
聚丙烯酸酯乳液涂饰革样	292.30

表 6-9 为采用 PA/ZnO-P、PA/ZnO-I 和常规聚丙烯酸酯乳液涂饰后革样的耐干/湿擦牢度。由表 6-9 可知,3 种乳液涂饰革样的耐干擦牢度相当;PA/ZnO-P 涂饰革样的耐湿擦性能优于 PA/ZnO-I 和常规聚丙烯酸酯乳液涂饰革样。这是由于涂膜中存在的刚性纳米 ZnO 粒子有利于皮革耐擦性能的提高,Pickering 乳液聚合过程中未使用传统表面活性剂,避免了由于表面活性剂参与而导致的皮革耐擦牢度降低。

表 6-9　涂饰后革样的耐干/湿擦性能

样品	耐干擦牢度/级	耐湿擦牢度/级
PA/ZnO-P 涂饰革样	4	2
PA/ZnO-I 涂饰革样	4	1~2
聚丙烯酸酯乳液涂饰革样	4	1

图 6-20 为采用 PA/ZnO-P、PA/ZnO-I 和常规聚丙烯酸酯乳液涂饰后革样的抗张强度和断裂伸长率。由图 6-20(a)可知,无论横向还是纵向取样,PA/ZnO-P 和 PA/ZnO-I 涂饰革样的抗张强度均略低于常规聚丙烯酸酯乳液涂饰革样;综合考虑革样的横向和纵向因素,PA/ZnO-P 涂饰革样和 PA/ZnO-I 涂饰革样的抗张强度相当。复合乳液涂饰革样的抗张强度有所降低,可能是由于纳米 ZnO 粒子的引入使革

样在受力时产生应力集中引起的。由图 6-20(b) 可知,纵向取样时,PA/ZnO-P 涂饰
革样的断裂伸长率与 PA/ZnO-I 和常规聚丙烯酸酯乳液涂饰革样基本相当;横向取
样时,PA/ZnO-P 涂饰革样的断裂伸长率较 PA/ZnO-I 和常规聚丙烯酸酯乳液涂饰
革样略有上升。图 6-21 为采用 PA/ZnO-P、PA/ZnO-I 和常规聚丙烯酸酯乳液涂饰
后革样的撕裂强度。由图 6-21 可知,无论横向还是纵向取样,PA/ZnO-P 和 PA/
ZnO-I 涂饰革样的撕裂强度均略高于常规聚丙烯酸酯乳液涂饰革样;与 PA/ZnO-I
涂饰革样相比,PA/ZnO-P 涂饰革样的撕裂强度有所提升。

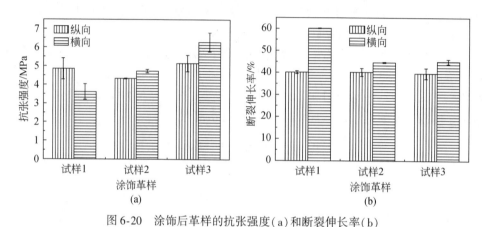

图 6-20　涂饰后革样的抗张强度(a)和断裂伸长率(b)

试样 1-PA/ZnO-P 涂饰革样,试样 2-PA/ZnO-I 涂饰革样,试样 3-聚丙烯酸酯乳液涂饰革样

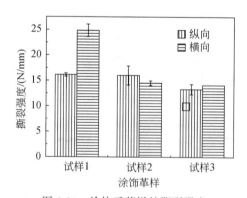

图 6-21　涂饰后革样的撕裂强度

试样 1-PA/ZnO-P 涂饰革样,试样 2-PA/ZnO-I 涂饰革样,试品 3-聚丙烯酸酯乳液涂饰革样

　　分别对采用 PA/ZnO-P、PA/ZnO-I 和常规聚丙烯酸酯乳液涂饰后革样进行耐折
牢度的测试,经过 100000 次耐折测试后涂层均完好无损,未出现变色、起毛、裂纹、
起壳、掉浆、破裂等现象。

6.5.4　小结

采用纳米 ZnO 和烯丙氧基壬基酚聚氧乙烯醚硫酸铵(DNS-86)共同作为乳液稳定剂,通过 Pickering 乳液聚合法制备了 PA/ZnO-P。将 PA/ZnO-P 与原位乳液聚合法制备的复合乳液 PA/ZnO-I、常规聚丙烯酸酯乳液分别应用于皮革涂饰工艺中,对其性能进行对比。与常规聚丙烯酸酯乳液涂饰革样相比,PA/ZnO-P 和 PA/ZnO-I 涂饰革样的透气性、透水汽性均有提高,PA/ZnO-P 涂饰革样与 PA/ZnO-I 涂饰革样基本相当。三种乳液涂饰革样的耐干擦牢度相当;PA/ZnO-P 涂饰革样的耐湿擦性能优于 PA/ZnO-I 和常规聚丙烯酸酯乳液涂饰革样。与 PA/ZnO-I 涂饰革样与常规聚丙烯酸酯乳液涂饰革样相比,PA/ZnO-P 涂饰革样的断裂伸长率、撕裂强度有所提升。

第7章　细乳液聚合法制备皮革涂饰材料的研究

7.1　细乳液聚合的概念

1973 年美国 Lehigh 大学的 Ugelstad、El-Aasser 等学者发现以十六醇(CA)和十二烷基硫酸钠(SDS)为乳化剂,在高速搅拌下,苯乙烯在水中分散成稳定的亚微米单体液滴,这些单体液滴可以直接成为乳液聚合的主要场所,从而提出液滴成核的新的粒子成核机理。这种以亚微米(50~500 nm)级的单体液滴形成的液/液分散体系称为细乳液,"液滴成核"聚合称为细乳液聚合。

7.2　细乳液聚合的特点

基于"液滴成核"这种独特的成核方式,细乳液聚合有许多独特的优势,如乳液粒径易于控制;可以实现高固含量、低黏度聚合物乳液的制备;聚合体系稳定性高,聚合速率适中,便于工业生产;易于制备不同形貌的有机/无机纳米复合粒子。

细乳液聚合基于其"液滴成核"独特的粒子成核方式,在结合无机纳米粒子方面具有明显的优势,不仅可以提高聚合物基体的物理化学性能,赋予复合材料一定的功能性,如抗菌性、抗紫外、抗静电、导电性等,且形貌可控,已成为有机/无机复合材料制备及应用研究的一个热点。

细乳液的稳定性是通过乳化剂和助乳化剂的协同作用得以实现的。其中,助乳化剂一般为高疏水性化合物,如十六烷(HD)、CA 等,能与乳化剂协同产生渗透压抵消大小液滴间的 Laplace 压差,减缓单体液滴中单体分子的扩散,从而抑制了乳液的 Ostwald 陈化,提高单体液滴的稳定性。在后续聚合过程中,每一个单体液滴为一个反应容器,对应形成一个乳胶粒。当在前期形成单体液滴的过程中引入无机纳米粒子,纳米粒子就会因亲疏水程度的不同而被包裹到一个个单体液滴中[图 7-1(a)],或者附着在单体液滴的表面[图 7-1(b)],进而引发成核形成乳胶粒,得到不同形貌的有机/无机复合粒子。

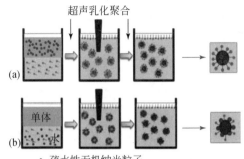

超声乳化聚合

疏水性无机纳米粒子
亲水性无机纳米粒子

图 7-1 有机/无机复合纳米粒子的细乳液聚合示意

(a)无机纳米粒子的封装,(b)无机纳米粒子的包覆

7.3 细乳液聚合法制备高固含量皮革涂饰材料

7.3.1 合成思路

目前,市售的聚丙烯酸类皮革涂饰材料固含量较低,大多为20%~30%。与通常的乳液相比,高固含量、低黏度聚合物乳液具有生产效率高、运输成本低、干燥快、能耗低等优点,且低黏度易于大规模生产。高固含量聚合物乳液涂料和胶黏剂已被广泛应用于建筑、印刷、包装等行业。基于细乳液聚合前所形成的稳定、多分散的单体液滴体系和独特的液滴成核场所,最终的聚合物体系也呈现出多分散性。因此,细乳液聚合法在高固含量乳液的制备方面具有天然优势。研究性能优异的高固含量聚丙烯酸酯类皮革涂饰材料可大幅度提高设备的生产效率和降低产品的运输成本。作者采用细乳液聚合法制备高固含量聚丙烯酸酯乳液,并将其应用于皮革涂饰,期望能够在保证优异的涂饰应用效果的前提下,提高聚丙烯酸酯皮革涂饰材料的固含量,进而提高产品生产设备的效率、降低能耗以及降低运输成本。

7.3.2 合成方法

将2.2% SDS、1.5%正丁醇溶于13.44 g去离子水中(SDS、正丁醇用量为占单体总质量分数,下同),搅拌均匀,形成水相;将43.2 g BA、28.8 g MMA混合搅拌,形成油相;将水相和油相混合,超声乳化15 min得到细乳化液,分为两份A与B(质量比1:2);将0.240 g APS溶于9.52 g去离子水,得到引发剂C水溶液;将0.324 g APS溶于7.16 g去离子水中,得到引发剂D水溶液;将0.636 g APS溶于11.92 g去离子水中,得到引发剂E水溶液;将水浴锅升温到75℃,在装有搅拌器、冷凝管、温度计、恒压滴液漏斗的250 mL三口烧瓶中加入引发剂C水溶液,保温10 min后开始同时滴加细乳化液A和引发剂D水溶液,1 h滴加完毕,继续滴加细乳化液B和引发剂 E 水溶液,2 h 滴加完毕,再保温 2 h;保温完毕后,冷却至室温,过滤出料。以聚丙烯酸酯乳液的凝胶率、转化率和旋转黏度为指标,考察 SDS 用量、固含量对聚丙烯酸酯乳液的影响。

7.3.3 结构与性能

1. SDS 用量对聚丙烯酸酯乳液的影响

图 7-2 为 SDS 用量对固含量分别为 50% 与 60% 的聚丙烯酸酯乳液凝胶率的影响。由图 7-2 可知,当固含量为 50% 时,乳液凝胶率随 SDS 用量的增加有明显的减少。这可能是由于 SDS 用量太低时,体系中油相比例较高,SDS 不足以包覆到每个单体液滴的表面,与正丁醇协同稳定单体液滴的作用减弱,在聚合过程中乳胶粒之间碰撞聚并,产生较多凝胶。当固含量为 60% 时,乳液凝胶率随 SDS 用量的增加先降低后增加。主要是由于 SDS 用量开始增大时,细乳化得到的单体液滴愈来愈稳定,聚合过程稳定,凝胶变少;但当 SDS 用量增大到临界值时,导致体系中胶束成核、均相成核比例增加,聚合过程不够稳定,凝胶越来越多。

图 7-3 为 SDS 用量对固含量为 50% 、60% 聚丙烯酸酯乳液单体转化率的影响。由图 7-3 可知,固含量分别为 50% 、60% 时,单体转化率随着 SDS 用量的变化不大,均大于 95%;但固含量为 60% 时乳液的单体转化率都略低于固含量为 50% 的乳液,这可能是由于固含量为 60% 时体系中凝胶相对较多,同时体系中泡沫较多,阻碍乳化剂分子的扩散,不利于聚合过程中单体的转化。

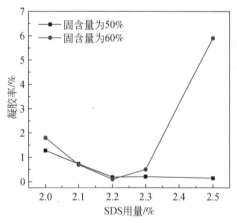

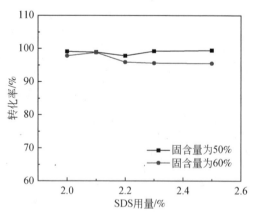

图 7-2　SDS 用量对乳液凝胶率的影响　　　　图 7-3　SDS 用量对单体转化率的影响

图 7-4 为 SDS 用量对固含量分别为 50% 与 60% 的聚丙烯酸酯乳液旋转黏度的影响。当固含量为 50% 时,乳液旋转黏度随着 SDS 用量的增加缓慢增加,可能是由于 SDS 用量增加后,细乳化后得到的细乳液单体液滴粒径较小、分布较窄,聚合后相应的乳胶粒径也较小、分布较窄、数目增加,乳液旋转黏度增大。当固含量为 60%

时,乳液旋转黏度随着 SDS 用量的增加而增大,与固含量 50% 乳液的旋转黏度相比,增加幅度较为明显,可能是由于此时体系中乳胶粒较为密集,体系的黏度、稳定性已处于一定的临界值;当 SDS 用量提升,体系黏度增加幅度较大。当 SDS 用量为 2.2% 时,固含量 60% 的聚丙烯酸酯乳液各方面性能较优。

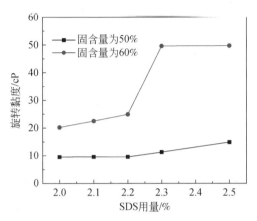

图 7-4　SDS 用量对乳液旋转黏度的影响

2. 固含量对聚丙烯酸酯乳液的影响

图 7-5 为不同理论固含量下乳液转化率和旋转黏度的变化。由图 7-5 可知,随着理论固含量的提高,乳液转化率稍有提升,可能是由于水相比例的减少,而引发剂用量随着固含量的增加而增加,进而引发剂在水相中的浓度增大,单体液滴捕获自由基的能力增强,转化率增大;乳液的旋转黏度随着理论固含量的增加而增大,当增大到 60% 时,有一个明显的提升。这主要是由于单位体积乳液中聚合物粒子数目增加,使体系粒子总表面积增加,粒子间的相互作用力增大,该结果与其他研究者一致。

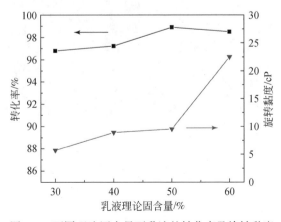

图 7-5　不同理论固含量下乳液的转化率及旋转黏度

图 7-6 为不同理论固含量下的乳液粒径及其分布。从图 7-6 可以看出,乳液粒径随着乳液理论固含量的增加而变大,粒径分布变宽。这主要是由于较宽的粒径分布更有利于高固含量乳液的稳定,随着理论固含量的增加,体系中反应物的浓度增加,细乳液中单体液滴的粒径趋于变大、分布变宽;在细乳液聚合过程中,单体液滴和最终的乳液粒径变化幅度较小,最终的乳液粒径也增大、分布变宽。

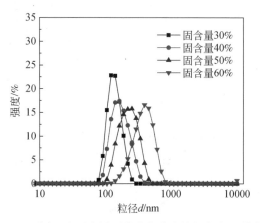

图 7-6　不同理论固含量下乳液的乳胶粒径大小及其分布

图 7-7 为固含量 60% 时聚丙烯酸酯乳液的 TEM 照片。从图 7-7 可以看到,乳胶粒径与 DLS 测试一致,分布较宽,平均粒径约 300 nm,乳胶粒径从小到大的分布呈先增加后减小的趋势,乳胶粒为较为规则的球形,符合高固含量乳液的分布规律。

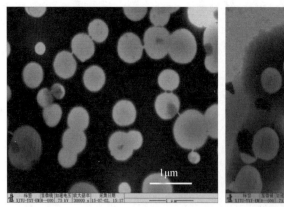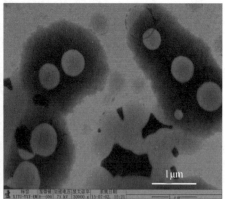

图 7-7　固含量为 60% 时聚丙烯酸酯乳液的 TEM 照片

3. 应用性能

将所制备的高固含量聚丙烯酸酯皮革涂饰材料与市售同类涂饰材料分别应用于皮革涂饰工艺中,图 7-8 为高固含量涂饰材料与市售同类涂饰材料涂饰后革样的抗张强度、断裂伸长率及撕裂强度的对比。其中,革样 1 为市售同类涂饰材料涂饰革样,固含量为 25%;革样 2 为本实验固含量为 60% 聚丙烯酸酯乳液涂饰革样(涂饰时均稀释到同等固含量进行涂饰)。结果发现,采用高固含量乳液涂饰后革样的抗张强度、撕裂强度稍有降低,断裂伸长率稍有提高,总体力学性能相当,说明该高固含量乳液稀释后的涂膜性能较优异,与市售的同类乳液相差不大。

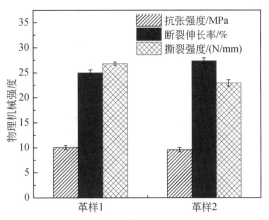

图 7-8 涂饰后革样的物理机械性能

图 7-9 为高固含量涂饰材料与市售同类涂饰材料涂饰后革样透气性和透水汽性的对比。由图 7-9 可知,采用高固含量乳液涂饰后透气性有一定提高,透水汽性变化不大。透气性的提高可能是由于该高固含量乳液为较规整的球形,成膜后空隙也较为规律,透气性良好。

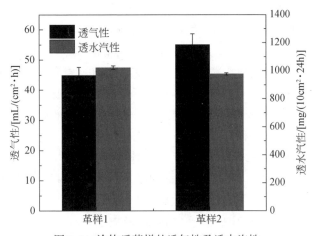

图 7-9 涂饰后革样的透气性及透水汽性

表 7-1 为不同涂饰材料涂饰后革样耐干/湿擦性能的对比。与市售同类涂饰材料涂饰后革样相比,采用高固含量聚丙烯酸酯乳液涂饰后的革样,其耐干擦牢度降低半级,而耐湿擦牢度提高了半级,说明该高固含量乳液有利于涂饰后革样耐湿擦

牢度的提高。

表 7-1　涂饰后革样的耐干/湿擦性能

	耐干擦牢度/级	耐湿擦牢度/级
革样 1	3 ~ 4	1
革样 2	3	1 ~ 2

7.3.4　小结

通过细乳液聚合法得到了固含量高达 60% 的聚丙烯酸酯乳液,随着 SDS 用量的增加,乳液凝胶率先降低后增加,转化率变化不大。高固含量乳液呈现出较宽的粒径分布,平均粒径约 300 nm。将该乳液应用于皮革涂饰工艺中,涂饰后革样力学性能与市售同类皮革涂饰剂应用性能相当,耐干/湿擦性、透气性等性能都有所提高。高固含量乳液的研究能够达到大幅提高产品生产设备的效率、降低能耗、降低运输成本的目的。

7.4　细乳液聚合法制备封装型皮革涂饰材料

7.4.1　合成思路

将无机纳米粒子与聚合物基体复合是提升传统聚合物材料的一种有效方法。通过物理共混法、原位乳液聚合法、Pickering 乳液聚合法将纳米粒子引入聚丙烯酸酯乳液中,皮革涂饰应用后革样的力学、耐干/湿擦性、透气性等性能均有不同程度的改善。但这三种方法所制备的 PA-SiO_2 复合乳液存在一定的缺陷,如纳米粒子在体系中不稳定、易沉积、引入量少,复合乳胶粒形貌不够规整。细乳液聚合是以"液滴成核"为主要成核方式的一种乳液聚合方法,有利于不同形貌聚合物/无机纳米复合材料的制备。

细乳液聚合是以"液滴成核"为主要的成核方式,单体液滴在聚合过程中能够一直稳定存在,若在单体液滴形成前将疏水的无机纳米粒子分散到单体相中,通过超声乳化后将会得到封装有无机纳米粒子的单体液滴,进而引发聚合得到封装型聚合物/无机复合乳液。作者首先采用含双键的硅烷偶联剂 A-151 对纳米 SiO_2 粒子表面进行疏水化改性,再利用细乳液聚合实现聚丙烯酸酯乳胶粒对疏水性纳米 SiO_2 粒子的封装,获得了封装型 PA-SiO_2-S 复合乳液,最后将该复合乳液应用于皮革涂饰。通过该方案能够有效提高疏水性纳米 SiO_2 粒子在聚丙烯酸酯基体中的分散性,实现纳米 SiO_2 粒子在聚丙烯酸酯涂膜中的均匀分布,增强其涂膜耐水、力学等性能,提高皮革涂饰后革样的耐干/湿擦牢度以及力学性能等。细乳液聚合法制备封装型 PA-SiO_2-S 复合乳液的具体设计思路如图 7-10 所示。

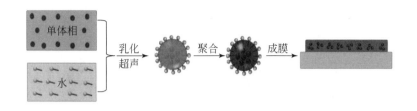

图 7-10　封装型 PA-SiO₂-S 复合乳液聚合设计思路

7.4.2　合成方法

将纳米 SiO₂ 粒子在一定量去离子水中超声分散 10 min；将超声分散好的 SiO₂ 水分散液移入三口烧瓶中，加入称好的 A-151 和乙醇，常温下搅拌 24 h，搅拌棒转速 200 r/min；将改性好的纳米 SiO₂ 分散液离心，乙醇洗 2 次后，在 75℃ 的条件下干燥 24 h，得到改性纳米 SiO₂。

将 MMA、BA 和改性纳米 SiO₂ 粒子组成的油相超声 10 min；将 SDS、水组成的水相与超声分散好的油相混合后加入 HD，乳化 10 min，超声 10 min 得到细乳液，同时配制好引发剂水溶液；将水浴锅升温至 75℃，搅拌棒转速 300 r/min，先将 1/3 引发剂水溶液加入三口烧瓶中打底保温 10 min，再同时滴加剩余的 2/3 引发剂溶液和细乳液，滴加约 3 h；滴加完毕后保温 2 h，冷却后用纱布过滤出料，制得封装型 PA-SiO₂-S 复合乳液。

7.4.3　结构与性能

1. SDS 用量对纳米复合乳液的影响

SDS 用量对于复合乳液粒径大小具有决定性的影响作用，合适的乳化剂用量能够得到尺寸大小适于封装纳米 SiO₂ 粒子的单体液滴，从而有利于获得封装型的复合乳液。表 7-2 与图 7-11 为不同 SDS 用量下复合乳液粒径大小及其分布。结合表 7-2 与图 7-11 可知，不同 SDS 用量下复合乳液粒径均呈单分散，随着 SDS 用量的增加，复合乳液平均粒径趋于降低，粒径分布范围趋于变窄；其中当 SDS 用量为 2% 时，复合乳液粒径分布最窄。

表 7-2　不同 SDS 用量下复合乳液粒径大小

SDS 用量/%	0.5	1	1.5	2	2.5
乳胶粒径 d/nm	218.1	154.9	173.4	161.2	133.3

表 7-3 与图 7-12 为纳米 SiO₂ 用量对复合乳液的粒径大小及其分布的影响。结合表 7-3 与图 7-12 可知，当体系中纳米 SiO₂ 粒子引入量为 0 时，即聚丙烯酸酯乳液，

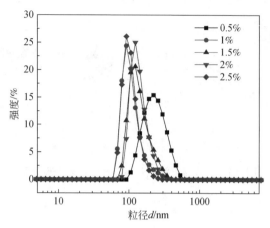

图 7-11　不同 SDS 用量下复合乳液 DLS 曲线

此时乳液粒径最小,平均粒径约为 84.5 nm;引入纳米 SiO_2 粒子后,乳液粒径明显增大,增大约 1 倍。该结果间接表明聚丙烯酸酯乳胶粒中封装有纳米 SiO_2 粒子。随着纳米 SiO_2 用量的增加,复合乳液平均粒径并没有继续增加;当增加到 5% 后,复合乳液粒径有稍微的降低。可能是因为较多量的纳米 SiO_2 在单体相中的分散性较差,团聚体粒径变大,难以被单体液滴封装,大部分团聚体附着在凝胶物中从乳液中析出,复合乳液体系中存在少量的纳米 SiO_2 粒子,因此最终的粒径有所降低。

表 7-3　纳米 SiO_2 用量对复合乳液的粒径大小影响

纳米 SiO_2 用量/%	0	2	3	4	5
乳胶粒径 d/nm	84.5	154.9	155.9	153.6	142.2

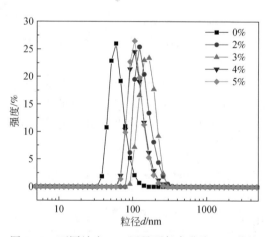

图 7-12　不同纳米 SiO_2 用量下复合乳液 DLS 曲线

2. 纳米复合乳液的结构

图 7-13 为 PA-SiO_2-S 复合乳液 TEM 照片。从图 7-13(a)可以看出,乳胶粒径为 200～600 nm,部分乳胶粒中封装有纳米 SiO_2 粒子或其团聚体。结合图 7-13(b)可知,封装有纳米 SiO_2 团聚体的乳胶粒径均较大,达到 600 nm 左右。与复合乳液 DLS 粒径测定结果相比,在透射电镜下观察到的乳胶粒平均粒径稍偏大,主要是因为透射电镜成像过程中优先显示高密度与厚度的样品,因此许多未封装有纳米 SiO_2 粒子较小的乳胶粒并没有很清晰的成像。

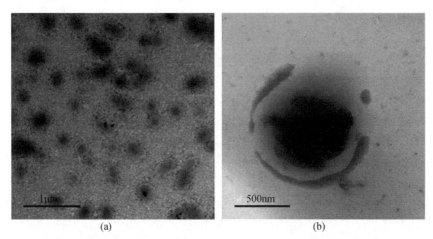

(a)　　　　　　　　　　　　　　(b)

图 7-13　PA-SiO_2-S 复合乳液的 TEM 照片(a),其中(b)为放大倍数图

7.4.4　小结

采用三乙氧基乙烯基硅烷对纳米 SiO_2 进行疏水化改性,再通过细乳液聚合法将其封装到聚丙烯酸酯乳胶粒中,获得了封装型聚丙烯酸酯/纳米 SiO_2 复合乳液(PA-SiO_2-S)。大部分纳米 SiO_2 被封装在聚丙烯酸酯乳胶粒中,乳胶粒粒径为 200～600nm。

7.5　细乳液聚合法制备包覆型皮革涂饰材料

7.5.1　合成思路

1. 纳米 SiO_2 与 SDS 共同稳定

在细乳液形成前,将纳米 SiO_2 粒子与乳化剂分子共同分散在水相中,通过超声乳化纳米 SiO_2 粒子与乳化剂分子共同作用于单体液滴的形成,包覆在单体液滴表面,使单体液滴表面覆盖有纳米 SiO_2 粒子与乳化剂分子,维持其内部相的稳定。通过进一步引发聚合,得到包覆形貌的 PA-SiO_2 复合乳液,最后应用于皮革涂饰中。本研究不仅能够有效降低传统小分子乳化剂的用量,而且可以控制复合乳胶粒的包覆结构,使得纳米 SiO_2 粒子在复合乳胶膜中呈网状分布,增多涂膜内的空隙率,进而提高皮革涂饰后革样的透气性、透水汽性、耐湿擦牢度等。以纳米 SiO_2 粒子与 SDS 共同作为稳定剂,作者通过细乳液聚合法制备包覆形貌 PA-SiO_2 复合乳液的设计思路如图 7-14 所示。

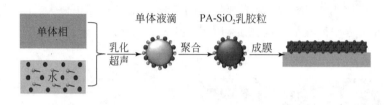

图 7-14　纳米 SiO_2 与 SDS 共同作为稳定剂制备包覆型 PA-SiO_2 复合乳液设计思路

2. 纳米 SiO_2 单独稳定

许多研究工作者在细乳液聚合过程中完全采用 Pickering 稳定剂代替传统的小分子乳化剂,形成 Pickering 细乳液聚合法,该方法改善了传统 Pickering 乳液聚合法稳定性差、固含量低等缺点,同时延续了细乳液"液滴成核"为主要成核方式的特点,易于包覆形貌聚合物/无机纳米粒子复合乳液的制备。基于此,作者增大体系中的纳米 SiO_2 粒子的引入量,采用纳米 SiO_2 完全代替传统乳化剂稳定乳液,避免传统乳化剂的使用,制备包覆形貌 PA-SiO_2 复合乳液,并应用于皮革涂饰。与前期研究结果相比,该方案所制备的包覆型复合乳液纳米 SiO_2 包覆层厚度增大,涂膜内的刚性粒子与柔性聚合物基体间的缝隙增多,能够更大程度地提高涂饰革样的透气性与透水汽性。以纳米 SiO_2 粒子单独作为稳定剂,通过细乳液聚合法制备包覆型复合乳液具体设计思路图 7-15 所示。

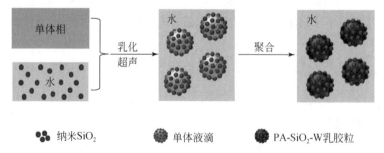

图 7-15　纳米 SiO_2 单独作为稳定剂制备包覆型 PA-SiO_2-W 复合乳液的设计思路

7.5.2　合成方法

1. 纳米 SiO_2 与 SDS 共同稳定

将纳米 SiO_2 粉体、SDS 加入一定量去离子水中形成水相,将助稳定剂、MMA、BA

加到一起混合形成油相,将两相混合先乳化再超声得到细乳液;将引发剂 APS 溶于 50 g 去离子水中形成引发剂水溶液;将水浴锅升温到 75℃,将引发剂溶液分出 1/3 加入烧瓶中打底,保温 10 min,滴加细乳化液和剩余的 2/3 引发剂溶液,滴加 3 h,保温 2 h,冷却后用纱布过滤出料,制得包覆型 PA-SiO$_2$-Q 复合乳液。

2. 纳米 SiO$_2$ 单独稳定

将 SiO$_2$ 加入去离子水中形成水相,超声分散 10 min;BA、MMA、正丁醇混合形成油相,将水相和油相混合乳化 10 min,超声 10 min 得到细乳液,同时配制好引发剂水溶液;将水浴锅升温至 75℃,搅拌棒转速 300 r/min,先将 1/3 引发剂水溶液加入三口烧瓶中打底保温 10 min,滴加剩余的 2/3 引发剂溶液和细乳液,滴加约 1 h;保温 1.5 h,冷却后用纱布过滤出料,制得包覆型 PA-SiO$_2$-W 复合乳液。

7.5.3　结构与性能

如图 7-16 所示为封装型 PA-SiO$_2$-S 复合乳液、SDS 与纳米 SiO$_2$ 协同稳定的包覆型 PA-SiO$_2$-Q 复合乳液以及纳米 SiO$_2$ 单独稳定的包覆型 PA-SiO$_2$-W 复合乳液 TEM 照片,将 3 种不同形貌的乳液成膜,采用 SEM 对表面结构进行表征对比,并结合涂膜微结构的异同对其涂膜力学性能、耐水性、热稳定性进行对比分析。

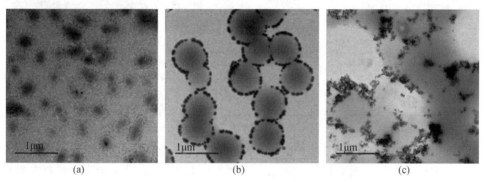

(a)　　　　　　　　　　(b)　　　　　　　　　　(c)

图 7-16　PA-纳米 SiO$_2$ 复合乳液的 TEM 照片

(a)PA-SiO$_2$-S,(b)PA-SiO$_2$-Q,(c)PA-SiO$_2$-W

图 7-17 分别为 PA-SiO$_2$-S、PA-SiO$_2$-Q、PA-SiO$_2$-W 复合乳液成膜后表面的 SEM 照片。由图 7-17(a)可知,封装型 PA-SiO$_2$-S 复合乳液成膜后表面不规则的分布有少量的纳米 SiO$_2$ 粒子;结合图 7-16(a)可知 PA-SiO$_2$-S 复合乳液中纳米 SiO$_2$ 粒子是被封装在乳胶粒里面,在成膜过程中乳胶粒受力挤压变形后大部分纳米 SiO$_2$ 粒子依然存留在膜的内部,同时 PA-SiO$_2$-S 复合乳液中纳米 SiO$_2$ 粒子的引入量只有 2%,因此涂膜表面的纳米 SiO$_2$ 粒子较少;由图 7-17(b)可知,包覆型 PA-SiO$_2$-Q 复合乳胶膜表面纳米 SiO$_2$ 粒子分布较为均匀,结合图 7-16(b)可知 PA-SiO$_2$-Q 复合乳胶粒呈规整的包覆结构,纳米 SiO$_2$ 粒子均匀包覆在聚丙烯酸酯乳胶粒表面,在乳胶粒涂膜、形

变过程中纳米 SiO_2 粒子依然会附着于其外表面,因此最终涂膜表面规律的分布有较多的纳米 SiO_2 粒子;由图 7-17(c)可知,包覆型 PA-SiO_2-W 复合乳液成膜后表面呈现出密集的纳米 SiO_2 粒子层,同时复合薄膜的表面存在大量的空穴结构,主要是由于 PA-SiO_2-W 复合乳液中纳米 SiO_2 粒子的引入量较多,达到 8%,在成膜过程中无机粒子与无机粒子、无机粒子与有机基体之间难以完全结合,在界面处易形成空穴结构。

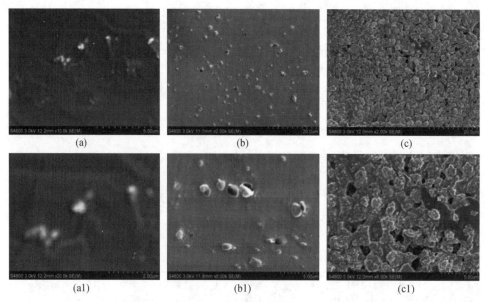

图 7-17　PA-SiO_2复合乳胶膜表面 SEM 照片

(a)PA-SiO_2-S,(b)PA-SiO_2-Q,(c)PA-SiO_2-W

图 7-18 为 PA-SiO_2-S、PA-SiO_2-Q、PA-SiO_2-W 复合乳液成膜后抗张强度与断裂伸长率的对比图。由图 7-18 可知,PA-SiO_2-Q 与 PA-SiO_2-W 两种包覆形貌复合乳液成膜后的抗张强度明显大于封装型 PA-SiO_2-S 复合乳液,断裂伸长率低于封装型 PA-SiO_2-S 复合乳液。抗张强度的增加主要是由纳米 SiO_2 的引入量与分散性差异所造成,封装型 PA-SiO_2-S 复合乳液中纳米 SiO_2 的引入量为 2%,大部分纳米 SiO_2 粒子以聚集体的形式被封装在乳胶粒内部,分散性稍差,抗张强度最低;包覆型 PA-SiO_2-Q 复合乳液中纳米 SiO_2 的引入量为 3%。结合图 7-16(b)与图 7-17(b)可知,虽然纳米 SiO_2 的引入量提升幅度较小,但包覆形貌较为规整,成膜后纳米 SiO_2 粒子的分布规律,抗张强度大幅增加;包覆型 PA-SiO_2-W 复合乳液由于是采用纳米 SiO_2 粒子单独作为稳定剂,引入量达到 8%。从图 7-16(c)和图 7-17(c)可以看出,大量的纳米 SiO_2 粒子在乳胶粒周围,成膜后密集的分布在复合薄膜中,因此涂膜抗张强度最大。断裂伸长率的降低主要是纳米 SiO_2 的引入量所引起,3 种复合乳液中纳米 SiO_2 粒子的引入量不断增加。从图 7-18 可以看出,涂膜中纳米 SiO_2 粒子的存量也明显增加,

刚性纳米 SiO_2 粒子与聚合物基体之间的界面效应与应力效应更加明显,受力后复合薄膜更加容易断裂,因此断裂伸长率不断降低。

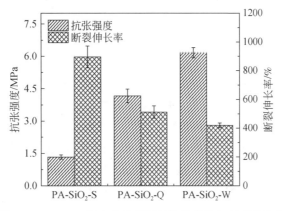

图 7-18　　PA-SiO_2 复合乳液薄膜的抗张强度与断裂伸长率

图 7-19 为 PA-SiO_2-S、PA-SiO_2-Q 和 PA-SiO_2-W 复合乳液成膜后的吸水率对比图。由图 7-19 可知,封装型 PA-SiO_2-S 复合乳液成膜后的吸水率最高,主要是由于该复合乳液在制备过程中使用了 2% 的乳化剂 SDS,成膜后小分子乳化剂残留在薄膜中,使得复合薄膜的亲水性增强;包覆型 PA-SiO_2-Q 复合乳液在聚合过程中是由纳米 SiO_2 粒子与乳化剂 SDS 共同稳定的,使得乳化剂 SDS 的用量降低到 0.3%,因此复合薄膜吸水率明显降低。而包覆型 PA-SiO_2-W 复合乳胶膜的吸水率有一定程度的增加,虽然 PA-SiO_2-W 复合乳液避免了传统小分子乳化剂的使用,采用 8% 的纳米 SiO_2 粒子作为唯一的稳定剂,但纳米 SiO_2 粒子具有一定的亲水性,大量纳米 SiO_2 粒子的使用使得其涂膜亲水性增强,同时从图 7-17(c) 可以看出 PA-SiO_2-W 复合乳胶膜中存在较多的空穴结构,可能会导致水分残留其中,引起涂膜吸水率增加。

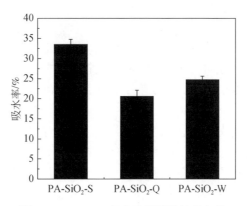

图 7-19　　PA-SiO_2 复合乳液薄膜的吸水率

图 7-20 为 PA-SiO$_2$-S、PA-SiO$_2$-Q 和 PA-SiO$_2$-W 复合乳液成膜后热重测试曲线。由图 7-20 可知,PA-SiO$_2$-S 复合乳液薄膜初始热分解温度最低,分解速率最快;PA-SiO$_2$-Q 复合乳液薄膜次之;PA-SiO$_2$-W 复合乳液薄膜初始热分解温度最高,分解速率最慢。这表明将纳米 SiO$_2$ 粒子包覆在聚丙烯酸酯乳胶粒表面更有利于提升聚丙烯酸酯薄膜的热稳定性,而且当纳米 SiO$_2$ 粒子的包覆量增加时热稳定性提升效果更显著。结合图 7-17 可知包覆型 PA-SiO$_2$-Q、PA-SiO$_2$-W 复合乳液成膜后纳米 SiO$_2$ 粒子量多、分散性较好,能够有效降低薄膜热降解速率;封装型 PA-SiO$_2$-S 复合乳液薄膜中纳米 SiO$_2$ 粒子量少、分散性差,难以延缓薄膜的热降解速率,因此其热稳定性最差。图 7-20(b)中 DTG 曲线分析表明,3 种复合乳液薄膜的最大重量损失温度分别为 413.3℃、413.5℃、415.2℃,相差不大。但是从图 7-20(b)发现,PA-SiO$_2$-Q 与 PA-SiO$_2$-W 两种包覆型复合乳液薄膜在初始热解阶段的热损失速率明显小于封装型 PA-SiO$_2$-S 复合乳液薄膜的热损失速率,表明两种包覆型复合乳液薄膜的热稳定性能较好。

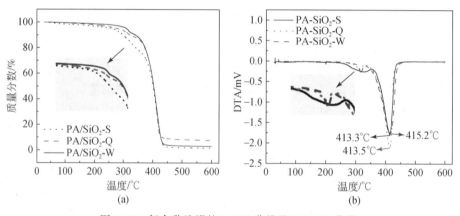

图 7-20　复合乳胶膜的(a)TG 曲线及(b)DTG 曲线

将 7.3 节封装型 PA-SiO$_2$-S 复合乳液、7.4 节 SDS 与纳米 SiO$_2$ 协同稳定的包覆型 PA-SiO$_2$-Q 复合乳液以及纳米 SiO$_2$ 单独稳定的包覆型 PA-SiO$_2$-W 复合乳液进行皮革涂饰应用,探究不同形貌复合乳液对皮革涂饰性能的影响规律,并与市售聚丙烯酸酯乳液涂饰应用性能进行对比,考查 3 种复合乳液对于革样涂饰性能的提升效果。

表 7-4 为聚丙烯酸酯乳液、封装型 PA-SiO$_2$-S 复合乳液、包覆型 PA-SiO$_2$-Q 复合乳液、包覆型 PA-SiO$_2$-W 复合乳液涂饰革样的透气性、透水汽性测试结果。由表 7-4 可知,相比于纯聚丙烯酸酯乳液,采用封装型 PA-SiO$_2$-S 复合乳液涂饰后革样的透气性、透水汽性没有明显提升,采用包覆型 PA-SiO$_2$-Q 与 PA-SiO$_2$-W 复合乳液涂饰后革样的透气性、透水汽性显著提高,其中采用 PA-SiO$_2$-W 复合乳液涂饰对于革样透气性、透水汽性提升幅度最大。主要是因为 PA-SiO$_2$-S 复合乳液将疏水性纳米

SiO_2 粒子封装在乳胶粒里面,难以在成膜过程中乳胶粒挤压变形时形成一定的空穴结构,不能增强气体分子的透过,同时纳米 SiO_2 粒子的疏水性在一定程度上阻碍了水汽分子的传输,导致革样透气性、透水汽性难以提升。而 PA-SiO_2-Q 与 PA-SiO_2-W 复合乳液中引入的是亲水性纳米 SiO_2 粒子,且大多数纳米 SiO_2 粒子包覆在乳胶粒的表面,在成膜过程中乳胶粒挤压变形,与刚性纳米 SiO_2 粒子包覆层的界面处容易形成空穴结构。当纳米 SiO_2 粒子包覆量增大时,成膜后越容易形成这种空穴结构[图 7-17(c)],薄膜中大量的这种空穴结构能够大幅增加气体分子与水汽分子的穿透;同时纳米 SiO_2 粒子表面的亲水性基团也有利于水汽分子的传输,因此采用包覆型 PA-SiO_2-Q 与 PA-SiO_2-W 复合乳液涂饰后革样透气性、透水汽性明显提升,PA-SiO_2-W 复合乳液提升效果更显著。

表 7-4　涂饰后革样的透气性、透水汽性

样品	革样 1	革样 2	革样 3	革样 4
透气性/[mL/($cm^2 \cdot h$)]	30.00	31.24	41.73	93.25
透水汽性/[mg/($10cm^2 \cdot 24h$)]	678.6	656.5	712.0	1151.2

注:革样 1、革样 2、革样 3 与革样 4 分别为聚丙烯酸酯乳液、封装型 PA-SiO_2-S 复合乳液、包覆型 PA-SiO_2-Q 复合乳液、包覆型 PA-SiO_2-W 复合乳液涂饰革样。

表 7-5 为聚丙烯酸酯乳液、封装型 PA-SiO_2-S 复合乳液、包覆型 PA-SiO_2-Q 复合乳液、包覆型 PA-SiO_2-W 复合乳液涂饰革样的耐干/湿擦性能。由表 7-5 可知,相比于纯聚丙烯酸酯乳液,采用封装型 PA-SiO_2-S 复合乳液涂饰后革样的耐干擦牢度相当、耐湿擦牢度均提高一级,主要是因为疏水性纳米 SiO_2 粒子的引入有利于提高涂层的拒水性;采用包覆型 PA-SiO_2-Q 与 PA-SiO_2-W 复合乳液涂饰后革样的耐干擦牢度均提高半级、耐湿擦牢度均提高一级。一方面可能是因为减少甚至避免了传统小分子乳化剂的使用;另一方面是由于包覆型复合乳液成膜后表面由纳米 SiO_2 粒子构成的粗糙结构,该结构能够有效抵抗测定耐干/湿擦过程中布样与涂层色素的接触。

表 7-5　涂饰后革样的耐干/湿擦性能

样品	耐干擦牢度/级	耐湿擦牢度/级
革样 1	3~4	2
革样 2	3~4	3
革样 3	4	3
革样 4	4	3

注:革样 1、革样 2、革样 3 与革样 4 分别为聚丙烯酸酯乳液、封装型 PA-SiO_2-S 复合乳液、包覆型 PA-SiO_2-Q 复合乳液、包覆型 PA-SiO_2-W 复合乳液涂饰革样。

图 7-21(a) 为聚丙烯酸酯乳液、封装型 PA-SiO$_2$-S 复合乳液、包覆型 PA-SiO$_2$-Q 复合乳液、包覆型 PA-SiO$_2$-W 复合乳液涂饰革样的抗张强度与断裂伸长率。相比聚丙烯酸酯乳液,采用复合乳液涂饰后革样平均抗张强度稍有增大,断裂伸长率基本相当,其中采用 PA-SiO$_2$-W 复合乳液涂饰后革样抗张强度提升幅度最大。图 7-21(b) 为涂饰后不同革样的撕裂强度和柔软度。相比于纯聚丙烯酸酯乳液,采用 3 种复合乳液涂饰后革样撕裂强度有所增加,柔软度稍有降低。革样撕裂强度主要反映胶原纤维间的相互作用力,当采用复合乳液涂饰后,纳米 SiO$_2$ 粒子与聚合物基体相交联,部分渗入到表皮胶原纤维间,增强了胶原纤维间的相互作用力,使得革样平均撕裂强度增大。而采用 3 种复合乳液涂饰后革样柔软度的轻微降低主要是因为刚性纳米 SiO$_2$ 粒子的引入,使得涂层稍变硬。

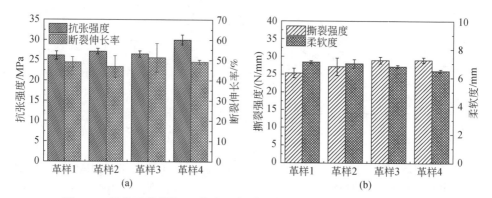

图 7-21　涂饰后革样的(a)抗张强度、断裂伸长率和(b)撕裂强度、柔软度
革样 1-聚丙烯酸酯乳液,革样 2-封装型 PA-SiO$_2$-S 复合乳液,革样 3-包覆型 PA-SiO$_2$-Q 复合乳液,
革样 4-包覆型 PA-SiO$_2$-W 复合乳液涂饰革样

7.5.4　小结

采用纳米 SiO$_2$ 粒子与十二烷基硫酸钠(SDS)共同作为稳定剂,通过细乳液聚合法获得了包覆型聚丙烯酸酯/纳米 SiO$_2$ 复合乳液(PA-SiO$_2$-Q)。采用纳米 SiO$_2$ 粒子单独作为稳定剂,通过细乳液聚合法获得了包覆型聚丙烯酸酯/纳米 SiO$_2$ 复合乳液(PA-SiO$_2$-W)。对封装型 PA-SiO$_2$-S 复合乳液、纳米 SiO$_2$ 与 SDS 共同稳定的包覆型 PA-SiO$_2$-Q 复合乳液、纳米 SiO$_2$ 单独稳定的包覆型 PA-SiO$_2$-W 复合乳液的成膜及涂饰性能进行对比。两种包覆型复合乳液成膜性能优于封装型 PA-SiO$_2$-S 复合乳液,PA-SiO$_2$-Q 复合乳液成膜耐水性最佳,PA-SiO$_2$-W 复合乳液成膜抗张强度、热稳定性最佳。与市售聚丙烯酸酯乳液涂饰革样相比,3 种复合乳液涂饰后革样的耐湿擦牢度均提高一级,力学性能提升幅度较小;包覆型 PA-SiO$_2$-Q 复合乳液涂饰后革样透气性与透水汽性分别提升 39.1% 、4.9% ,包覆型 PA-SiO$_2$-W 复合乳液涂饰后对于革样的透气性与透水汽性提升效果最好,分别达到 210.8% 、69.8% 。

第8章 其他合成方法制备皮革涂饰材料的研究

关于皮革涂饰材料的合成方法,除了前几章所述的核壳乳液聚合法、无皂乳液聚合法、原位乳液聚合聚合法、Pickering 乳液聚合法、细乳液聚合法外,还涉及光聚合法、无溶剂聚合法、互穿聚合物网络聚合法、转相乳化法、外乳化法等方法。

8.1 光 聚 合 法

光聚合法,又称光聚合、光化聚合、光引发聚合反应等,是指化合物吸收光而引起分子量增加的化学过程。光聚合反应是自由基聚合的一种,本质是在光照下,引发剂引发具有化学活性的液态物质迅速转变为固态的链式反应。反应中单体可以直接受光激发引起聚合,或者由光敏剂、光引发剂受光激发而引起聚合。该方法具有环境友好、无溶剂挥发、生产效率高、适应性广、成本低、能耗低等优点。

根据反应机理的不同,光聚合反应可以分为自由基光聚合反应和阳离子光聚合反应。自由基光聚合主导着工业应用,这是因为其光引发剂种类繁多、可供选择的聚合体系范围广,但自由基光聚合需要少氧或者无氧的环境以保证一定的聚合速率。众多的方法被开发以期克服氧阻聚,包括提高光强度、改变反应气氛、加入胺或硫醇、添加含 Si、Ge、Sn 的化合物等。与自由基光聚合反应不同的是,阳离子光聚合的效率较低,阳离子单体和低聚体结构对聚合效率影响较大,可供选择的聚合和引发体系也较少。但是其优点也是显著的,即对环境中的氧不敏感。而且,阳离子聚合有明显的后固化且水汽可以终止链增长反应。图 8-1 为文献报道的一种光聚合反应机理示意图,该反应以抗坏血酸为还原剂,在可见绿光(530nm)下曙红 Y 促使丙烯酰胺、丙烯酸和丙烯酸酯类物质发生光聚合。

光聚合法常用于涂料、黏合剂、图饰材料(油墨、印刷板等)、光刻胶、齿科医用材料、直接激光成像技术、三维模具加工技术等材料的制备中。出于环境保护的要求,越来越多的行业对挥发性有机物(VOC)开始限制,并且愈发严格。有鉴于涂料等行业中光聚合法或相关技术的使用和成熟,制革过程,尤其是皮革涂饰中也逐步开始重视并使用光聚合法。在众多的皮革涂饰材料中,水性聚氨酯的设计与合成中常用到自由基光聚合反应中的紫外光固化(ultraviolet curing,UV 固化),即液态的单体或预聚物受紫外光的照射经聚合反应转化为固体聚合物,此类研究脱胎于 UV 固化水性聚氨酯的研究。其基本原理如图 8-2 所示。

早在 1978 年就有将紫外光固化技术应用于皮革涂饰的研究,Knight 等将含乙烯基的反应性预聚体与光引发剂混合,通过中压汞弧灯的照射在皮革表面涂膜,其

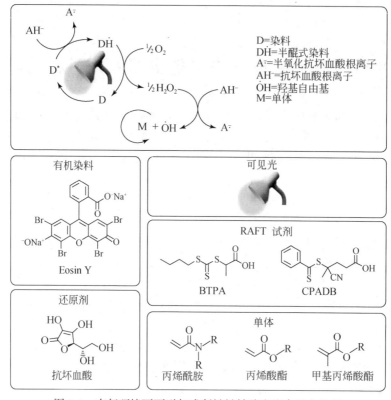

图 8-1　有氧环境下可逆加成断链链转移光聚合反应机理

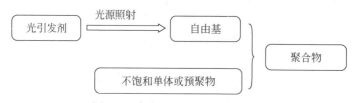

图 8-2　自由基光固化原理示意图

性能和常规涂饰的效果相近。此后研究者重点研究了紫外光固化的反应配方、固化条件等对制备皮革涂饰材料以对涂饰革样性能的影响。宋月明以甲苯二异氰酸酯、聚醚多元醇和丙烯酸羟乙酯为主要原料制备了聚氨酯预聚体,通过在聚氨酯预聚体中加入活性稀释剂、光敏剂及混合溶剂的方法制备了皮革用光固化涂饰材料,研究发现皮革用光固化涂饰剂合成工艺简单、生产方便,易于喷涂,涂膜性能良好。涂饰革样的光固化膜平整、光亮、耐干/湿擦牢度高,适用于牛皮、猪皮等正面鞋革的表面高光亮涂饰整理。张晓镭等在前人 UV 固化技术研究的基础上,在丙烯酸树脂中引入了有机硅,以拓展 UV 固化技术在硅丙树脂涂饰材料中的应用;他研究了紫外光固化硅丙树脂涂饰材料物料配比、UV 固化条件等对涂饰材料力学性能、吸水率、玻璃化转变温度等性能的影响。结果表明光固化的丙烯酸树脂薄膜的性能优异,尤其是涂饰革样表现出更佳的光亮度、滑爽感等,适用于皮革顶涂。李国骕将羟烷基硅油引入光固化聚氨酯丙烯酸酯皮革涂饰剂中,可以获得高温 120℃放置 4 h 涂层不黄变,80℃水煮可达 15 d 涂层不脱落,低温−10℃耐折高达 60000 次的 PU 革和 PVC 革涂饰材料。

王丽娜等研究了水性与溶剂型 UV 皮革涂饰剂在皮革表面的应用效果,并对皮革表面微观性能及透气度进行了表征和计算。研究结果表明,UV 固化皮革涂饰剂可以改善皮革的表观性能,并保持皮革良好的透气性;同时发现相对于溶剂型涂饰剂,水性皮革涂饰剂与皮革表面有更好的亲和性和流平性,在保持良好透气性条件下,可以达到较好的光泽性和手感。

UV 固化水性皮革涂饰材料具有诸多优势,但仍然有不足之处。如水的存在使固化速度降低;线性水性聚氨酯黏度较大,固含量低;涂膜的力学性能有待提升;硬度和耐热性能不理想等。目前可通过氟改性、有机硅改性、环氧树脂改性、超支化改性、无机纳米粒子改性等方式来改善 UV 固化水性聚氨酯的不足。此外,需要根据实际情况,对聚合物体系、活性稀释剂、光引发剂、助剂及固化条件等进行优化,以期获得黏度低、固化快的聚合体系、低毒性高活性的稀释剂、高效的光引发剂等反应条件。固化反应热可控的固化设备也在研究和应用考虑的范畴之中。

8.2　无溶剂聚合法

溶液聚合是皮革涂饰材料常用的制备方法之一,但该方法涉及溶剂,尤其是有机溶剂的使用,会对涂饰材料生产的安全性、皮革制品的环保性等产生负面影响。无溶剂聚合法即在制备的过程中不使用溶剂。该方法的优点是所得聚合物杂质少,纯度高,生产设备利用率高,操作简单,不需要复杂的分离、提纯操作。投资较少,反应器有效反应容积大,生产能力大,易于连续化,生产成本低。存在的问题是热效应相对较大,自动加速效应造成产品有气泡,变色,严重时则温度失控,引起爆聚,使产品达标难度加大。由于体系黏度随聚合不断增加,混合和传热困难,有时还会出现聚合速率自动加速现象,如果控制不当,将引起爆聚;产物分子量分布宽,未反应的单体难以除尽,制品机械性能变差等。

聚氨酯类皮革涂饰材料的设计与合成中常用到该技术,并针对其进行了一定程度的改进。魏铭等采用预聚体法合成无溶剂水性聚氨酯,探讨了扩链剂的添加顺序,异氰酸酯基与羟基摩尔比(n_{NCO}/n_{OH})、二羟甲基丙酸(DMP)含量等因素对水性聚氨酯乳液性能的影响,开发的产品可达到使用要求。卢先博等为了避免溶剂的使用,同时降低聚氨酯涂饰材料的黏度,提高交联度和涂膜性能,以—NCO 封端聚氨酯和端羟基超支化聚合物为原料,在二月桂酸二丁基锡的催化作用下,通过接枝共聚反应合成了一种新型超支化聚氨酯皮革涂饰材料,理论预测表明该类聚氨酯皮革涂饰材料拥有良好的耐溶剂性、热稳定性和流平性,且涂饰材料中的异氰酸酯基与胶原纤维的活性基团反应,使得涂层的坚牢度增加。高静等通过控制无溶剂聚氨酯合成过程中多异氰酸酯的类型,获得了具有不同耐黄变性能的合成革用涂饰材料。同时她还将含溴的二元醇单体引入无溶剂聚氨酯链段中,通过极限氧指数法和垂直燃烧法证明了该水性聚氨酯用于良好的阻燃性,离开火焰后即发生自熄。

除了对无溶剂聚氨酯涂饰材料自身的配方和聚合工艺进行研究外,部分学者也积极开发功能型无溶剂聚氨酯涂饰材料。学者们将二氧化硅、二氧化钛等材料引入,以赋予涂饰材料消光、防紫外等功能性。董永兵等在微米级二氧化硅的表面接入氨基,并将聚氨酯预聚体分散在二氧化硅的水分散液中获得了水性聚氨酯涂饰材料。研究结果表明该涂饰材料的消光性良好,耐干/湿擦等显著提高,手感变好。赵欣等为了获得抗紫外型的水性聚氨酯皮革涂饰材料,将二氧化钛纳米晶囊泡复配于其中,研究了二氧化钛囊泡微乳液和聚氨酯配比对涂饰剂分散、成膜、涂饰性能的影响。结果表明,二氧化钛囊泡微乳液的加入,使得涂饰材料的抗张强度、断裂伸长率和吸水性都有所提高并出现明显的抗紫外效果。涂饰革样的应用实验结果表明涂层的抗水性提高,耐折性能没有改变。

在通过控制聚合单体种类、加入少量溶剂或专用引发剂、分段聚合等方式来改善无溶剂聚氨酯涂饰材料生产过程的不足外,还应关注反应器的设计、物料投入方式等方法对产品性能的提升。如完善搅拌器和传热系统,以利于聚合设备的传热;低温进料,以直接同反应器内的热物料换热等。图 8-3 为 Hong-Wei He 等开发的一种无溶剂热固电纺丝聚氨酯制备方法。该方法利用电纺丝的技术将聚氨酯预聚体喷出,在热的作用下,发生扩链反应,该反应过程中还可以引入二羟基甲酸和苯胺等材料,实现聚苯胺对聚氨酯的原位包覆,获得导电材料。

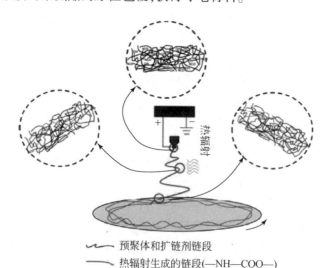

～～ 预聚体和扩链剂链段

—— 热辐射生成的链段(—NH—COO—)

图 8-3　无溶剂电纺丝聚氨酯的热固反应示意

8.3　互穿聚合物网络聚合法

互穿聚合物网络(interpenetrating polymer networks,IPNs)是由两种或两种以上的聚合物网络相互穿透或缠结所构成的一类化学共混网络体系。其中一种聚合物网络是在另一种聚合物网络直接存在下原位聚合或交联形成的,两种聚合物网络之间为物理贯穿。其特点在于独特的贯穿缠结结构,即在提高高分子链相容性、增加网络密度、使相结构微相化及增大相间结合力等方面,存在所谓的动力学强迫互容行为。

合成方法主要有分步法和同步法两种。分步法是将已经交联的聚合物(第一网络)置入含有催化剂、交联剂等的另一单体或预聚物中,使其溶胀,然后使第二单体或预聚体就地聚合并交联形成第二网络,所得产品称分步互穿聚合物网络,如图 8-4 所示,在间苯二酚、甲醛和酒石酸锌形成网络的基础上,加入聚丙烯酸钠溶胀,形成互穿网络结构。同步法,是将两种或多种单体在同一反应器中按各自聚合和交联历程进行反应,形成同步互穿网络。在由两种聚合物形成的网络中,如果有一种是线性分子,该网络称为半互穿聚合物网络。

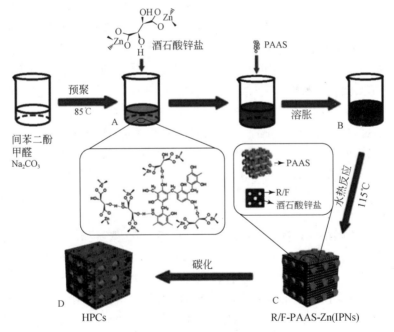

图 8-4　分步法获得的互穿网络结构

采用互穿聚合物网络聚合法制备的材料常用于离子交换树脂、电渗析膜、压敏胶黏剂、增韧塑料、增强橡胶、消声或减振材料等的制备。皮革涂饰材料为了达到手感舒适、流平性好、强度高等要求,也常采用互穿聚合物网络聚合法制备。

　　吴育彪等为提升聚丙烯酸酯涂饰材料的力学性能、耐寒性、耐溶剂性,采用乳胶型互穿聚合物网络(latex interpenetrating polymer networks,LIPN)技术制备了新型改性聚丙烯酸树脂涂饰材料(图8-5)。系统研究了交联剂乙二醇二丙烯酸酯的合成方法,核-壳单体组成,交联剂和乳化剂的用量及加入方式等对乳液性能的影响;对胶乳性能及胶膜物理性能进行了测试。研究表明采用LIPN技术,可以显著改善聚丙烯酸涂饰材料的性能,可以与聚氨酯涂饰剂媲美,并广泛应用于中、高档皮革涂饰加工领域。

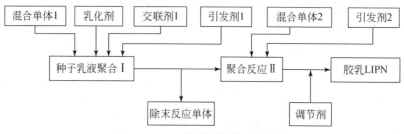

图8-5　LIPN乳液制备的工艺流程

　　聚氨酯丙烯酸酯(polyurethane acrylate,PUA)类皮革涂饰材料也常用到IPNs技术。该类方法可以归纳为3种:①在PU预聚体的种子乳液中溶胀丙烯酸酯单体,再进行乳液聚合,制得IPN型乳液。②以丙烯酸酯单体为溶剂,采用溶液聚合法制备PU溶液,然后加入水乳化剂、引发剂等进行乳液聚合,得到PUA复合乳液。③分别制备带官能团的PU乳液和聚丙烯酸酯乳液并将其混合、缩聚、交联,可得到互穿网络弹性体PUA乳液。耿耀宗通过IPNs法制备了一种核为聚氨酯聚丙烯酸酯接枝共聚物、核次外层为聚丙烯酸酯互穿网络聚合物、最外层为聚氨酯亲水聚合物的PUA,该产品除了可以用作皮革涂饰剂外,还可以作为木器漆、汽车阻尼涂料、汽车中间涂层、金属防腐漆的基料等使用。此外,还可通过分别制得带有官能团的PU和PA乳液并混合,经缩聚和交联,得到互穿聚合物网络PUA,即在皮革底层涂饰含羟基的聚丙烯酸酯乳液,再在涂膜表面涂覆聚氨酯水分散液,可获得具有耐寒、耐热性能优异的皮革涂层。

　　互穿聚合物网络聚合法除了在上述的聚丙烯酸酯、聚氨酯丙烯酸酯皮革涂饰材料中获得应用外,还被范浩军等引入了聚硅氧烷/丙烯酸树脂皮革涂层材料中。该研究对八甲基环四硅氧烷的开环聚合物和丙烯酸酯聚合物形成同步IPNs进行了考察,结果表明,互穿网络的形成明显地提高了两组分的相容性,由于有机硅组分的引入,其皮革涂层显示了优良的抗水、抗溶剂性能和优良耐寒耐热性能,并能改善涂层的触感/增进涂层的亮度。

8.4　转相乳化法

　　水分散乳液常用的制造方法有两种,一种是用乳液聚合直接制得水乳液,另一种是先制成树脂后再水乳化。后乳化工艺大致有两种,一种是借助表面活性剂乳化;另一种是借助树脂分子上的亲水基团自乳化。后乳化的方法方法大致为采用高剪切、超声、膜乳化等方法将树脂分散与水中,或者是转相乳化。一般而言,转相乳化法(相反转乳化技术)是在外加乳化剂的情况下,用物理乳化(改变温度或提高水含量)的方法通过滴加水使聚合物从油包水的状态转变成水包油的状态,从而制得水性乳液的技术(图 8-6),包括温度转相法和乳液转相点法温度转相法主要是利用了非离子表面活性剂的水溶性随温度的提高而降低的特性。在较高的温度时 HLB值较小,利于形成油包水型乳液;较低的温度时 HLB 值较大,利于形成水包油型乳液。乳液转相点法是在油包水乳化液形成之后继续提高水的含量直至转相为水包油型乳液。

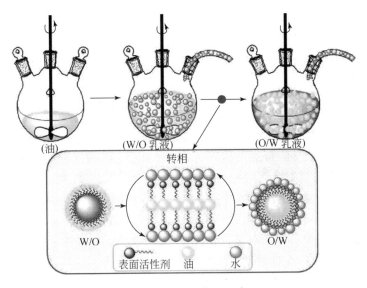

图 8-6　转相乳化法示意

皮革涂饰材料中的乳化蜡、硝化纤维素等常用转相乳化法制备。

强西怀等以氧化聚乙烯蜡为原料,脂肪醇聚氧乙烯醚与十二烷基硫酸钠(或十六烷基三甲基氯化铵)为复配乳化剂,采用转相乳化法,制得了氧化聚乙烯蜡乳液。皮革涂饰表明,使用氧化聚乙烯蜡乳液的涂层蜡感及润感较强,可增强皮革的真皮感效应,适用于软革的涂饰。

燕冲等采用相反转乳化技术制得醇酸树脂和硝化纤维素的混合乳液,然后加入丙烯酸类单体和过硫酸钾引发剂,通过自由基乳液聚合得到了硝化纤维素–醇酸树脂–丙烯酸酯复合乳液。复合乳液性能优良,其涂膜硬度0.73,光泽为75,附着力为2 级,可作为传统硝化纤维素的替代品而广泛用于多种水性涂料,如水性木器家具涂料、皮革涂饰材料等的制备。

8.5　外乳化法

外乳化法是一种较为普遍的制备乳液的方法,主要用于硝化纤维乳液的制备。大致工艺为将硝化纤维、溶剂、助溶剂进行搅拌、溶解,然后加入增塑剂、部分乳化剂,搅拌溶解均匀,制成油相。在高速搅拌下把油相滴入由水及乳化剂组成的水相中乳化即可。

史红月等利用不同的乳化剂对配制的硝化棉透明液进行两次乳化,在高速搅拌条件下制得了稳定的硝化棉乳液,探讨了乳化剂种类及用量、乳化温度、搅拌速度对硝化纤维乳液稳定性的影响,制得的水性硝化纤维成膜后光亮、柔软,具有较好的乳液稳定性。刘显奎等采用外乳化法制备了硝化棉乳液,并将其与羟基硅油乳液进行复配,制得了硝化棉乳液改性硅蜡手感剂。将其用于绵羊皮服装革涂饰,结果表明硝化棉乳液改性硅蜡手感剂,不仅可使产品在稳定性上得到极大改善,也可以在湿滑手感和干滑手感之间进行调节。

8.6　聚合方法对皮革涂饰材料性能的影响

皮革涂饰材料自身的特点及应用方向、应用工艺决定了其合成或制备方法不同,合成方法对涂饰材料性能的影响较大。除了合成方法外,聚合方法也对涂饰材料的性能有较大影响。作者曾就聚合方法对聚丙烯酸酯涂饰材料性能的影响进行了研究,采用半连续和连续乳液聚合法制备了聚丙烯酸酯涂饰材料,分别记为乳液 A 和乳液 B,考察了聚合方法对聚合过程放热、乳液稳定性等的影响,表征了涂饰材料的粒径及分布;将制备的涂饰材料用于皮革涂饰,考查了其对皮革性能的影响。

在制备聚丙烯酸酯涂饰材料的过程中,釜内单体聚合产生的温度和釜外供热装置提供的水浴温度对聚丙烯酸酯涂饰材料的聚合稳定性和产品的性能有较大的影响,监测反应过程温度的变化对了解聚合过程、调节工艺、工业生产等有积极的意义。图 8-7 和图 8-8 分别是半连续乳液聚合法和连续乳液聚合法下聚合温度和水浴温度随时间的变化曲线。从图 8-7 可以看出,在半连续法的工艺条件下,当水浴温度稳定时,聚合温度变化较大。0 ~30 min 之间聚合温度的变化是由冷物料加入引起的。当水浴温度升到 75℃后,引发剂开始分解引发聚合,由于此时釜内存有大量的引发剂和待反应的单体,聚合产生的热很难迅速释放,因此在 50 min 左右时产生了一个放热的高峰,最高温度达到了 98℃,并使得水浴温度相应产生了一个温度台阶,温度提升了约 2℃左右。待该阶段渡过后,由于后期滴加方式的使用,使得单体和引发剂缓慢加入烧瓶,聚合温度变化直至反应结束都较为平稳。

从图 8-8 可以看出,在整个聚合过程中聚合温度和水浴温度随时间的变化都较为稳定,并未出现明显的放热高峰。当将全部的单体和引发剂改用滴加的方式加入聚合体系中,热量由瞬时式的释放改为可控逐步释放,显著改善了冲料、暴聚的现象,使得聚合过程变得平稳,利于安全生产。

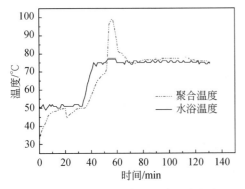

图 8-7　半连续乳液聚合法聚合温度和水浴
温度变化(乳液 A)

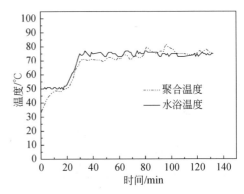

图 8-8　连续乳液聚合法聚合温度和水浴
温度变化(乳液 B)

如图 8-9 所示为不同工艺下乳液的粒径及分布。乳液 A 呈现双峰分布,粒径分别为 197 nm 和 5320 nm,5320 nm 处的出峰是由单体液滴成核造成的,197 nm 处的出峰是由胶束成核造成的。乳液 B 的粒径呈现单峰分布,粒径为 164 nm。从图 8-9 可以看出,乳液 A 在 197 nm 处的粒径分布比乳液 B 在 163 nm 处的粒径分布窄。在相同的时间内,由于半连续乳液聚合法是将前期的物料一次性加入,因此乳胶粒成核的起始时间及其生长的延续时间大致相同,因此乳液 A 在小粒径处的分布较窄。连续乳液聚合法是将前期的物料采用滴加的方式加入,乳胶粒的成核起始时间延续了整个滴加过程,其相应的生长时间随着滴加过程的进行而逐渐缩短,因此其粒径分布相对较宽。

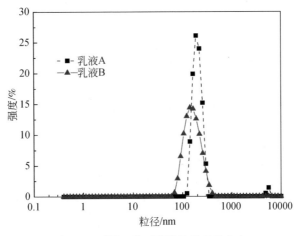

图 8-9　不同工艺下乳液的粒径及分布

对制备的乳液不稀释、离心,直接采用 Turbiscan LAB 稳定性分析仪进行检测,获得乳液在储存条件下的时间依存稳定性结果。图 8-10(a)和图 8-10(b)分别是乳液 A 和乳液 B 的背散射曲线。由于乳液浓度较大,过低的激光透过率无研究意义,故选取背散射曲线 Backscattering(BS)进行研究,以起始时测得的背散射曲线为基线,检测随着时间增加后续曲线与基线的差值 ΔBS。横坐标为乳液在标准样品瓶中的高度,短线以左部分为测试瓶的不规则瓶底厚度。从图 8-10(a)可以看出,在 1 ~ 36 mm 之间的 ΔBS 不均匀地减小,数值的减小表明乳液的底部及中上部发生了轻微聚集,乳胶粒聚集后粒径增大,使得激光透过率增加而背散射值减小。此外,该变化并不均匀,这是由乳液 A 的粒径呈双峰分布造成的。在 36 ~43 mm 之间,ΔBS 增大,这表明乳液的顶部开始发生显著聚并,即在乳液的表面有涂膜的情况发生。从图 8-10(b)可以看出,在 1 ~36 mm 之间,ΔBS 均匀地减小,即乳液的底部及中上部发生了轻微聚集,但由于乳液 B 粒径为单峰分布,因此其变化较为均匀。在 36 ~42 mm 之间,ΔBS 显著减小;42 ~43 mm 之间,ΔBS 增大,这是由乳液表面涂膜的变化趋势较大引起的。

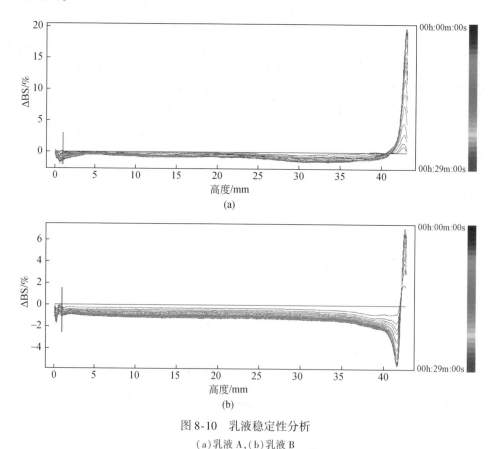

图 8-10　乳液稳定性分析

(a)乳液 A,(b)乳液 B

　　为了对整个反应瓶中乳液的稳定性进行量化考察,采用式(8-1)计算乳液的稳定性动力学指数 TSI,获得的参数如图 8-11 所示。TSI 越高,稳定性越差。从图 8-11 可以看出,乳液 A 的 TSI 值随时间的增加而增大,在 1000 s 后基本为线性增加的趋势,其斜率为 3.95×10^{-4}。乳液 B 的 TSI 随着时间的增加而增大,1000 s 后增加的趋势显著降低,其斜率为 2.33×10^{-4}。这表明乳液 B 的稳定性要高于乳液 A 的稳定性,即连续乳液聚合法制备的乳液的放置稳定性较高。

$$\mathrm{TSI} = \sqrt{\frac{\sum_{i=1}^{n} (x_i - x_{\mathrm{BS}})^2}{n-1}} \tag{8-1}$$

式中,x_i 为每次测量的背散射值,x_{BS} 为背散射平均值,n 为测试的次数(30 次)。

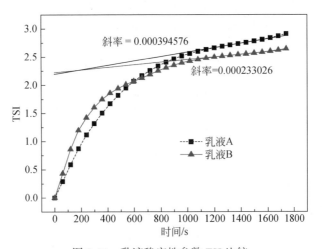

图 8-11　乳液稳定性参数 TSI 比较

　　对制备的乳液成膜后的力学性能进行检测,其结果如图 8-12 所示,从图 8-12 可以看出,乳液 A 涂膜的断裂强度为 2.6 MPa,断裂伸长率为 691.4%,乳液 B 涂膜的断裂强度为 2.4 MPa,断裂伸长率为 736.3%。工艺的改变使涂膜的断裂伸长率提高了 6.5%,断裂强力变化不大。乳液 A 的粒径高于乳液 B,其分子链段要比乳液 B 的相对较长,同时,由于乳液 B 的粒径分布较宽,受拉力时会有较多的分子链参与涂膜拉伸的过程,这导致其断裂伸长率相对较大。

　　将制备的乳液用于皮革涂饰,考察其对涂饰性能的影响,表 8-1 为乳液的涂饰性能。从表 8-1 可以看出,采用乳液 A 涂饰革样的透气性和透水汽性分别是 342.53 mL/(cm² · h)和 528.16 mg/(10cm² · 24h),采用乳液 B 涂饰革样的透气性和透水汽性分别是 337.49 mL/(cm² · h)和 547.33 mg/(10cm² · 24h),这表明工艺的变化并未对涂饰革样的卫生性能产生影响。采用 2 种乳液涂饰后革样的耐干擦牢度均为 3 级。乳液 B 涂饰革样的耐湿擦牢度为 2 级,比乳液 A 的提高了 1 级,这是由于乳液 B 的粒径较小,其渗透入皮中的程度较高,对颜料膏的固定也较为紧实。

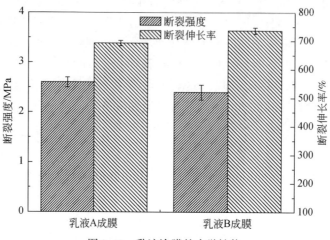

图 8-12　乳液涂膜的力学性能

表 8-1　乳液的涂饰性能

	乳液 A	乳液 B
透气性/[mL/(cm² · h)]	342.53	337.49
透水汽性/[mg/(10cm² · 24h)]	528.16	547.33
耐干擦牢度/级	3	3
耐湿擦牢度/级	1	2

　　与半连续乳液聚合法相比,采用连续乳液聚合法制备聚丙烯酸酯涂饰材料的聚合过程稳定,无凝胶、暴聚现象,可安全稳定的生产;且制备乳液的化学稳定性和稀释稳定性优良,离心稳定性和放置稳定性更优,涂膜断裂伸长率提高了 6.5% ,涂饰后革样的卫生性能无显著变化,耐湿擦牢度提高 1 级。

8.7　小　　结

　　光聚合法、无溶剂聚合法、互穿聚合物网络聚合法、转相乳化法、外乳化法等方法的使用,需要根据涂饰材料自身的特点及其应用方向、应用工艺进行选择。除了合成方法外,聚合工艺也对涂饰材料的性能有较大影响。就目前的研究而言,除了将新的聚合方法引入皮革涂饰材料的制备上之外,还应对聚合方法自身在配方、工艺等方面的特点进行深入挖掘,充分了解聚合方法在产品性能上的影响。

第9章 皮革涂饰材料的发展趋势

现代皮革正趋向于生态环保、功能化、智能化发展。由于成革的性能很大程度上取决于革的涂饰整理加工，因此作为涂饰材料必须适应皮革发展趋势，符合皮革加工及应用的性能要求。基于此并结合皮革涂饰材料的发展现状，可知今后皮革涂饰材料的发展趋势将主要集中在绿色化、功能化、高物性等方面。

9.1 绿 色 化

市场上现有的皮革涂饰材料大多为溶剂型涂饰材料，在施工及涂膜干燥过程中存在大量挥发性有机物(VOCs)，不仅危害人体，而且污染环境。很多研究表明，VOCs是雾霾形成的重要原因，而溶剂型涂饰材料的生产和应用则是VOCs的重要来源。因此，全国各地都在呼吁限制/禁止溶剂型皮革涂饰材料的生产和使用，特别是广东省已开始实施对溶剂型涂饰材料的管控措施。目前从绿色化学的角度对皮革涂饰材料的要求可概括为四点：①皮革涂饰材料的分子结构和组成不会对人体有毒和对环境有害；②涂饰材料在生产和使用过程中不会产生或分解释放出对人体有害和对环境污染的化学物质；③涂饰材料在皮革上不会残留有毒或有害化学物质；④涂饰材料能被回用、再生或能被转化为无害物质或能被生物降解。

因此从绿色化发展的角度出发，皮革涂饰材料未来的发展趋势主要包括以下几个方面。

(1)水性体系

以水为分散介质代替以往的有机溶剂，一方面，大大降低有机溶剂对环境的污染；另一方面，降低产品的生产成本。

(2)原料环保

原料中不含苯、甲苯、二甲苯、甲醛、游离TDI、有毒重金属等物质，因此涂饰材料在使用过程中不会污染环境，也不会对人体健康构成威胁，大大提高了其在生产、运输、储存和施工过程中的安全性。

(3)合成工艺环保

采用种子乳液聚合法或者半连续种子乳液聚合等，少用或者不用有机溶剂的方法进行合成以取代原始复杂的工艺。

(4)提高固含量

目前，市场上销售的皮革涂饰材料固含量大多在30%左右，然而由于水的蒸发潜热比常用的有机溶剂高，导致水性涂饰材料的溶剂挥发慢，干燥时间长。提高水性涂饰材料的固含量以降低水分挥发负荷、缩短涂膜和干燥时间,只有这样才有可能促使水性环保涂料全面取代相应的有机溶剂型产品。高固含量的乳液还具有设备利用率高、运输成本和单位产品能量消耗低等优点。

(5)无溶剂体系

无溶剂型涂饰材料不含有机溶剂和水,是一种液状低分子量聚合物,在其中加入适当的交联剂、链增长剂等助剂配合组成涂饰材料。当涂于皮革上后,通过热、紫外线或电子束照射等方法,使低聚体发生交联。与溶剂型和水乳液型涂饰材料比较具有明显的优越性。无溶剂型涂饰材料有望替代溶剂型和乳液型涂饰材料。

9.2 功　能　化

9.2.1　疏水防污

皮革是由胶原纤维紧密编织而成的,胶原纤维中含有大量的氨基、羧基、羟基等基团,这些基团具有一定的亲水性,加之在皮革加工过程中使用了大量的表面活性剂、盐类等亲水性物质,导致革制品的疏水性较差。在日常生活中,革制品的疏水性对其应用性能影响较大。当皮革表面沾上水时,如果处理不当,极易造成革制品发硬或变形,不仅影响革制品的美观,而且降低革制品的穿着舒适度,限制革制品在特殊环境(雨雪天气)或特殊领域(作战靴、作战服等)的应用。如何获得具有优异疏水性的皮革,已成为制革过程中颇受关注的问题。

自然界中,荷花因具有"出淤泥而不染"的特征被人们广为传颂。然而,直至20世纪70年代,德国植物学家-威廉·巴特洛特才揭露了荷叶具有自清洁效应的真正原因。他们通过扫描电子显微镜观察荷叶表面的形貌,发现荷叶的表面分布着线状或毛发状的突起,它们平均尺寸在10μm左右,小的直径只有200nm左右,即具有微-纳米复合粗糙结构,如图9-1所示。

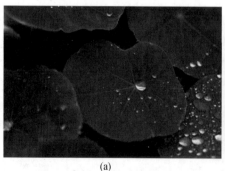
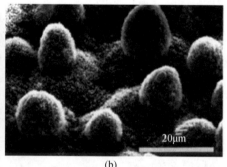

(a)　　　　　　　　　　　　　　(b)

图9-1　自然界中荷叶的表面(a)及其 SEM 图片(b)

同时这些微-纳米复合粗糙结构表面还存在大量的低表面能蜡质,正是这些低表面能蜡质与微-纳米复合粗糙结构赋予了荷叶表面独特的自清洁效应,使水滴在荷叶表面达到超疏水效果(即接触角 CA 在 150°以上)。此外,自然界中的超疏水表面还有水稻叶、水黾的腿、蝉翼等。由于超疏水表面具有独特的表面润湿性能,因此引起了国内外研究者的广泛关注。基于大自然的启发,在皮革表面构筑超疏水涂层,可以有效地提升革制品的疏水防污性能。制备超疏水皮革涂层一般是通过在皮革表面构筑粗糙结构并用低表面能物质进行修饰,如图 9-2 所示,作者在皮革表面利用纳米颗粒构筑粗糙结构,利用含氟化合物进行修饰,通过层层构筑技术获得了防污性能优异的超疏水皮革。

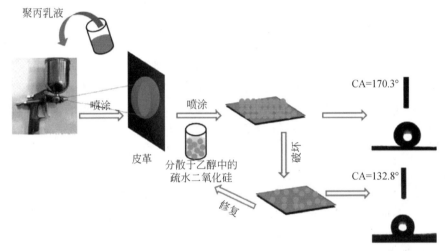

图 9-2　皮革表面超疏水涂层构筑的示意(见彩图)

9.2.2　抗菌防霉

皮革涂饰材料通过粘合作用在皮革表面形成一层或多层薄膜。常用的皮革涂饰材料包括酪素、聚丙烯酸酯等,其中酪素中含有多种氨基酸,为细菌的生长繁殖提供条件,极易受细菌侵蚀。同样,传统聚丙烯酸酯乳液中由于一些极性基团的存在,以及产品在存储、运输、使用过程中受到环境条件的影响,往往会出现霉变、细菌滋生等现象,严重时不仅浪费原材料,而且会成为疾病的重要传播源,危害人类健康。近年来,随着人类生活水平的不断提高,研究开发抗菌性突出、卫生性能优异的皮革用涂层材料迫在眉睫。

制备抗菌防霉型皮革涂饰材料主要是在皮革涂饰材料中引入抗菌剂或防霉剂。传统的抗菌剂一般分为有机、无机以及天然抗菌剂三类。有机抗菌剂主要包括有机酸、季胺盐、卤素、酚类等,该类抗菌剂具有见效快、杀菌能力强的特点,但易对微生物产生耐(抗)药性,并存在易迁移、耐热性差等缺点。天然抗菌剂多是从动植物体内提取或是微生物的发酵产物,具有毒性小、安全性高的特点,但其使用寿命短、耐热性差(150~180℃炭化分解)。无机抗菌剂主要为磷灰石、沸石、磷酸锆等多孔性物质以及银、汞、铅、铜等金属及其离子化合物。目前,研究开发耐热性高、高效广谱、安全可靠的无机抗菌剂已经成为研究的热点。近年来,随着纳米技术的不断发展,出现了一批包括纳米 Ag、纳米 TiO_2、纳米 ZnO 在内的无机纳米抗菌材料。研究者们将纳米抗菌剂引入皮革涂饰材料中,制备出了性能优异的抗菌型皮革涂饰材料。例如,作者将纳米 ZnO 引入皮革涂饰用聚丙烯酸酯乳液中,可赋予聚丙烯酸酯乳液较高的抗菌性能。其抗菌机理为:①体系中强氧化物质的影响;②锌离子的释放作用;③由于反应体系变化引起细胞膜的破坏。聚丙烯酸酯基纳米 ZnO 复合薄膜的抗菌机理为:聚丙烯酸酯作为载体,本身没有抗菌作用,但是它可有效地防止 ZnO 纳米粒子之间的团聚,并增大纳米 ZnO 和微生物细胞的接触机会。球形 ZnO 尺寸较小,锌离子较容易从复合薄膜表面溶出,溶出的锌离子可通过电荷作用,聚集、吸附在微生物的细胞壁上,破坏细胞壁中的蛋,影响细胞内外的渗透压平衡。最终破坏细胞结构。此外,锌离子可与细胞内部的 DNA、RNA 结合,阻碍微生物的繁殖。因此,锌离子的溶出、释放作用在聚丙烯酸酯基纳米 ZnO 复合薄膜的抗菌性能中起主导作用,且复合薄膜的抗菌性随着用量的增加而增强。

9.2.3　阻燃

皮革行业在近几十年中得到快速发展,皮革制品因具有高透气、透水、耐汗、耐磨等优点,其应用范围也逐渐扩大,从最初的皮衣、皮鞋,到如今的室内装修、汽车坐垫革等。人们对皮革的需求日益增长,进而对皮革的安全性能要求越来越高,其中皮革的阻燃性能受到广泛关注。皮革作为一种天然的高聚物,含有 C、H、N、O 等元素,其在燃烧过程中可以释放出 CO 和 CO_2,且其制备过程中所采用的加脂剂等都属于易燃物质,因此皮革制品在使用过程中容易发生自燃等现象,极大地威胁人民生命财产安全,因此制备出阻燃型皮革涂饰材料,将其应用于皮革表面,从而降低皮革的易燃率,同时延迟皮革燃烧性能,为人们撤离火场和火灾救援争取宝贵的时间具有重要的意义。

目前,科研工作者对提高皮革涂饰材料的阻燃性能展开大量的研究,主要是在皮革涂饰材料中引入一定量的阻燃剂,包括无机阻燃剂、有机卤系阻燃剂、有机磷系阻燃剂等。皮革涂饰材料中引入无机阻燃剂的阻燃机理主要为:无机阻燃剂的结构中含有 4 种不同形式的水,可以起到稀释可燃气体的作用,将其引入聚合物基体中能够提升材料的阻燃性能;此外,无机阻燃剂燃烧后会形成耐热氧化物层等,沉积在未燃烧的材料表面,在一定程度上起到阻止热量传递,防止可燃性气体的挥发,同时起到隔离可燃气体和氧气的作用。

皮革涂饰材料中引入有机磷阻燃剂的阻燃机理主要为:一方面,加入有机磷系阻燃剂的高分子材料在进行燃烧时,磷化合物受热分解生成磷酸液体膜(熔点可达

300℃),磷酸进一步受热脱水生成偏磷酸,偏磷酸会聚合生成聚偏磷酸,由于聚偏磷酸是一种不易挥发的稳定化合物质,因此可以在高分子复合材料表面形成一层有效的保护膜,防止复合材料燃烧。而且聚偏磷酸具有较强的吸水或脱水效果,可以促进材料形成一定厚度的不易燃烧的碳层,起到阻燃作用。另一方面,含磷阻燃剂受热时可生成一些自由基产物,它们可以作为自由基捕获剂阻止燃烧链反应的进行,而且燃烧时产生的非可燃性气体具有稀释可燃性气体的作用,且生成的水具有吸热降低材料温度的作用。总之,以上两个方面阻燃作用使得有机磷系阻燃剂成为一类高效的阻燃剂。

有机卤系阻燃剂是含有卤素元素并以卤素元素起阻燃作用的一类阻燃剂。其阻燃机理主要是阻隔降温、终止链反应、切断热源 3 个方面。然而由于卤素元素的化学性质,卤系阻燃剂在高温、明火情况下会放出卤化氢气体并伴有浓烟,导致人体窒息,因此,在阻燃中的应用受到了极大的限制。特别是进入 21 世纪以来,西方国家逐步提出了禁用卤系阻燃剂的相关法律法规。

9.2.4　电磁屏蔽

电磁波辐射已成为继噪声污染、大气污染、水污染、固体废弃物污染之后的又一大公害。电磁波辐射产生的电磁干扰(EMI)不仅影响各种电子设备的正常运行,而且对身体健康也有危害,使得人体中枢神经系统及植物神经系统功能紊乱,心血管系统可见心律不齐、心动过缓及心电图改变,对遗传、激素等也有干扰影响。为减少电磁波对人体的危害,近年来研究者们开始了对电磁波吸收材料的研究,将导电材料应用在皮革涂饰材料中所制备的皮革涂层可对电磁波起到屏蔽作用,拓宽了皮革制品在室内装修、飞机内饰等领域应用。

制备电磁波屏蔽皮革涂层的主要方式是用电磁波反射材料改性传统的皮革涂饰材料,从而获电磁波屏蔽复合皮革涂饰材料。研究结果表明,金属材料的电导率高,性能最佳,是发展最早且目前应用较为成熟的电磁波反射材料。根据传输线理论,由于金属的高导电性能会降低屏蔽材料与自由空间的阻抗匹配,电磁波入射时会被大量反射,而进入材料的电磁波会在金属导体内部产生"涡流效应",从而使电磁波能量以热能形式耗散,起到电磁屏蔽的作用。将金属材料引入传统的皮革涂饰材料中制备出复合皮革涂饰材料,将此复合涂饰材料应用于皮革涂饰,可大大提高革制品的电磁屏蔽性能。近年来,研究者们将纳米银片、纳米铜片等材料引入皮革涂饰材料中制备金属屏蔽涂层,石墨烯等导电碳材料屏蔽涂层等也取得了较好的效果。如石碧院士课题组通过在皮革表面涂饰金属纳米粒子,制备了一种对电磁波同时具有吸收和反射能力的轻质高性能电磁波屏蔽复合材料,所制备的复合材料中仅含 4.58% 的金属纳米粒子时,即可表现出约为 76.0dB 的优异的电磁波屏蔽效率,且在 0.01~3.0GHz 频率范围内可达到约 200.0 dB·cm³/g 的屏蔽效率,表明超过99.98% 的电磁波已经被屏蔽掉。同时,他们以聚合物为面层、中间碳纳米管封装纳米金属颗粒作吸收层、皮革纤维作底层构建的特殊的三明治结构吸收电磁波,制备了可穿戴电磁吸收皮革。

9.2.5　保温隔热

皮革制品在使用过程中,保暖是重要的特性。在我国东北地区以及其他温度较低的地区,皮革制品得到了广泛的应用,但是一般的皮革制品只具备有限的保温隔热效果。为了进一步提高革制品的保温隔热效果,近年来,研究者们通过将保温隔热涂层应用于革制品表面,可起到良好的保温隔热效果。其突出的表现在于:

①与皮革表面能够形成完美的结合,整体性完好;

②具有较低的导热系数,较好的保温隔热效果;

③既节能又环保;

④具有层薄、质轻、使用面积广等优势;

⑤采用人工涂抹或者喷涂等方式进行施工,操作简单;

⑥生产工艺要求低,生产过程中所需要的能耗较低。

根据热传导、热对流和热辐射 3 种自然界热量传递的方式,可以把节能保温隔热涂料分为阻隔型、反射型、辐射型和复合型。这四种节能保温隔热涂饰材料具备各自的优缺点。图 9-3 为阻隔型保温隔热涂料的隔热示意图。当照射在物体上的光所产生的热量通过导热系数非常低的隔热涂层后,热量传输减慢,因此物体内部温度的上升速率就会比较缓慢,从而达到阻隔热量的目的。

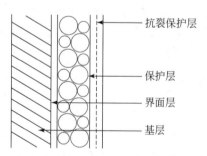

抗裂保护层

保护层

界面层

基层

图 9-3　阻隔型保温隔热涂层的隔热示意

图 9-4 是反射型保温隔热涂料的隔热机理。与普通涂料不同的是,对于反射型涂料来说,太阳光照射至保温隔热涂层后,首先发生第一次反射,进入涂层中的大部分热量被分布于涂层中的具有较高反射能力的填料进行二次反射及散射,最后被拒于涂层之外,因此其吸收的能力较少,以此达到保温隔热的目的。

复合型保温隔热涂料由于其优异的性能,代表着未来保温隔热涂层的发展趋势,有望在皮革涂饰材料领域得以进一步发展。

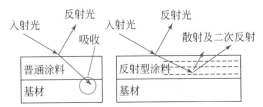

图 9-4 反射型保温隔热涂料与普通涂料的能量反射对比

9.2.6 耐黄变

白色及浅色皮革在高档手套、鞋类及汽车用革等方面都有很可观的应用,但由于在使用过程中受各种环境因素的影响,该类皮革容易发生黄变现象。黄变现象的发生,一方面在很大程度上影响了浅色皮革的美观效果,另一方面皮革黄变也伴随着老化的发生,影响皮革的使用效果。因此研究耐黄变型皮革涂饰材料,具有重大的社会和经济意义。

由于传统皮革涂饰材料合成中所用到的单体分子中基本都含有双键,如(甲基)丙烯酸的甲酯、乙酯、丁酯、异辛酯等酯类单体和其他如丙烯腈、苯乙烯、氯乙烯、醋酸乙烯、丁二烯、顺丁烯二酸酐等乙烯基类单体,因此所得聚合物中也不可避免含有一些不饱和基团,这些不饱和链段在紫外光作用下发生振动和移动,当振动速度增大时波长较短的紫外线被吸收,但是一些取代的发色或助色基团会平衡一部分振动速度,使吸收光的波长增加到可见光区,此时材料就会获得一定的颜色,因而出现老化或黄变的现象。

目前最常用的制备耐老化涂层的方式是在涂饰材料中引入紫外吸收剂如纳米 ZnO、纳米 TiO_2 等,其抗紫外线原理是利用具有抗紫外性能的纳米粉体材料添加到涂饰材料中,当光辐射到皮革上时,小部分透过皮革,绝大部分被纳米粉体材料反射或吸收。近期,有研究者将纳米 ZnO、纳米 TiO_2 等材料制备成中空结构,极大增加了纳米材料的比表面积,将这些具有紫外吸收作用的纳米材料引入皮革涂饰材料中,获得了性能优异的耐老化皮革涂饰材料。

9.3 高 物 性

涂饰材料的使用是为了让皮革表面更加美观,产生更多的附加值,但目前市场上常用的皮革涂饰材料在长期使用过程中存在不耐磨、易黄变、力学性能差及不耐水等缺陷,从而限制了皮革制品的应用领域,因此开发出功能性皮革涂层材料,赋予皮革长久的耐磨性能、耐黄变性能等将会极大地提高革制品的附加值。

9.3.1　耐磨

革制品在使用过程中,表面的涂层容易因为长期使用过程中的摩擦而产生掉皮、破损等现象。尤其是沙发革及汽车坐垫革等,由于人们在使用过程中的反复蹭坐,出现局部磨损直接影响整体的美观和使用价值。随着皮革行业的发展,针对皮革表面的减摩,耐磨的性能也要求越来越高。研究者一直期望寻求一种耐磨性能优异的可长久保持良好外观的皮革涂饰材料。

皮革耐磨涂层一般由基料、填料和助剂组成。其中基料是指有机高分子类的皮革涂饰材料,如酪素、聚丙烯酸酯、聚氨酯树脂及其混合物等。它是构成涂层的基础,由其粘结其他组分并被涂于结构件表面形成连续薄膜。填料是指分散在涂层中用来增强聚合物并起到耐磨作用的固体颗粒。助剂用量很小,主要是用来改善耐磨涂层的某一方面性能,如表面改性剂、消泡剂、UV 吸收剂等。

耐磨涂层的复合原理可以按照复合材料的混合法则来表示,其表达式为

$$X_c = X_m V_m + X_{f1} V_{f1} + X_{f2} V_{f2} + \cdots$$

式中,X 为材料性能(如弹性模量、强度等);V 为耐磨涂层中各组分的体积数,%;c 为耐磨涂层;m 为基料(高分子聚合物);f 为填料(其中 f1、f2……表示多于一种增强颗粒)。在使用混合法则时,耐磨涂层应满足各组分间均匀分散,不存在内应力;各组分是均质的各同性(或正交异性)及线弹性材料以及各组分之间粘结牢靠,无孔隙等条件。

一般情况下填料的形状和性能会影响复合材料的磨损性能,改善摩擦副的摩擦磨损性能常通过润滑及提高材料自身的抗磨能力来实现。目前,提高皮革涂层耐磨性能的主要手段是引入耐磨填料如石墨烯、MoS_2 等,研究发现复合皮革涂层的耐磨性在一定的限度内随着填料含量增加而增强,两者存在线性关系。其主要机制是随着填料含量的增加,填料的颗粒间隙减少,另一方面,加大填料的填充量有助于改善涂层的物理力学性能。

9.3.2　力学性能

皮革涂层尤其是服装革、鞋面革的涂层在使用过程中若没有较高的力学性能,则很容易发生破损、裂缝等现象,极大地影响革制品的使用价值,因此制备具有优异的力学性能的皮革涂饰材料具有重要的意义。获得优异力学性能的皮革涂层主要有两种方式,一种是合成力学性能优异的涂饰材料;另一种是对皮革涂饰材料进行改性。前一种方法具有较大的局限性,对皮革涂饰材料进行改性并获得优异力学性能是研究较多的方式。主要是采用无机纳米粒子改性,包括采用纳米 SiO_2、纳米中空 SiO_2 微球、纳米 TiO_2 及纳米中空 TiO_2 微球、纳米 ZnO 及中空 ZnO 等材料对皮革涂饰材料进行改性。研究者们将纳米材料引入皮革涂饰材料中实现了对皮革涂层的同步增强增韧的效果。有关无机纳米粒子增强增韧的原因有多种解释,比较认同的

机理是纳米粒子的增强增韧性主要由三方面原因引起:①在变形中,无机粒子的存在产生应力集中效应,引发粒子周围的基体屈服(空化、银纹、剪切带),这种基体的屈服将吸收大量变形功,产生增韧;②刚性无机粒子的存在能阻碍裂纹的扩展或钝化终止裂纹;③由于纳米粒子的比表面积大,表面的物理和化学缺陷越多,粒子与高分子链发生物理或化学结合的机会越多,因而与基体接触面积增大,材料受冲击时,会产生更多的微开裂,吸收更多的冲击能。而纳米中空材料对聚丙烯酸酯薄膜产生增强增韧的原因普遍认为是纳米中空材料粒径较小,其表面的原子数目多,比表面能高且非配对原子多,可通过量子隧道效应等在粒子表面形成活性位点(即粒子表面有的原子处于不饱和状态而存在孤对电子)。通过纳米中空材料表面的活性位点与高分子链作用形成“丝状连接”结构,使外力作用下产生的裂缝又转化为银纹状态。由于裂缝被终止而转化为银纹状态阻延了皮革涂饰材料薄膜的断裂,因此需要再消耗更多的外界能量或更大的应力才能使其发生断裂,从而提高了韧性和强度,起到增强增韧的效果。

9.3.3　耐水性能

革制品在使用的过程中遇到水容易产生变硬、起泡、表皮脱落等现象,使其使用价值大大降低。这主要是由于传统的皮革涂饰材料耐水性太差,导致涂饰后皮革的耐水性也较差。乳胶膜的耐水性还直接影响皮革涂层的抗酸碱、抗腐蚀能力和防霉性能。因此,提高皮革涂饰材料的耐水性能意义重大。近年来科研人员做了大量工作来提高皮革涂饰材料的耐水性能,主要由小分子层面、大分子层面、聚集态、宏观工艺 4 个方面对其进行改性。

小分子层面改性是提高乳胶膜耐水性能的重要途径之一,主要可分为有机硅单体改性、有机氟单体改性、其他功能性单体改性。改性方法主要是采用带有支链的单体、吸水性较小的单体或者可聚合的功能性单体与丙烯酸酯类单体共聚,以提高皮革涂饰材料耐水性能。

大分子改性即用大分子聚合物与涂饰材料单体通过接枝共聚、酯化等反应来改性提高其耐水性、稳定性等性能。目前通过大分子改性来提高乳胶膜的耐水性主要有聚氨酯改性和环氧树脂改性。改性剂聚氨酯引入 C ═C 键与传统涂饰材料间发生接枝反应,可提高共聚物的交联网状结构致密度,阻碍水分子的进入以提高乳胶膜的耐水性。

聚集态改性是一种从聚合物结构设计的角度出发提高聚合物性能的技术。目前最常见的就是将聚合物乳胶粒设计为核壳结构。核壳结构聚合物由多种单体分段聚合而得,是在不改变乳液单体组成的前提下改变乳液粒子的结构以提高乳液的性能。运用核壳乳液聚合技术合成的复合乳液,可提高涂膜的耐水性、改善其抗污能力等。

近年来,研究人员通过新型合成技术及制备工艺提高皮革涂饰材料的耐水性能,其中通过无皂乳液聚合技术提高涂饰材料乳液的耐水性,取得了较好的效果。目前无皂乳液聚合改性的方向主要是研发新型可聚合的乳化剂,其分子可以通过共价键结合到聚合物链中提高耐水性和稳定性。

9.4　小　　结

随着人们生活水平的日益提高,人们越来越重视制革加工过程中所使用的化工材料对环境及人体健康带来的危害。与此同时,也越来越追求高质量和功能化的皮革产品以满足高品质及特殊的功能需求。皮革涂饰作为制革加工过程中的重要工序和点睛术,对皮革产品的质量具有重要影响。因此,利用新的聚合技术如Pickering 乳液聚合、无皂乳液聚合、界面聚合、细乳液聚合、光引发聚合等开发绿色化、功能化、高物性的水性皮革涂饰材料具有潜在的优势,也必将成为今后皮革涂饰材料的发展趋势和皮革化工材料研究者关注的重点,相关研究对于提升我国皮革化学品领域的市场竞争力具有重要的指导和促进意义。

参 考 文 献

白飞燕,方仕江.2005.中空结构聚合物微球的制备 Ⅱ.核壳比和壳组成的影响.石油化工,
　　34(2):164-168.

鲍艳,李森,马建中,等.2016.中空 SiO_2 微球对聚丙烯酸酯薄膜性能的影响.功能材料,47(7):
　　7022-7027.

鲍艳,吴喜元,马建中.2012.核壳型聚丙烯酸酯乳胶粒子及其乳液的研究进展.功能高分子学
　　报,25(1):100-108.

鲍艳,杨永强,马建中,等.2014.氧化锌为模板制备中空二氧化硅微球及其对聚丙烯酸酯薄膜性
　　能的影响.硅酸盐学报,42(7):914-919.

曹同玉,胡金生,刘庆普.2007.聚合物乳液合成原理性能及应用.第二版.北京:化学工业出版
　　社,486-514.

陈克复,胡楠.2011.轻工重点行业节约资源和保护环境的战略研究.北京:中国轻工业出版社.

陈立军.2006.丙烯酸醋类聚合物乳液制备及其相关应用的研究.广州:华南理工大学.

董永兵,周艳明,吉轩.2017.SiO_2 改性 WPU 消光皮革涂饰剂的制备及性能.聚氨酯工业,32(3):
　　37-40.

范浩军,石碧,王利军,等.2002.聚硅氧烷/丙烯酸树脂乳胶互穿网络(IPN)的研究.中国皮革,
　　31(13):23-25.

冯军芳.2015.聚丙烯酸酯基纳米 ZnO 复合乳液的制备及性能.西安:陕西科技大学.

高党鸽,段羲颖,吕斌,等.2016.聚丙烯酸酯基纳米二氧化硅 Pickering 复合乳液的制备及性能.
　　精细化工,3(4):445-451.

高党鸽,冯军芳,吕斌,等.2014.Pickering 乳状液的研究进展及其在制革中的前景展望.中国皮
　　革,44(11):49-51.

高党鸽,梁志扬,吕斌,等.2016.细乳液聚合法制备有机/无机纳米复合材料.化学进展,28(7):
　　1077-1091.

高静,马兴元,张浩然.2015.阻燃型水性聚氨酯的合成与阻燃性能研究.中国皮革,44(16):
　　61-64.

耿耀宗,肖继君,唐二军.2007.一种新型聚氨酯/聚丙烯酸酯胶乳互穿网络聚合物乳液材料及其
　　合成工艺.中国专利:CN200410012458.5.

郝冬梅,唐小真,刘成岑,等.2001.中空乳胶粒子的制备——碱处理.高分子材料科学与工程,
　　17(1):146-149.

胡静.2009.无皂聚丙烯酸酯基纳米 SiO_2 复合乳液的合成、性能及其聚合机理的研究.西安:陕
　　西科技大学.

黄俊,杨仁党,高文花,等.2009.不同流变助剂对涂布白纸板物理性能的影响.中华纸业,
　　30(11):78-81.

李正军,丁克毅.2002.皮革涂饰材料与整饰技术.北京:化学工业出版社.

梁志扬.2017.细乳液聚合法制备聚丙烯酸酯基纳米 SiO_2 复合乳液及其皮革涂饰性能.西安:陕
　　西科技大学.

刘俊莉.2013.抗菌型聚丙烯酸酯基纳米复合乳液的合成与性能研究.西安:陕西科技大学.

刘显奎,段力民,史红月,等.2010. 硝化棉乳液改性硅蜡手感剂的研究. 中国皮革,39(17):39-40.

卢先博,王学川,强涛涛,等.2010. 超支化聚氨酯皮革涂饰材料的合成与表征. 中国皮革,39(3):27-31.

马建中,鲍艳,高党鸽,等.2015. 轻纺化学产品工程中的纳米复合材料:合成与应用. 北京:化学工业出版社.

马建中,兰云军,王利民,等.1998. 制革整饰材料化学. 北京:中国轻工业出版社.

马建中,吕生华,孟志芬.2006. 乙烯基类高分子精细化学品的合成及应用. 北京:化学工业出版社,1-520.

马建中,卿宁,吕生华.2008. 新领域精细化工丛书——皮革化学品. 北京:化学工业出版社,1-366.

马建中,王华金,鲍艳.2010. 核壳型硅丙复合乳液的合成及其性能研究. 精细化工,27(2):195-200.

马建中,王学川,强西怀,等.2009. 皮革化学品的合成原理与应用技术. 北京:中国轻工业出版社,1-433.

马建中,吴喜元,鲍艳,等.2013. 引发剂对核壳型复合乳液合成及性能影响的研究. 涂料工业,43(1):44-48.

庞久寅,王春鹏,林明涛,等.2007. 细乳液聚合制备纳米二氧化硅–丙烯酸酯复合乳液的研究. 高分子材料科学与工程,23(3):63-65.

强西怀,董艳勇,张辉.2010. 氧化聚乙烯蜡乳液的制备及在皮革涂饰中的应用. 皮革科学与工程,202:50-54.

石碧,陆忠兵.2004. 制革清洁生产技术. 北京:化学工业出版社.

石碧.2011. 要实现皮革强国梦首先要成为皮化强国. 西部皮革,16:5-5,7.

史红月,戚玉良.2006. 水性硝化棉光亮剂的研制. 中国皮革,35(23):25-27.

宋月明.1997. 皮革用光固化涂饰剂的研究. 皮革化工,1(3):20-22.

孙晋良.2007. 纤维新材料. 上海:上海大学出版社.

唐志勇,张德仁,孙晋良,等.2005. 聚砜酰胺/黏土纳米复合材料及其纤维的制备. 上海纺织科技,33(3):6-9.

王琪,夏和生,陈英红,等.2014. 聚合物基微纳米复合材料的制备及微型注塑加工研究. 中国材料进展,33(4):224-231.

王雅楠.2017. 抗菌型酪素基纳米 ZnO 复合皮革涂饰材料的合成与性能研究. 西安:陕西科技大学.

吴育彪,吴天昊,关正祥,等.2016. 胶乳型互穿聚合物网络丙烯酸酯涂饰材料的制备及性能研究. 皮革科学与工程,26(6):11-16.

熊婷,孟文婷,王明,等.2007. 室温自交联丙烯酸乳液与硅溶胶共混研究. 高分子材料科学与工程,23(2):50-53.

徐国财,张立德.2002. 纳米复合材料. 北京:化学工业出版社,9-41.

徐群娜.2013. 酪素基无皂核壳复合乳液的合成、结构与性能研究. 西安:陕西科技大学.

杨永强.2014. 聚丙烯酸酯基中空二氧化硅纳米复合皮革涂饰材料的制备及应用研究. 西安:陕西科技大学.

张帆.2017.酪素基中空纳米复合乳液的制备与性能研究.西安:陕西科技大学.

张广平,俞建勇,辛忠,等.2005.有机磷酸酯成核聚丙烯的动态力学行为.塑料工业,33(z1)：171-173.

张文博,马建中,高党鸽,等.2016.聚合工艺对聚丙烯酸酯涂饰材料稳定性及涂饰性能的影响.中国皮革,451:29-33.

张晓镭,强国强,沈鹏程.2006.紫外光固化硅丙树脂皮革涂饰材料的研究.中国皮革,35(19)：33-35.

赵欣,隋智慧,张景斌.2017.二氧化钛纳米晶囊泡微乳液在聚氨酯涂饰体系中的应用.人工晶体学报,46(6):1148-1153.

Athawale V D, Kulkarni M A. 2009. Preparation and properties of urethane/acrylate composite by emulsion polymerization technique. Progress in Organic Coatings,65(3):392-400.

Bao Y, Shi C, Yang Y, et al. 2015. Effect of hollow silica spheres on water vapor permeability of polyacrylate film. RSC Advances,5:11485-11493.

Bao Y, Yang Y, Ma J. 2013. Fabrication of monodisperse hollow silica spheres and effect on water vapor permeability of polyacrylate membrane. Journal of Colloid and Interface Science,40:155-163.

Bernard P B, Lucio I, Andrew T T. 2013. Direct measurement of contact angles of silica particles in relation to double inversion of pickering emulsions. Langmuir the Acs Journal of Surfaces & Colloids,29(16):4923-4927.

Binks B P, Clint J H, Mackenzie G, et al. 2005. Naturally occurring spore particles at planar fluid interfaces and in emulsions. Langmuir,21(18):8161-8167.

Binks B P, Clint J H, Whitby C P. 2005. Rheological behavior of water-in-oil emulsions stabilized by hydrophobic bentonite particles. Langmuir the Acs Journal of Surfaces & Colloids,21(12):5307-5316.

Binks B P, Clint J H. 2002. Solid Wettability from surface energy components:relevance to pickering emulsions. Langmuir,18(4):1270-1273.

Binks B P, Fletcher P D I. 2001. Particles adsorbed at the oil-water interface:A theoretical comparison between spheres of uniform wettability and"Janus" particles. Langmuir,17(16):4708-4710.

Binks B P, Liu W, Rodrigues J A. 2008, Novel stabilization of emulsions via the heteroaggregation of nanoparticles. Langmuir the Acs Journal of Surfaces & Colloids,24(9):4443-4446.

Binks B P, Lumsdon S O. 2000. Influence of particle wettability on the type and stability of surfactant-free emulsions. Langmuir,16(23):8622-8631.

Binks B P, Lumsdon S O. 2000. Transitional phase inversion of solid-stabilized emulsions using particle mixtures. Langmuir,16(8):3748-3756.

Binks B P, Lumsdon S O. 2001. Pickering emulsions stabilized by monodisperse latex particles:Effects of particle size. Langmuir,17(15):4540-4547.

Binks B P, Murakami R, Armes S P, et al. 2006. Effects of pH and salt concentration on oil-in-water emulsions stabilized solely by nanocomposite microgel particles. Langmuir,22(5):2050-2057.

Binks B P, Rodrigues J A, Frith W J. 2007. Synergistic interaction in emulsions stabilized by a mixture of silica nanoparticles and cationic surfactant. Langmuir,23(7):3626-3636.

Binks B P, Rodrigues J A. 2003. Types of phase inversion of silica particle stabilized emulsions containing triglyceride Oil. Langmuir,19(12):4095-4912.

Binks B P, Rodrigues J A. 2007. Enhanced stabilization of emulsions due to surfactant——induced nanoparticle flocculation. Langmuir, 23(14):7436-7439.

Binks B P, Rodrigues J A. 2009. Influence of surfactant structure on the double inversion of emulsions in the presence of nanoparticles. Colloids & Surfaces A Physicochemical & Engineering Aspects, 345(1): 195-201.

Binks B P, Whitby C P. 2004. Silica particle—stabilized emulsions of silicone oil and water: aspects of e-mulsification. Langmuir, 20(4):1130-1137.

Bird R, Freemont T J, Saunders B R. 2011. Hollow polymer particles that are pH—responsive and redox sensitive: Two simple steps to triggered particle swelling, gelation and disassembly. Chemical Communications, 47(5):1443-1445.

Bourgeatlami E, Tissot I, Lefebvre F. 2002. Synthesis and characterization of SiOH—functionalized polymer latexes using methacryloxy propyl trimethoxysilane in emulsion polymerization. Macromolecules, 35(16): 1485-1492.

Buback M, Hesse P, Hutchinson R A, et al. 2008. Kinetics and modeling of free- radical batch polymerization of nonionized methacrylic acid in aqueous solution. Industrial & Engineering Chemistry Research, 47(21):8197-8204.

Capron I, Cathala B. 2013. Surfactant- free high internal phase emulsions stabilized by cellulose nanocrystals. Biomacromolecules, 14(2):291-296.

Chai S L, Jin M M, Tan H M. 2008. Comparative study between core- shell and interpenetrating network structure polyurethane/polyacrylate composite emulsions. European Polymer Journal, 44(10): 3306-3313.

Chen J, Vogel R, Werner S, et al. 2011. Influence of the particle type on the rheological behavior of Pickering emulsion. Colloids and Surfaces A: Physicochemical and Engineering Aspects, 382(1-3): 238-245.

Chen W, Liu X, Liu Y, et al. 2011. Preparation of O/W pickering emulsion with oxygen plasma treated carbon nanotubes as surfactants. Journal of Industrial & Engineering Chemistry, 17(3):455-460.

Chibowski S, Wisniewska M, Urban T. 2010. Influence of solution pH on stability of aluminum oxide suspension in presence of polyacrylic acid. Adsorption, 16(4-5):321-332.

Chou Y J, El-Aasser M S, Vanderhoff J W. 1980. Mechanism of emulsification of styrene using hexadecyl-trimethylammonium bromide- cetyl alcohol mixtures. Journal of Dispersion Science & Technology, 1(2):129-150.

Cui X J, Zhong S L, Yan J, et al. 2010. Synthesis and characterization of core-shell SiO_2-fluorinated poly-acrylate nanocomposite latex particles containing fluorine in the shell. Colloids and Surfaces A: Physicochemical and Engineering Aspects, 360(1):41-46.

Cui Y, Threlfall M, van Duijneveldt J S. 2011. Optimizing organoclay stabilized pickering emulsions. Journal of Colloid & Interface Science, 356(2):665-671.

Cui Z G, Yang L L, Cui Y Z, et al. 2010. Effects of surfactant structure on the phase inversion of emulsions stabilized by mixtures of silica nanoparticles and cationic surfactant. Langmuir, 26(7): 4717-4724.

Darmanin T, Guittard F. 2014. Recent advances in the potential applications of bioinspiredsuperhydrophobicmaterials. Journal of Materials Chemistry A,2(39):16319-16359.

Darmanin T, Guittard F. 2015. Superhydrophobic and superoleophobic properties in nature. Materials Today,18(5):273-285.

Deng W, Wang J, Wang M, et al. 2010, Preparation of bowl—like polymer particles via multi-step emulsion polymerization and alkali post—treatment. Macromolecular Symposia,297(1):61-64.

Dias G, Prado M, Le Roux C, et al. 2018. Analyzing the influence of different synthetic talcs in waterborne polyurethane nanocomposites obtainment. Journal of Applied Polymer Science,135(14):46107-46109.

Dokic L, Krstonosic V, Nikolic I. 2012. Physicochemical characteristics and stability of oil- in- water emulsions stabilized by OSA starch. Food Hydrocolloid,29:185-192.

Dutschk V, Chen J, Petzold G, et al. 2012. The role of emulsifier in stabilization of emulsions containing colloidal alumina particles. Colloids & Surfaces A Physicochemical & Engineering Aspects,413(SI): 239-247.

Dyab A K F. 2012. Destabilisation of pickering emulsions using pH. Colloids & Surfaces A Physicochemical & Engineering Aspects,402(1):2-12.

Eskandar N G, Simovic S, Prestidge C A. 2011. Interactions of hydrophilic silica nanoparticles and classical surfactants at non- polar oil-water interface. Journal of Colloid & Interface Science,358(1): 217-225.

Fan Q, Ma J, Xu Q, et al. 2015. Animal—derived natural products review:Focus on novel modifications and applications. Colloids and Surfaces B:Biointerfaces,128:181-190.

Fournier C O, Fradette L, Tanguy P A. 2009. Effect of dispersed phase viscosity onsolid—stabilized emulsions. Chemical Engineering Research & Design,87(4):499-506.

Frelichowska J, Bolzinger M A, Chevalier Y. 2009. Pickering emulsions with bare silica. Colloids & Surfaces A Physicochemical & Engineering Aspects,343(1):70-74.

Frelichowska J, Bolzinger M A, Chevalier Y. 2010. Effects of solid particle content on properties of O/W Pickering emulsions. Journal of Colloid and Interface Science,351(2):348-356.

Frost D S, Schoepf J J, Nofen E M, et al. 2012. Understanding droplet bridging in ionic liquid—based Pickering emulsions. Journal of Colloid and Interface Science,383(1):103-109.

Gao D, Chang R, Lyu B, et al. 2017. Preparation of epoxy-acrylate copolymer/nano- silica via Pickering e-mulsion polymerization and its application as printing binder. Applied Surface Science,435:195-202.

Gao D, Liang Z, Lyu B, et al. 2016. "Soft" polymer latexes stabilized by a mixture of zinc oxide nanoparticles and polymerizable surfactants:Binders for pigment printing. Progress in Organic Coatings,101:262-269.

Gerashchenkov D A, Farmakovskii B V, Bobkova T I, et al. 2017. Features of the formation of wear-resistant coatings from powders prepared by a micrometallurgical process of high- speed melt quenching. Metallurgist,60(9-10):1103-1112.

Gleißner U, Hanemann T. 2014. Tailoring the optical and rheological properties of an epoxy acrylate based host- guest system. SPIE Photonics Europe. International Society for Optics and Photonics,255-275.

Graillat C, Guyot A. 2003. High solids vinyl acetate polymers from miniemulsion polymerization. Macro-molecules,36(17):6371-6377.

Guillermo R I, Pirolt F, Sadeghpour A, et al. 2013. Lipid transfer in oil- in- water isasome emulsions:

Influence of arrested dynamics of the emulsion droplets entrapped in a hydrogel. Langmuir the Acs Journal of Surfaces & Colloids,29(50):15496-15502.

Ha J W,Park I J,Lee S B. 2008. Antireflection surfaces prepared from fluorinated latex particles. Macromolecules,41(22):8800-8806.

Hannisdal A,Ese M H,Hemmingsen P V,et al. 2006. Particle-stabilized emulsions:Effect of heavy crude oil components pre-adsorbed onto stabilizing solids. Colloids and Surfaces A:Physicochemical and Engineering Aspects,276(1-3):45-58.

He L,Liang J. 2008. Synthesis,modification and characterization of core-shell fluoroacrylate copolymer latexes. Journal of Fluorine Chemistry,129:590-597.

Hey M J,Kingston J G. 2006. Maximum stability of a single spherical particle attached to an emulsion drop. Journal of Colloid & Interface Science,298(1):497-499.

Hu C,Niu Y,Huang S,et al. 2015. In-situ fabrication of ZrB_2-SiC/SiC gradient coating on C/C composites. Journal of Alloys and Compounds,646:916-923.

Hu J,Chen M,Wu L M. 2011. Organic-inorganic nanocomposites synthesized via miniemulsion polymerization. Polymer Chemistry,2:760-772.

Hu J,Ma J Z,Deng W J. 2008. Properties of acrylic resin/nano-SiO_2 leather finishing agent prepared via emulsifier-free emulsion polymerization. Materials Letters,62(17-18):2931-2934.

Hui L,Shou W G,Jing S C,et al. 2016. Recent progress in fabrication and applications of superhydrophobic coating on cellulose—based substrates. Materials,9(3):124.

Jia S,Qu J,Liu W,et al. 2014. Thermoplastic polyurethane/polypropylene blends based on novel vane extruder:A study of morphology and mechanical properties. Polymer Engineering & Science,54(3):716-724.

Jia S,Qu J,Zhai S,et al. 2014. Effects of dynamic elongational flow on the dispersion and mechanical properties of low-density polyethylene/nanoprecipitated calcium carbonate composites. Polymer Composites,35(5):884-891.

Jian X,Wu B,Wei Y,et al. 2016. Facile synthesis of Fe_3O_4/GCs composites and their enhanced microwave absorption properties. Acs Applied Materials & Interfaces,8(9):6101.

Jiang J,Li G,Ding Q,et al. 2012. Ultraviolet resistance and antimicrobial properties of ZnO——supported zeolite filled isotactic polypropylene composites. Polymer Degradation and Stability,97(6):833-838.

Joerg S,Gerald S,Volker S,et al. 2008. Hydrogel——based piezoresistive pH sensors:investigations using FT-IR attenuated total reflection spectroscopic imaging. Analytical Chemistry,80(8):2957-2962.

Ju Y,Wang T,Huang Y,et al. 2016. The flame——retardance polylactide nanocomposites with nano attapulgite coated by resorcinol bis(diphenyl phosphate). Journal of Vinyl & Additive Technology,22(4):506-513.

Knight M A,Marriott A G. 1978. UV curing polymers in leather finishing. Journal of the Society of Leather Technologists and Chemists,62(1):14-17.

Konovalov S V,Kormyshev V E,Ivanov Y F,et al. 2017. Structure and properties of the surface layer of a wear——resistant coating on martensitic steel after electron a beam processing. Materials Science Forum,906:101-106.

Kruglyakov P M, Nushtayeva A V. 2004. Phase inversion in emulsions stabilised by solid particles. Advances in Colloid & Interface Science, 108(108-109):151-158.

Kruglyakov P M, Nushtayeva A V. 2005. Investigation of the influence of capillary pressure on stability of a thin layer emulsion stabilized by solid particles. Colloids & Surfaces A: Physicochemical & Engineering Aspects, 263(1):330-335.

Larsonsmith K, Jackson A, Pozzo D C. 2012. SANS and SAXS analysis of charged nanoparticle adsorption at oil-water interfaces. Langmuir, 28(5):2493-2501.

Larsonsmith K, Pozzo D C. 2012. Pickering emulsions stabilized by nanoparticle surfactants. Langmuir, 28(32):11725-11732.

Lee L L, Niknafs N, Hancocks R D, et al. 2013. Emulsification: mechanistic understanding. Trends in Food Science & Technology, 31(1):72-78.

Lee M N, Chan H K, Mohraz A. 2012. Characteristics of pickering emulsion gels formed by droplet bridging. Langmuir, 28(6):3085-3091.

Lee S W, Lee T H, Park J W, et al. 2015. Synthesis and UV-curing behaviors of urethane acrylic oligomers modified by the incorporation of silicone diols into the soft segments for a 3D multi-chip package process. Journal of Electronic Materials, 44(7):2406-2413.

Lee S W, Lim C H, Elias I B S. 2016. Reflective thermal insulation systems in building: a review on radiant barrier and reflective insulation. Renewable & Sustainable Energy Reviews, 65:643-661.

Li J, Lei Y, Qiu G, et al. 2015. Photo-bactericidal thin film composite membrane for forward osmosis. Journal of Materials Chemistry A, 3(13):6781-6786.

Li J, Qin Y, Jin C, et al. 2013. Highly ordered monolayer/bilayer TiO_2 hollow sphere films with widely tunable visible—light reflection and absorption bands. Nanoscale, 5(11):5009.

Li Y, Bi J, Wang S, et al. 2018. Bio-inspired edible superhydrophobic interface for reducing residual liquid food. Journal of Agricultural & Food Chemistry, 66(9):2143-2150.

Liao Y, Wu X, Liu H, et al. 2011. Thermal conductivity of powder silica hollow spheres. ThermochimicaActa, 526(1-2):178-184.

Lin M, Chu F, Guyot A, et al. 2005. Silicone-polyacrylate composite latex particles. Particles formation and film properties. Polymer, 46(4):1331-1337.

Liu B L, Zhang B T, Cao S S, et al. 2008. Preparation of the stable core-shell latex particles containing organic-siloxane in the shell. Progress in Organic Coatings, 61(1):21-27.

Liu C, Huang X, Zhou J, et al. 2016. Lightweight and high-performance electromagnetic radiation shielding composites based on a surface coating of Cu@ Ag nanoflakes on a leather matrix. Journal of Materials Chemistry C, 4(5):914-920.

Liu Z, Zhao Y H, Zhou J W, et al. 2012. Synthesis and characterization of core-shell polyacrylate latex containing fluorine/silicone in the shell and the self-stratification film. Colloid and Polymer Science, 290(3):203-211.

Lu Y S, Xia Y, Larock R C. 2011. Surfactant—free core-shell hybrid latexes from soybean oil—based waterborne polyurethanes an poly (styrene-butylacrylate) Progress in Organic Coatings, 71(4):336-342.

Lukman A I, Gong B, Marjo C E, et al. 2011. Facile synthesis, stabilization, and anti-bacterial performance of discrete Ag nanoparticles using medicago sativa seed exudates. Journal of Colloid & Interface Science,353(2):433-444.

Luo Z,Murray B S,Ross A L,et al. 2012. Effects of pH on the ability of flavonoids to act as pickering emulsion stabilizers. Colloids & Surfaces B:Biointerfaces,92(4):84-90.

Lv H,Lin Q,Zhang K,et al. 2008. Facile fabrication of monodisperse polymer hollow spheres. Langmuir, 24(23):13736-13741.

Ma J Z,Liu Y H,Bao Y,et al. 2013. Research advances in polymer emulsion based on "core-shell" structure particle design. Advances in Colloid and Interface Science,197-198:118-131.

Ma J, Hu J, Zhang Z. 2007. Polyacrylate/silica namocomposite material prepared by sol-gel process. European Polymer Journal,43(10):4169-4177.

Ma J, Xu Q, Gao J, et al. 2012. Blend composites of caprolactam—modified casein and waterborne polyurethane for film-forming binder:Miscibility,morphology and properties. Polymer Degradation and stability,97(1):1545-1552.

Ma J,Xu Q,Zhou J,et al. 2013. Nano-scale core-shell structural casein based coating latex:Synthesis, characterization and its biodegradability. Progress in Organic Coatings,76(10):1346-1355.

Mahdavian A R, Ashjari, Mohsen, et al. 2007. Preparation of poly(styrene-methyl methacrylate)/SiO₂ composite nanoparticles via emulsion polymerization. An investigation into the compatiblization. European Polymer Journal,43(2):336-344.

Narongthong J,Nuasaen S,Suteewong T,et al. 2015. One-pot synthesis of organic-inorganic hybrid hollow latex particles via Pickering and seeded emulsion polymerizations. Colloid and Polymer Science, 293(4):1269-1274.

Nonomura Y,Kobayashi N. 2009. Phase inversion of the pickering emulsions stabilized by plate-shaped clay particles. Journal of Colloid & Interface Science,330(2):463-466.

Paiphansiri U, Reyes Y, Hoffmann-Richter C, et al. 2011. Soft core-hard shell silicone hybrid nanoparticles synthesized byminiemulsion polymerization:Effect of silicone content and crosslinking on latex film properties. Australian Journal of Chemistry,64(8):1054-1064.

Park J M,Jeon J H,Lee Y H,et al. 2015. Synthesis and properties of UV-curable polyurethane acrylates containing fluorinated acrylic monomer/vinyltri-methoxysilane. Polymer Bulletin,72(8):1921-1936.

Paul D R,Robeson L M. 2008. Polymer nanotechnology:Nanocomposites. Polymer,49(15):3187-3204.

Paunov V N,Cayre O J,Noble P F,et al. 2007. Emulsions stabilised by food colloid particles:Role of particle adsorption and wettability at the liquid inter-face. Journal of Colloid & Interface Science, 312(2):381-389.

Qi D, Cao Z, Ziener U. 2014. Recent advances in the preparation of hybrid nanoparticles miniemulsions. Advances in Colloid & Interface Science,211:47-62.

Qiao M,Lei X,Ma Y,et al. 2017. Facile synthesis and enhanced electromagnetic microwave absorption performance for porous core-shell Fe₃O₄@MnO₂ composite microspheres with lightweight feature. Journal of Alloys & Compound,693:432-439.

Ray S S, Okamoto M. 2003. Polymer/layered silicate nanocomposites:A review from preparation to processing. Progress in Polymer Science,28:1539-1641.

Reger M, Sekine T, Hoffmann H. 2012. Pickering emulsions stabilized by amphiphile covered clays.

Colloids & Surfaces A Physicochemical & Engineering Aspects,413(413):25-32.

Rimdusit S,Thamprasom N,Suppakarn N,et al. 2013. Effect of triphenyl phosphate flame retardant on properties of arylamine—based polybenzoxazines. Journal of applied polymer science, 130 (2): 1074-1083.

Sadeghpour A, Pirolt F, Glatter O. 2013. Submicrometer—sized pickering emulsions stabilized by Silica nanoparticles with adsorbed oleic acid. Langmuir,29(20).6004 6012.

Saindane P,Jagtap R N. 2015. RAFT copolymerization of amphiphilic poly(ethylacry-late-b-acrylic acid) as wetting and dispersing agents for water borne coating. Progress in Organic Coatings,79:106-114.

Sanmiguel A,Behrens S H. 2012. Influence of nanoscale particle roughness on the stability of pickering e-mulsions. Langmuir,28(33):12038-12043.

Sun L, Qu Y, Li S. 2013. Co- microencapsulate of ammonium polyphosphate and pentaerythritol in intumescent flame-retardant coatings. Journal of thermal analysis and calorimetry,111(2):1099-1106.

Tai J,Chen K,Yang F,et al. 2014. Heat- sealing properties of soy protein isolate/polyvinyl alcohol film made compatible by glycerol. Journal of Applied Polymer Science,131(11):169-172.

Tan Y,Xu K,Liu C,et al. 2012. Fabrication of starch—based nanospheres to stabilize pickering emul-sion. Carbohydrate Polymers,88(4):1358-1363.

Tang E,Bian F,Klein A,et al. 2014. Fabrication of an epoxy graft poly(St-acrylate)composite latex and its functional properties as a steel coating. Progress in Organic Coatings,77(11):1854-1860.

Tetsuya K,YoHei S,Naofumi N,et al. 2015. A highly photoreflective and heat- insulating alumina film composed of stacked mesoporous layers in hierarchical structure. Advanced Materials, 27 (39): 5901-5905.

Tigges B, Dederichs T, Martin Möller, et al. 2010. Interfacial properties of emulsions stabilized with surfactant and nonsurfactant coated boehmite nanoparticles. Langmuir,26(23):17913-17918.

Tzoumaki M V, Moschakis T, Kiosseoglou V, et al. 2011. Oil- in- water emulsions stabilized by chitin nanocrystal particles. Food Hydrocolloids,25(6):1521-1529.

Vashisth C,Whitby C P,Fornasiero D,et al. 2010. Interfacial displacement of nanoparticles by surfactant molecules in emulsions. Journal of Colloid and Interface Science,349(2):537-543.

Venkataraman P,Sunkara B,Dennis J E S,et al. 2012. Water-in-trichloroethylene emulsions stabilized by uniform carbon microspheres. Langmuir,28(2):1058-1063.

Vignati E, Piazza R, Lockhart T P. 2003. Pickering emulsions: interfacial tension, colloidal layer morphology,and trapped-particle motion. Langmuir,19(17):6650-6656.

Walker E M,Frost D S,Dai L L. 2015. Particle self-assembly in oil-in-ionic liquid pickering emulsions. Journal of Colloid & Interface Science,363(1):307-313.

Wan L Y,Chen L P,Xie X L,et al. 2011. Damping properties of a novel soft core and hard shell PBA/ PMMA composite hydrosol based on interpenetrating polymer networks. Iranian Polymer Journal: English Edition,20(8):659-669.

Wang F, Lai Y H, Kocherginsky N, et al. 2003. The first fully characterized 13- polyazulene: high electrical conductivity resulting from cation radicals and polycations generated upon protonation. Organic Letters,5(7):995.

Wang H,Singh V,Behrens S H. 2012. Image charge effects on the formation of pickering emulsions.

Journal of Physical Chemistry Letters,3(20):2986-2990.

Wang J,Tian Y,Zhang J. 2017. Thermal insulating epoxy composite coatings containing sepiolite/hollow glass microspheres as binary fillers:morphology,simulation and application. Science & Engineering of Composite Materials,24(3):379-386.

Wang J, Yang F, Li C, et al. 2008. Double phase inversion of emulsions containing layered double hydroxide particles induced by adsorption of sodium dodecyl sulfate. Langmuir,24(18):10054-10061.

Wang S,He Y,Zou Y. 2010. Study of pickering emulsions stabilized by mixed particles of silica and calcite. Particuology,8(4):390-393.

Wang S, Liu K, Yao X, et al. 2015. Bioinspired surfaces with superwettability:new insight on theory, design,and applications. Chemical Reviews,115(16):8230-8293.

Wei S, Wang X, Zhang B, et al. 2017. Preparation of hierarchical core-shell C@ NiCo$_2$ O$_4$ @ Fe$_3$ O$_4$ composites for enhanced microwave absorption performance. Chemical Engineering Journal, 314: 477-487.

Whitby C P,Fischer F E,Fornasiero D,et al. 2011. Shear—induced coalescence of oil-in-water pickering emulsions. Journal of Colloid & Interface Science,361(1):170-177.

Whitby C P,Lim L H,Eskandar N G,et al. 2012. Poly(lactic-co-glycolic acid)as a particulate emulsifier. Journal of Colloid and Interface Science,375(1):142-147.

White K A,Schofield A B,Wormald P,et al. 2011. Inversion of particle—stabilized emulsions of partially miscible liquids by mild drying of modified silica particles. Journal of Colloid and Interface Science, 359(1):126-135.

Wilson D L, Kump K S, Eppell S J, et al. 1995. Morphological restoration of atomic force microscopy images. Langmuir,11(11):265-272.

Wu H X, Wang T J, Duan J L, et al. 2007. Effects of —COOH groups on organic particle surface on hydrous alumina heterogeneous coatin. Industrial and Engineering Chemistry Research, 46 (13): 4363-4367.

Wu Z,Tan D,Tian K,et al. 2017. Facile preparation of core-shell Fe$_3$ O$_4$ @ polypyrrolecomposites with superior electromagnetic wave absorption properties. Journal of Physical Chemistry C, 121 (29): 15784-15792.

Xiang H, Wang X, Lin G, et al. 2017. Preparation, characterization and application of UV—curable flexible hyperbranched polyurethane acrylate. Polymers,9(11):552.

Xie H,Shi W. Polymer/SiO$_2$,2014. Hybrid nanocomposites prepared through the photoinitiator—free UV curing and sol-gel processes. Composites Science & Technology,93(3):90-96.

Xu H, Lask M, Kirkwood J, et al. 2007. Particle bridging between oil and water interfaces. Langmuir, 23(9):4837-4841.

Xu Q,Fan Q,Ma J,et al. 2016. Facile synthesis of casein—based TiO$_2$ nanocomposite for self-cleaning and high covering coatings:insights from TiO$_2$ dosage. Progress in Organic Coatings,99:223-229.

Xu X K, Shi Y C, Sun L B. 2012. Synthesis and characterization of poly (methyl methacrylate-butyl acrylate-acrylicacid)/polyaniline core-shell nanoparticles in miniemulsion media. Journal of Applied Polymer Science,123(3):1401-1406.

Xu Y, Sheng J, Yin X, et al. 2017. Functional modification of breathable polyacrylonitrile/polyurethane/ TiO₂ nanofibrous membranes with robust ultraviolet resistant and waterproof performance. Journal of Colloid & Interface Science, 508:508-516.

Yan N, Gray M R, Masliyah J H. 2001. On water-in-oil emulsions stabilized by fine solids. Colloids & Surfaces A: Physicochemical & Engineering Aspects, 193(1):97-107.

Yang F, Liu S, Xu J, et al. 2006. Pickering emulsions stabilized solely by layered double hydroxides particles: the effect of salt on emulsion formation and stability. Journal of Colloid Interface Science, 302(1):159-169.

Yang F, Nelson G L. 2011. Combination effect of nanoparticles with flame retardants on the flammability of nanocomposites. Polymer degradation and stability, 96(3):270-276.

Yang F, Niu Q, Lan Q, et al. 2007. Effect of dispersion pH on the formation and stability of pickering emulsions stabilized by layered double hydroxides particles. Journal of Colloid & Interface Science, 306(2):285-295.

Yuan L, Wang Y, Pan M Z, et al. 2013. Synthesis of poly (methyl methacrylate) nanoparticles via differential microemulsion polymerization. European Polymer Journal, 49(1):41-48.

Yuan X, Jiang M, Zhao H, et al. 2001. Noncovalently connected polymeric micelles in aqueous medium. Langmuir, 17:6122-6125.

Z Wang, Chen X, Meng L, et al. 2014. A small-angle X-ray scattering system with a vertical layout. Review of Scientific Instruments, 85:125-110.

Zhang F, Ma J, Xu Q, et al. 2015. A facile method for fabricating room-temperature-film-formable casein—based hollow nanospheres. Colloids and Surfaces A: Physicochemical and Engineering Aspects, 484:329-335.

Zhang F, Ma J, Xu Q, et al. 2016. Hollow casein—based polymeric nanospheres for opaque coatings. Acs Applied Materials & Interfaces, 8(18):11739.

Zhang J, Li L, Wang J, et al. 2012. Double inversion of emulsions induced by salt concentration. Langmuir, 28(17):6769-6775.

Zhang J, Yang J, Wu Q, et al. 2010. SiO₂/Polymer hybrid hollow mierospheres via double in situ miniemulsion polymerization. Maromolecules, 43(3):1188-1190.

Zhang W, Ma J, Gao D, et al. 2016. Preparation of amino-functionalized graphene oxide by Hoffman rearrangement and its performances on polyacrylate coating latex. Progress in Organic Coatings, 94:9-17.

Zhou J, Qiao X, Binks B P, et al. 2011. Magnetic pickering emulsions stabilized by Fe₃O₄ nanoparticles. Langmuir the Acs Journal of Surfaces & Colloids, 27(7):3308-3316.

Zhou J, Wang L, Qiao X, et al. 2012. Pickering emulsions stabilized by surface-modified Fe₃O₄ nanoparticles. Journal of Colloid & Interface Science, 367(1):213-224.

Zhu L. 2009. Photocatalytic activity of nano-polycrystalline titania. Guangzhou: Journal of South China University of Technology.

Zhu Y, Lu L H, Gao J, et al. 2013. Effect of trace impurities in triglyceride oils on phase inversion of pickering emulsions stabilized by CaCO₃ nanoparticles. Colloids & Surfaces A Physicochemical & Engineering Aspects, 417:126-132.

Zou W, Peng J, Yang Y, et al. 2007. Effect of nano-SiO$_2$ on the performance of poly(MMA/BA/MAA)/ EP. Materials Letters, 61(3) :725-729.

Zuber M, Shah S A A, Jamil T, et al. 2014. Performance behavior of modified cellulosic fabrics using poly-urethane acrylate copolymer. International Journal of Biological Macromolecules, 67(6) :254.

后　记

本书的相关研究内容受到下列项目资助:

(1)国家高技术研究发展计划("863"计划)项目:"环保型纳米涂料的合成及其在纺织/皮革中的应用研究"(编号:2008AA03Z311),中华人民共和国科技部,2008. 12-2010.12,负责人:马建中。

(2)国家重点研发计划:"功能型微乳丙烯酸树脂开发及高值化皮革涂饰技术"(编号:2017YFB0308602),中华人民共和国科技部,2017.07-2021.06,负责人:马建中。

(3)国家自然科学基金重点项目:"超分子结构设计与制革过程强化"(编号:21838007),国家自然科学基金委员会,2019.01-2023.12,负责人:马建中。

(4)国家国际科技合作专项项目:"抗菌型纳米生态涂料的合成及在纺织/皮革中的应用研究"(编号:2011DFA43490),中华人民共和国科技部,2012.01-2013.12,负责人:马建中。

(5)国家自然科学基金面上项目:"聚丙烯酸酯/纳米 ZnO 复合皮革涂饰剂微结构与性能调控"(编号:21376145),国家自然科学基金委员会,2014.01-2017.12,负责人:马建中。

(6)国家自然科学基金面上项目:"酪素基中空微球皮革涂饰材料的微结构调控与性能研究"(编号:21176149),国家自然科学基金委员会,2012.01-2015.12,负责人:马建中。

(7)国家自然科学基金面上项目:"基于"粒子设计"的超疏水型皮革涂饰材料结构及性能研究"(编号:51073091),国家自然科学基金委员会,2011.01-2013.12,负责人:马建中。

(8)国家自然科学基金面上项目:"聚合物基/纳米二氧化硅杂化涂饰材料的结构及与皮胶原的作用"(编号:20674047),国家自然科学基金委员会,2007.01-2009.12,负责人:马建中。

(9)国家自然科学基金面上项目:"二烯丙基二烷基季铵盐在蒙脱土中的插层环化聚合及其性能应用的研究"(项目编号:50573047),国家自然科学基金委员会,2006.01-2008.12,负责人:马建中。

(10)国家自然科学基金面上项目:"介孔中空 SiO2 微球结构对聚丙烯酸酯皮革涂饰剂水汽传递的影响机制"(编号:21878181),国家自然科学基金委员会,2019.01-2022.12,负责人:鲍艳。

(11)国家自然科学基金青年项目:"基于界面模板聚合的长效防霉/自清洁双

功能酪素基纳米杂化微胶囊皮革涂饰材料"（编号：21504049），国家自然科学基金委员会，2016.01-2018.12，负责人：徐群娜。

（12）国家自然科学基金青年项目："聚合物基季铵化纳米氧化锌杂化材料的微结构调控及其对胶原纤维的作用机制"（编号：21104042），国家自然科学基金委员会，2012.01-2014.12，负责人：高党鸽。

（13）中国–罗马尼亚政府间科技例会交流项目："智能皮革加工过程中的新型杂化纳米复合材料"（项目编号43-18），中华人民共和国科技部，2018.05-2019.12，负责人：张文博。

（14）新世纪优秀人才支持计划项目："高分子助剂的合成理论与作用机理"（编号：NCET-04-0973），中华人民共和国教育部，2005.01-2007.12，负责人：马建中。

（15）新世纪优秀人才支持计划项目："无机纳米材料改性聚丙烯酸酯皮革涂饰剂微结构与性能调控"（编号：NCET-13-0885），中华人民共和国教育部，2014.01-2016.12，负责人：鲍艳。

（16）教育部高等学校博士学科点专项新教师科研基金项目："基于纳米氧化锌粒子表面环化聚合及其相关性能的研究"（编号：20106125120003），中华人民共和国教育部，2011.01-2013.12，负责人：高党鸽。

（17）陕西省科技统筹创新工程计划项目："聚丙烯酸酯/石墨烯复合乳液的制备及其性能"（项目编号2015KTCL01-11），陕西省科学技术厅，2015.01-2017.12，负责人：马建中。

（18）陕西省重点科技创新团队："精细及功能化学品创新团队"，（编号：2013KCT-08），陕西省科学技术厅，2013.01-2015.12，负责人：鲍艳。

（19）陕西省科技成果转化项目："聚丙烯酸酯/无机纳米复合皮革涂饰剂"，（编号：2012KTCG04-07），陕西省科学技术厅，2013.01-2015.12，负责人：马建中。

（20）陕西省重点研发计划："聚丙烯酸酯/氧化锌微胶囊复合防腐涂层的关键技术研究"（编号：2018ZDXM-GY-118），陕西省科学技术厅，2018.01-2020.12，负责人：鲍艳。

（21）陕西省科技计划项目："中空功能型涂饰材料的合成及在纺织/皮革中的应用研究"（编号：2011kjxx01），陕西省科学技术厅，2011.06-2013.12，负责人：鲍艳。

（22）陕西省科技计划项目："聚丙烯酸酯/纳米ZnO复合乳液的合成及应用研究"（编号：2012KJXX-31），陕西省科学技术厅，2012.01-2014.12，负责人：高党鸽。

（23）陕西省教育厅服务地方专项计划项目："基于纳米ZnO稳定的聚合物基纳米复合涂料印花粘合剂的生产技术研究"（编号：17JF002），陕西省教育厅，2017.06-2019.12，负责人：高党鸽。

（24）陕西省自然科学基础研究计划项目："Pickering乳液聚合制备聚合物基纳米ZnO复合涂饰剂"（编号：2015JM2061），陕西省科学技术厅，2015.01-2016.12，负责人：高党鸽。

（25）陕西省自然科学基金项目：“缓香型酪素基二氧化硅复合皮革涂饰材料的制备与性能”（编号：2014JQ2052），陕西省科学技术厅，2014.06-2016.06，负责人：徐群娜。

（26）陕西省教育厅专项项目：“基于 Pickering 聚合的自清洁型酪素基二氧化钛纳米复合皮革涂层材料的微结构调控与性能研究”（编号：14JK1087），陕西省教育厅，2014.01-2016.01，负责人：徐群娜。

彩 图

图 1-2 从"动物生皮"到琳琅满目的"皮革制品"

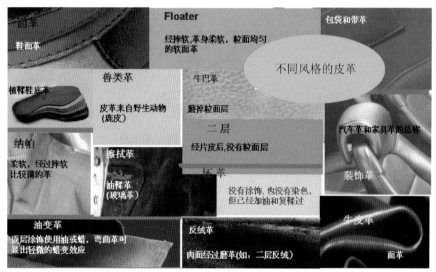

图 1-4 涂饰可赋予不同风格的皮革

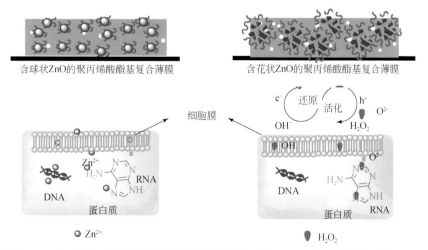

图 1-12 单原位乳液聚合法制备的聚丙烯酸酯基纳米 ZnO 复合乳胶膜的抗菌机理

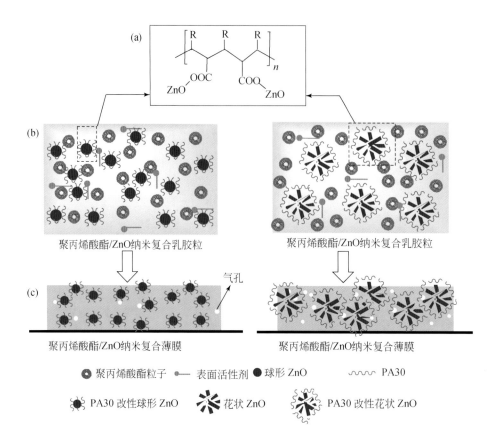

图 4-52　聚丙烯酸酯基纳米 ZnO 复合乳液及薄膜的界面作用及分布机理

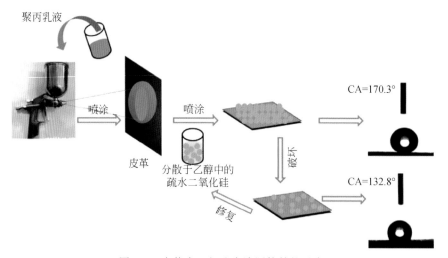

图 9-2　皮革表面超疏水涂层构筑的示意